辺境生物探訪記

生命の本質を求めて

長沼毅　藤崎慎吾

光文社新書

目次

本文写真（エピローグ及びクレジットのあるものを除く）　山崎エリナ
協力　日本科学未来館
滝田よしひろ

はじめに

本書における主要な語り手あるいは「語り部」は、広島大学大学院生物圏科学研究科の長沼毅准教授である。しかし彼の名刺の肩書きには「吟遊科学者」としか書かれていない。放浪の叙情詩人ならぬ、放浪の叙情科学者ということになろうか。サイエンスの語り部としては、まさにうってつけである。

一方で長沼は、かつてＮＨＫの「プロフェッショナル　仕事の流儀」に出演した際、ホストの茂木健一郎氏から「科学界のインディ・ジョーンズ」と呼ばれた。確かに彼が研究や調査に訪れるのは、南極や北極、砂漠、地底、深海といった、多くの人が行かない辺境ばかりである。また言動に若干、怪しげなところがあるのも似ているだろうか。

そのインディ・ジョーンズと対談本をつくるという企画は、まず光文社新書編集部から私（藤崎）に提案されてきた。当初、編集部では、通常通り会議室などで何回かに分けて対談を行い、それをまとめようと考えていたらしい。しかし私は提案を受け入れるに当たって、まずその方式は不採用とした。会議室とインディ・ジョーンズという組み合わせが、どうしてもピンとこなかったし、ひどく退屈な本になりそうな気がしたからである。

理想を言えば、長沼とともに世界中の辺境を渡り歩きながら、折々に語り合うのが望ましいと思った。それでこそスリルに満ちた生々しい物語を引きだせるだろうと考えたからだ。しかし時間的にも経済的にも、なかなかそうはいかないので、まず世界はあきらめた。日本国内での旅にする。しかし国内だと極地や砂漠などはないから、なるべくそういった辺境に環境として近いか、少なくとも辺境をイメージさせられるような場所を巡ることにしたのである。

辺境では何が待ち受けているのか――。両極や砂漠、地底、深海といった一見、住みにくそうな場所へ行く人間もめったにいないが、それは他の生物でも同じである。「普通の」生き物は、ぬくぬくと住みやすいところを選ぶ。あえて辺境に暮らしている生物には、やはり変わった連中が多い。とくに目に見えない小さな生物の中には、想像を超えた能力の持ち主がいたりもする。それらは「極限環境微生物」と呼ばれており、長沼にとって主要な研究対象の一つだ。

辺境の生物が、一体どのくらい変なのかを調べるのはもちろんだが、長沼の問いかけはそこに留まらない。本当に彼らは「変」なのか。そもそも人間のような「普通の」生き物が、本当に「普通」なのか。だいたいにおいて生物とは何なのか。どこから、どうやって生まれてきたのか。そして、なぜこの宇宙に存在しているのか？　長沼はミクロからマクロにわたって、果てしのない思索をめぐらせる。本書は、そうした問いかけに、自ら可能なかぎり答えてもらうことを主な狙いとした。

さらに長沼はよくこう口にする。「極限生物を研究するには、自らも極限生物であらねばならない」と——。そして、その言葉を実践している。私も商売柄、これまでに１００人以上もの科学者と接してきたが、確かに一風変わった人は多い。しかし長沼の型破りなところは群を抜いていると思う。したがって本書の主役が辺境に生きる極限的な生物だとしたら、そこに彼自身をも含めなければならない。そこで長沼が辺境生物の特異性を明らかにしてきたように、私も本書で彼の尋常ならざるところが浮き彫りになるよう努めたつもりである。

かく言う私は平凡な「普通の」生物を絵に描いたような人間である。だから長沼と藤崎との組み合わせ自体が好対照で、辺境生物とそうでない生物とのアナロジーになっているかもしれない。読者諸氏としては、さらに上からの目線で二種類のちがいを眺めてみるのも、本書の楽しみ方の一つではなかろうか。

また我々が訪ねた場所はいずれも国内で、辺境を思わせるとはいえアクセスに困ることはない。研究機関などで一般の立ち入りを制限している部分もあるが、それも何らかの手続きを経れば入れたり、あるいは特定の期間やイベント（一般公開など）で入れたりする場合もある。

本書を読んで興味を抱いた場所があれば、ぜひご自身で足を運んでみることをお勧めする。

２００６年10月から２００７年12月にかけて、我々は全部で11カ所の「辺境」を経巡(へめぐ)った。しかし本書に収められたのは、そのうちの８カ所である。諸般の都合で収録できなかった３カ所での対談についても、いずれインターネット等で配信することを検討している。

最後にお断りしておきたいのだが、日本科学未来館のウェブマガジン「deep_science」には、西条と国立極地研究所、新江ノ島水族館、および高エネルギー加速器研究機構の４カ所で行われた対談が連載されていた（現在は事実上、休載となっている）。同マガジンに掲載されている内容は、一部が古い情報となっている。今回、書籍化するにあたって適宜、新しい情報に基づく修正や加筆を行ったので、参照される場合は本書に依拠していただきたい。

２０１０年７月吉日

藤崎慎吾

プロローグ

辺境の生物を訪ねる旅へ

※酒まつり＝毎年10月第２土・日曜の２日間にわたって広島県東広島市西条岡町の西条中央公園と酒蔵通りを中心にして行われる祭り

酒まつり真っ只中の「お酒喫茶　酒泉館」にて

お酒喫茶　酒泉館（賀茂泉酒造）
広島県東広島市西条上市町2－4
tel. 082－423－2021

*「酒まつり」たけなわの町で

藤崎　このテーブルの脇にあるのは、酒樽の蓋ですね。ここは、昔の醸造所を改装したお店ですかね。

長沼　今は賀茂泉酒造の交流施設になっているけれど、かつては県の醸造試験場だったと聞いている。県の指導のもとで、地域の人たちに酒造りの技術を広めるための塾あるいは学校だったようだね。

藤崎　これから私たちは、いわゆる地球上の辺境とか極限環境といわれる場所を訪ね歩きながら、いろいろな生き物に出会う旅をしていこうと考えているわけです。そうした環境で出会う生き物は、たいてい微生物ですよね。

長沼　確かに。

藤崎　で、今回はその微生物と人との関わりから入っていこうかなと……。

長沼　それで、酒を入り口にしようというわけだ（笑）。

藤崎　ここ広島県東広島市の西条は、灘、伏見と並ぶ日本三大銘醸地ともいわれ、酒造りが盛んな土地です。町では、「酒都（しゅと）」と自称しているようです。

長沼　それはいいねぇ。ここには酒蔵もたくさんあるけれど、酒造りに欠かせない動力精米機を日本で初めて開発したメーカーもある。このメーカーは、世界の精米機の90％以上のシェアを占めているらしい。

藤崎　微生物を研究し、なおかつ酒好きな長沼先生が住むに相応しい場所ですね。

長沼　それだけじゃない。西条には若い杜氏（とうじ）が多くて、新しい酒造りの中心地でもある。非常にチャレンジングなんだ。「協会9号」(＊1)といったありきたりな酵母に頼っていないし、山田錦というメジャーな酒米にも頼っていない。

藤崎　山田錦、使っていないのですか。

長沼　いや、もちろん使っているけれど、それだけでなく、わざと変わった酒米を使ってみたり、違う酵母を使ったりしているらしい。

藤崎　ところで毎年10月にこの町で開催される「酒まつり」に、先生はよくいらっしゃるそうですが、「酒まつり」って昔からある行事なのですか。

長沼　それまでも地域の祭りはあったようだけど、「酒まつり」と呼ぶようになったのは１９９０年から。初めて来たのは、まだ始まったばかりのころで、非常にこぢんまりしたものだった。

藤崎　先生は、毎年「酒まつり」で何をしているのですか。研究に役立てようというわけでもなさそうですし、西条の郷土料理・美酒鍋（びしょなべ）(＊2)が目的でもないでしょうし。

長沼　もちろん、そんなことはない。それに、美酒鍋はお客さんが来たときにだけふるまうんだよ。

藤崎　ということは、ただ飲み歩くだけですか。

長沼　うん。もっぱら酒蔵を訪ねて練り歩く。それにメイン会場の中央公園には、日本中からいろいろな酒が集まり、居ながらにして全国各地の酒が楽しめる。普通の品評会や試飲会は、限られた酒ばかりで冒険がないけれど、「酒まつり」には冒険心のある酒が数多く集まるからね。

写真１　酒泉館

＊１　日本醸造協会で培養され、供給されている清酒酵母。

＊２　名前の通り、肉や野菜を酒で煮込んだ塩味の鍋料理。かつては醸造所のまかない料理だったという。

＊酒造りに欠かせない微生物、麹と酵母

藤崎　プロローグとはいえ、多少は科学っぽい話もしておかないと……。まずは酒と微生物についてうかがいたいと思います。酒造りには、麹と酵母が関わっていると考えていいんですか。

長沼　いきなり難しい話を振ってきた（笑）。そうだね。米のでんぷんを糖化する役目を担う

のが麹、その糖をアルコールにするのが酵母。両方とも必要だね。

藤崎　どちらが大事なんでしょうか。

長沼　さて、どうだろう。ただ、麹って普通に売られているでしょ。いわゆる種麹を買ってきて、ふるいか何かにかけて、粉々にしたものを蒸米にふって増殖させればいい。むしろ、その育成の方に気を遣っている。でも、酵母はみんなでしっかり守っているんだよね。

写真2　宮出しの様子（松尾神社）

藤崎　酒蔵ごとにですか。

長沼　今は蔵というよりロットごとに使い分けて、この酒にはこの酵母というようにこだわりを持っている。先ほど言った「協会9号」は吟醸酵母として一番ポピュラーだけれども、広島県においては、県内で開発された「せとうち21号」が最もよく知られているね。

藤崎　それも酵母の品種ですか。

長沼　そう。広島県のオリジナルで、特にこの西条の水に合っていると聞いている。つまり麹はまさにどこででも売られているものを使っているけれど、酵母は誰かが純粋培養したものを大事にみんなで守っているんだ。また昔はその蔵で代々受け継がれてきた名もない酵母を継承してきたわけだね。

藤崎　よく「蔵に棲みついている」って言うじゃないですか。古くなったけれど、蔵付きの菌がいるからつぶせないというように。そういうのって、あり得ますか。

長沼　わかりません（笑）。多分、麹は今でもあり得ると思うよ。でも少なくとも現代においては、蔵に付いている酵母が何かのはずみで入ってしまったら、それはコンタミネーション（汚染）ということになるね。

藤崎　それがむしろ特徴になるのかなと。

長沼　うん、いいこともあるかもしれない。でも一般的にはそうした野生酵母は、酒質を悪くするといわれている。微生物学的にも、コンタミネーションは良くないと思うよ。

藤崎　では、そのあたりはコントロールしているんですか。

長沼　しているつもりなんだ、みんなね。でもコントロールし得ない部分で、何かの影響でより旨い酒ができることもあるかもしれない。そんな奇跡の酒があっても面白い。

藤崎　ところで麹と酵母は、同じ真菌類(＊3)に含まれるのですか。

長沼　そうそう。いわゆるカビの類(たぐい)ね。

藤崎　「麹カビ」とは言いますが、普通「酵母カビ」とは言いませんね。

長沼　麹は明らかに糸状で、いわゆるカビカビしているんだ。でも酵母ってカビっぽくならないよね。普通に培養したときには、丸っこい単細胞として存在する。ただ条件によっては、酵母もカビのようになるんだけれどね。

藤崎　つまり見た目がカビっぽくなるものが、カビと呼ばれているのですか。

長沼　そう。

藤崎　麹は「麹菌」と言ってもいいのですか。

長沼　「麹菌」と言ってもいいし、酵母も「酵母菌」と言っても構わない。でも、それはバクテリアや細菌のような、いわゆる「ばい菌」とは違う。

藤崎　細菌とは違うんですか。

長沼　細菌は遺伝子が核に包まれておらず、守られていない。つまり原核生物。でも麹や酵母には、ちゃんと核があるから真核生物。

藤崎　真核生物の方が、より高等と考えていいのですか。

長沼　それはどうかな（笑）。

藤崎　そもそも微生物というのは、何か定義がありますか。

長沼　顕微鏡で見るような小さな生き物。

藤崎　それは、目には見えないものということですか。

長沼　目で見えても、小さかったら顕微鏡を使うでしょ、ダニとかさ。
藤崎　ダニは、微生物とは言わないのでは？
長沼　動物学の研究者は、ダニも動物学の一分野だと言うでしょうし、微生物学をやってきた研究者は、微生物だと言うでしょう。そのあたりは、境界線が曖昧（あいまい）なんだよね。だいたい0・1ミリくらいまでが人間の目に見える範囲だから、それを下回ったら明らかに微生物だね。
藤崎　ミジンコはどうですか。
長沼　ミジンコは……、どっちでもいいや（笑）。
藤崎　一応、ミジンコは多細胞ですが、単細胞か多細胞かは関係ないのですか。
長沼　関係ない。細胞の数は重要ではあるけれど、微生物かどうかの定義にはあまり関係がないんだ。
藤崎　ウイルス(*4)も微生物ですか。
長沼　うん。生物と考えればね。
藤崎　そうか、まずは生き物であるかどうかという問題がありますね。それはひとまず置いておくとして、ウイルス、細菌、カビ、微生物の種類ってそんなところでしょうか。もっと学問的な分け方をすると、どうなりますか。
長沼　さっき出た真核生物の小さいものが一つ。酵母もカビもアメーバも入る。いろいろなものが入ってくるね。二つ目はバクテリア。日本語では細菌と呼ばれているものだね。もう一つはアーキア（古細菌）。古細菌という呼び名には賛否両論ありすぎるので、ここではアーキアとしておきます。つまり微生物は、アーキアとバクテリアと真核生物。アーキアは頭文字が「A」、バクテリアは「B」、真核生物は「Eucarya」だから「E」、つまりＡＢＥ（あべ）さんだね（笑）。

＊３　キノコやカビなど、植物にも動物にも含まれない生物群。単細胞や糸状体の細胞壁を持つ真核生物。
＊４　ラテン語で「毒素」を意味する。細菌よりも小さく、核酸をタンパク質の外被が覆う構造を持ち、宿主となる特定の細菌や生物細胞に寄生して自己増殖を行う。

＊地球は微生物の星

長沼　真核生物には微生物であるカビや酵母はもちろん、植物も動物も全部入ってくる。人間もゾウもキリンも虫けらも、全部そこに入る。酵母も人間も、その縁の近さを考えたら一つのグループ、ワン・ファミリーよ。それに比べて、バクテリアとかアーキアは、もう全然違った生き物なんだ。バクテリアもアーキアも１㎛（マイクロメートル。０・００１㎜）くらいで、見た目はまったく同じ。だけど、中身は全然違う。

藤崎　全然違うって、どういうことですか。

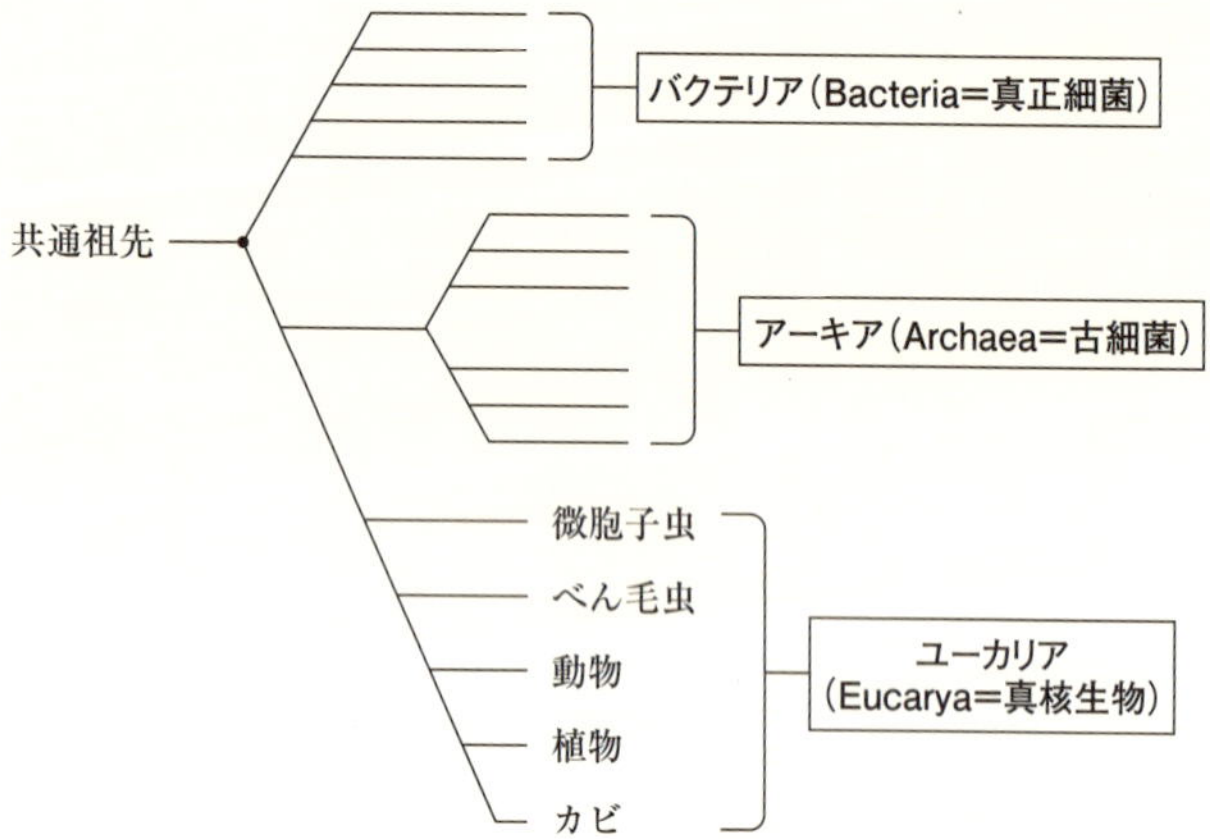

図1　生物の分類

長沼　遺伝子もゲノムも違う。その違いから見たら、人間と酵母なんて兄弟に等しい。それくらい違う。

藤崎　兄弟ですか。では例えば人間と酵母が、僕とネズミとの関係だったとしたら、アーキアはタコとか、そのあたりですか。

長沼　もっといくだろうね、植物とか。

藤崎　植物までいっちゃいますか。

長沼　生物の多様性を考えるとき、熱帯雨林だとかサンゴ礁とかは大差ないに等しい。

藤崎　確かに樹木もサンゴも、どちらもE（真核生物）の中に含まれます。

長沼　そう、大差ない。だから本当に多様性を知りたかったら、もっと小さいものを調べろと思う。

藤崎　アーキアとかバクテリアの中の多様性も

また大きいのですか。

長沼　その通り。圧倒的に少ない種の数しか知られていないのに、多様性はものすごい。そこが面白いんだ。動物とか植物が何百万種もいるのに、バクテリアは今までにせいぜい5000種しか知られていない。アーキアもそれほど多くないんだ。それなのに多様性はものすごい。

藤崎　それだけ古いということでもあるのですか。

長沼　古いというより、生き方がまったく違うんだ。

藤崎　それらは、地球上あまねくどこにでもいると言ってしまっていいのですか。

長沼　ちっこいが故にね。どこででも生きられるよね。大きい生き物っていうのは、外見がどんどん特化している。われわれみたいな多細胞生物になり、さらにいろいろと複雑な発展をしている。つまりスペシャリストとして、あるものに特殊化していく進化を経ている。だから、生きていける範囲はすごく狭い。それに対して、バクテリアとかアーキアっていうのは、なりはダサいけど中身がすごい。どこにでも適応できる力を持っている。

藤崎　ジェネラリストとして、どこにでも適応できるように進化していった。

長沼　そうそう。一人で何でもできるし、二人いたら、もっといろんなことができる。似たような機能を持った人間が何人集まっても、同じようなことしかできないけれど、バクテリアはすごいよ。違った種類のやつが集まると、「1＋1＝3」みたいな相乗作用がある。哺乳類（ほにゅう）は、たとえ10種類が集まったところで何もできない。

藤崎　そうですか（笑）。確かに、バクテリアから見ればそうなのかも。お前ら何もやってないってことになる？

長沼　何もできないよ。哺乳類が10種類集まったって何もできない。せいぜい、できることといったら食い物の奪い合いでしょう。

藤崎　では微生物が10種類集まると、何ができますか。

長沼　お互いにお互いの欠陥を補って、本当に「1＋1＝3」になっちゃう。

藤崎　では、それについては、これから訪ねていく極限環境で実証していきましょう。

長沼　そうしましょう。

藤崎　微生物の種類もさることながら、量的にはどうなんでしょう。哺乳類を全部足した生物量と微生物全体を足した量とでは、当然、微生物の方が多いのですか。

長沼　哺乳類は忘れた（笑）。詳しい数字は忘れたが、とりあえずこの陸上と海にいる動物を全部集めると、100億トンと言って、当たらずといえども遠からず。これに対して、全微生物を集めると、多分1兆トンとか2兆トン、3兆トンという数字になる。

藤崎　小さくても、ケタが違う。

長沼　うん。なりはちっちゃいけれど目に見えないだけで、いたるところに大量にいるから、それを全部寄せ集めると、ものすごい量になっちゃう。

藤崎　地球は、まさに微生物の星ですね。

＊パスツールとコッホの偉業

藤崎　そういう小さいものたちに人間が気づいたのは、いつ頃だったのでしょうか。

長沼　いつ頃かねぇ。発酵という現象を利用したのはもちろん古いけれど、それが微生物によるものかどうかは、当時は誰もわかっていなかっただろうね。発酵が微生物によるものだってちゃんと言ったのはルイ・パスツール（１８２２〜95）だけど、パスツールがその最初の人かというと、それもよくわからない。パスツールも誰かの話とか、いろいろな伝承をもとに、そう思ったんだろうからね。

藤崎　一応、アントニー・ファン・レーウェンフック（１６３２〜１７２３）が顕微鏡で初めて見たと……。

長沼　そうだね。

藤崎　彼は、それを生物だと認識したんですかね。だとすれば、それが最初の出会い？

長沼　実証的には、レーウェンフックの観察が一番古い。レーウェンフックの前にも、多分、見た人はいる。でも確信を持って生き物だと言ったのは、レーウェンフックだから。

写真3　熱く語る長沼

藤崎　では発酵というか、ものが腐ることを微生物によるものだと発見したのは、一応、パスツールということになりますか。

長沼　うん、しかもそこには概念の大きな進化があった。例えば、ヨハン・ヴォルフガング・フォン・ゲーテ（1749〜1832）の『ファウスト』っていう戯曲に、「ホムンクルス」(＊5)というやつが出てくる。要するに、ちっこい生き物は、われわれを相似形としてどんどん小さくしたものという認識が多分あった。レーウェンフックの時代には、微生物のことを「アニマルキュール」と呼んでいる。「キュール」というのは、「ちっこい」という意味の接尾語。だから「ちっこい動物」と呼んでいたんだ。

藤崎　そのままですね（笑）。

長沼　だけどパスツールは「いや、こいつらは俺たちとは違う」と言った。その新しい概念は、多分パスツールが最初。

藤崎　単にちっこいだけではなくて、違う生き物だと言ったわけですね。パスツール以降で重要な人というと、誰が挙げられるでしょう？　ロベルト・コッホ（1843〜1910）は、細菌や病気の方ですが……。

長沼　かつて発酵学と医学の問題は、とても大事だった。パスツールは、もちろん発酵学で頑張ったし、コッホは医学で頑張った。コッホが偉かったのは、微生物を単細胞として採る技術をつくったことにある。寒天の上に微生物を生やす「固体培養」という方法によって、微生物を一個一個のものとして扱えるようにした。それまでは一個一個をより分けられなかったのね。

藤崎　顕微鏡を見ながら分けるというのは無理でしょうね。

長沼　ちなみにパスツールは、酒石酸(*6)の結晶を分けて、D体とL体といった光学異性体(*7)を発見した。

藤崎　えっ、あれってパスツールなんですか。

長沼　そう。自分でつくった酒石酸の結晶を、顕微鏡の下で、これはこっち、これはあっちと分けてみたら50対50だった。発酵による酒石酸は、結晶が樽のところに出てくるわけ。その結晶をよく見ると、光学的に一つの性質しか示さないのに、人工合成したものは二つに分かれていた。

藤崎　それが光学異性体だということは、どうやってわかったんでしょうか。

長沼　分子構造から、そうなるはずだと予想した。その上でやってみたら、本当にそうだった。つまりパスツールは、仮説を立てて観察や実験を行い、さらに仮説を立て直しては、また観察や実験をするという、仮説検証型の研究の始まりみたいなことをやった。

藤崎　すごい人ですね。

長沼　まさに、プレートテクトニクス(*8)にも匹敵する偉業なの。

藤崎　それ以降、コッホが培養をやって、コロニーができるから、そこから1個の細胞を取りだす技術を確立した。

長沼　そう、1個のコロニーが1個の細胞に由来するという信念があって、それで結局、1コロニーはもとの1細胞がどんどんコピーして増えたものだから、肉眼で見えるコロニーは目に見えない1細胞を代表すると考えてよいということになったの。

藤崎　つまりコッホは、コロニーは一つの細胞から増えていったものだという信念を持っていたわけですね。

＊5　「小さな人」を意味するラテン語で、錬金術師が作り出したとされる一種の人工生物。人間の精子の中には、小さな人間の雛形が入っているという発想に基づく。

＊6　ヒドロキシカルボン酸の一つで、ブドウ酒をつくる際に沈殿する酒石の中に含まれていたことから、その名がついた。光学活性のちがいによってL‐酒石酸、D‐酒石酸、メソ酒石酸に分かれ、天然に存在するのは主にL‐酒石酸。

＊7　同じ分子でできているが、鏡で映したように構造の異なる化合物のこと。これらの化合物は透過する光の振動面を右か左に回転させる性質があり、右に回転させるものを「D体」、左に回転させるものを「L体」と呼ぶ。

アミノ酸も光学異性体で、通常、生物の体に含まれているのはほとんどL体である。

＊8　地球は十数枚の「プレート」と呼ばれる岩盤で覆われており、それぞれがマントルの上で少しずつ移動しているとする説。アルフレッド・ウェゲナー（１８８０〜１９３０）による大陸移動説に、後の海洋底拡大説が加わって発展した（69ページ参照）。

＊あらゆる場所に全種類がいる

藤崎　パスツール、コッホ以降には、どのような重要な発展がありましたか。

長沼　ロシアのセルゲイ・ニコラエヴィッチ・ヴィノグラドスキー（１８５６〜１９５３）という人がいるのね。彼は、一生の間に大した数の論文を書いていないんだ。多分、十数本しか書いてない。でも、そのどれもがとても重要でね。例えばパスツールにしろコッホにしろ、微生物は有機物を食って生きてると思っていた。

藤崎　人間と同じように……。

長沼　そう。有機物を食わないで生きていけるのは、太陽光線を浴びて生きている植物だけだと考えていた。ところがヴィノグラドスキーは、ある種の微生物は有機物を必要とせず、無機物のみで生きていくことができ、しかも光も不要、なぜか知らないけれどそういう微生物がいることを発見した。これが、彼の論文の中で一番重要な発見。

藤崎　その前に、光合成をする、例えば藻類なんかについてはわかっていたんですか。

長沼　わかっていたのかな、ちょっと自信ない（笑）。でも考えてみたら植物などは小さな種から成長するんだから、別に植物的なものが小さくても誰も驚かない。花粉だって小さいんだからね。

藤崎　驚くのは、光も有機物もなしで、それでも生きている動物がいるということですか。

長沼　そうそう。つまり当時の学問としては、光で生きているのが植物で、有機物で生きているのが動物という発想だった。その中で光も有機物もいらないというのは、いったい何だと。つまり概念的には、第三の生物だね。

藤崎　その辺りについても、これから、おいおい掘り下げていきましょう。

長沼　うん。一つ付け加えておくと、ヴィノグラドスキーはロシア人だったが故に、彼の業績はあまりワッとは広まっていかなかったんだ。ジワジワと広がっていったけれどね。でも、やはり彼の業績はとてもでかい。まさに、記念碑的な仕事だった。

藤崎　20世紀以降は？

長沼　20世紀以降は、その延長線上にあると言っていいかもしれない。延長線上にあるけれども、重要なことが一つある。バース・ベッキング（1895〜1963）という人が、1930年代、微生物のエコロジーを真面目（まじめ）にやっていたのね。それまで微生物研究というのは、発酵とか医学とか、あとは農学の土壌生物の分野で行われていたけれども、エコロジーの対象としては、あまり研究されていなかった。それをちゃんとやったベッキングは、「あらゆる場所に全種類がいる（Everything is everywhere）」と言った。つまり、こんなところにこれはいないだろうと思って探すと、ちゃんといるんだと。ただし、その多い少ないには差があり、それは環境によって選別される。例えば、ここに酸性の土壌があったら、酸性に強い菌が多くいるだろう。だけどそこにはアルカリ性で生える菌も、よく探せば絶対にいるんだ。

写真４　松尾神社境内

藤崎　とすると極限環境まで行かなくても、そこにいる生き物は、ここにもいる可能性があるというわけですか。

長沼　その通りなんだよ、まさにその通り。だから極限環境微生物の探訪というのも、実はその辺でいいの。

藤崎　ここで、やれちゃう（笑）。

長沼　日本は極限環境の坩堝（るつぼ）なんだ。何でもある。

藤崎　じゃあ、別に南極に行かなくてもいい……。

長沼　その通り。君も経験しただろう？　人生の南極を何回も（笑）。

藤崎　確かに人生の砂漠も経験したし、まあ、いろいろあります（笑）。何だか最後は煙に巻かれた感もありますが……。今回はこのあたりにしておいて、そろそろ祭りもたけなわの頃になりますので、外へ繰り出しましょうかね。せっかくですから松尾神社(*9)にも寄らないと。これからも充実したお話が聞けるように、ちゃんと酒の神様に挨拶(あいさつ)しておきましょう（笑）。

*9　西条の酒造組合が京都嵐山の松尾大社から分霊を受けて、御建(みたて)神社の敷地内に建立した神社。祀られている大(おお)山咋神(やまくいのかみ)は醸造神として崇められており、拝殿には西条の酒造メーカー各社の酒樽が奉納されている。

コラム対談1　運命に導かれて極限環境へ

*超能力を使う指導教官

藤崎　長沼先生と極限環境微生物との出会いに至るまでの経緯なんですけれども、どのへんからですか、微生物を本気で研究し始めたのは？

長沼　大学の4年から。

藤崎　指導教官は關文威（せきふみたけ）先生でしたね。

長沼　そうそう、關先生というのが微生物をやってたんだけれども、俺は微生物をやりたかったわけじゃなくて、その先生の人柄が良かったんだよ。

藤崎　鹿島神流の達人だそうですね。

長沼　総合武術――日本の武術の淵源というか、根源らしい。それの達人で、一番偉い人。

藤崎　なんか超能力も使うそうで、念力で物を動かせるとか。

長沼　動かせるらしいんだけれども、俺が行くと、いつも「う〜ん、今日は動きませんね」と言ってた（笑）。

藤崎　その先生のところに行ったら、たまたま深海へ行く機会があったんでしたっけ？

長沼　要するに生命の起源に興味があったから、当時そういう研究をしていた先生につこうと思って筑波大に入った。そうしたら学部をまちがえたわけですよ。同姓で後ろ姿もそっくりな先生のところへ話を聞きに行ったら別人でさ。しまったと思っても後の祭り。そういう紆余曲折の後にたどり着いた先生が、いきなり超能力があったりなんかして（笑）。

藤崎　それでこの先生についていこうと思ったわけですね、その超能力で（笑）。

長沼　うん、そうそう（笑）。とりあえず一緒にいれば何かあるかなと思って。そうしたら、やらされたことが霞ヶ浦の植物プランクトンの数を数えなさいとかね。

藤崎　数を数えなさい？

長沼　富栄養化を調べなさいということ――窒素とかリンの指標になるわけよ。こんなこと面白くねぇなぁと思ってさ（笑）。だけど微生物を蛍光色素で染めるという当時としては画期的な方法を使っていたのよ。

まず0・2㎛という非常に目の細かいろ紙の上で水をこして、小さい生き物を全部集めるの。それから蛍光色素で微生物の細胞を染めて、蛍光顕微鏡というもので見ると、微生物がピカーッと光って見えるの。非常に綺麗に見えるからとても数を勘定しやすい。

そういう方法はそれまでなくて、ただでさえ見えにくい微生物を、目を細めて「これ微生物かなぁ?」と思いながら勘定していたわけだよ。

藤崎　ゴミかもしれない。

長沼　うん。ものすごく怪しい方法でやってたのね。で、蛍光色素と0・2㎛の目のろ紙を使った方法によって、初めて精密に微生物の数を勘定できるようになった。そういう時代だったんで、それをしなさいと散々言われて散々しまくった。ろ紙だと背景が真っ暗になって、そこに微生物が星のように浮かぶんだよ。非常に美しい。

藤崎　綺麗でしょうね。

長沼　綺麗なんだよ。だけど、そのせいで星空を見ても思わず数を数えちゃうんだよ(笑)。カチカチカチカチカチって……虚しい(笑)。折しも当時、ハレー彗星が来た年でさ、ハレー彗星を見ながら星の数を勘定していた(笑)。それが微生物との出会いです。

*神の導きで極限環境微生物の研究者に

長沼　で、そういった数勘定も当然だけれども、やっぱり微生物をやっている人間は必ず培養もするということで微生物の培養も学んだ。すると縁あって、その先生が海底熱水噴出孔——海底火山の研究に入ったので、やらせてもらったと。

藤崎　その後、べつに極限環境微生物を研究しようと決めたわけじゃなくて、成り行きでその分野に絞られていった?

長沼　海底火山の仕事を2年続けてやって、それが博士課程の一番最後の2年。博士論文をまとめる2年ね。そんな年に船に合計110日も乗ったわけですよ。1回目が70日、2回目が40日——そんなことがあったら就職活動なんてできないじゃん。だから、そのままその船の持ち主の海洋科学技術センター(JAMSTE

C。第2幕参照）、現在の海洋研究開発機構に入ったわけ。そういう縁です。

で、ＪＡＭＳＴＥＣに入って深海研究部に配属されたのが、プロとしてのキャリアの始まり。もちろん深海なんで極限環境微生物です。自分で決めた道じゃない（笑）。

藤崎　あたかも神に導かれたというふうに？

長沼　そうそう。今まで自分で決めてやったことは全部失敗したんだ（笑）。

藤崎　大きな運命に導かれて、今までに行ったのが南極と北極ですね。そして砂漠、地底、もちろん深海底。

長沼　そんなもんか。南極もべつに自分から行きたいとは言ってないんだよ。国立極地研究所（第1幕参照）で共同研究の募集があったんだけど、伝手がないので、ちゃんと表玄関からまっとうに書類を出した。普通はみんなコネで来るからね。僕はコネがなかったから、向こうの方から一回、来てくれと——君と会って話がしたいと言われたから話をしに行ったところ、たまたま相手のところにイタリアから電話があったんだよね。「イタリアの南極隊に日本人を一人出してくれ」という話で、たまたまその時に「おっ、君が長沼君か。君、イタリアの南極隊に行かないか？」って。そういうノリですから（笑）。

藤崎　その瞬間に決まっちゃったんですか？

長沼　その瞬間に、「あ……うん」って（笑）。でも真面目に考えたら、南極の夏というのは日本の冬で、日本の大学が一番忙しい時じゃない。入試はあるわ、卒論はあるわ、博士論文はあるわでね。とても大学の人間は留守にできない。だけど、そんなことを考えたら絶対に行けないから、その瞬間に考えるのをやめたの。行って困るのは俺じゃないって——実際そうだった。

藤崎　実際困らなかった？

長沼　困ったやつはいたけれども、自分じゃなかった（笑）。学生の大学院の入試があったんだけれども、それをコロッと忘れててさ。そいつは入試を受けそこなって、一年棒にふったとか（笑）。

西條酒
ひろしま
芳醇
賀茂鶴
福美人
山陽
鶴
日本酒

第1幕

南極は〝しょっぱい大陸〟

大学共同利用機関法人 国立極地研究所
東京都立川市緑町10－3
tel. 042－512－0608

国立極地研究所の低温室（マイナス20℃）にて（写真は移転前の板橋時代のもの）

*マイナス20℃の実験室で南極を語る

藤崎　プロローグの「酒まつり」も、ある種の辺境といいますか極限環境だったと思いますが（笑）、今回は板橋の飲み屋街のちょっと外れにある、いかにも極限環境らしいところにやって来ました。国立極地研究所の低温室にお邪魔しています。(*1)

この研究所にはマイナス20℃の実験室とマイナス60℃の実験室がありますが、私たちが今いる部屋は、マイナス20℃です。南極の氷床(*2)を掘削したサンプル（写真1）を前に、分厚い防寒服を着込んだ研究者が作業を行っています。こういったサンプルがあちこちに保管され、他に生物や土壌の試料もあるようです。

長沼　普通の人が足を踏み入れることは、まずない場所（笑）。

藤崎　ここで南極へ行ったことがある長沼先生に、南極がどういう場所なのかを、まずおうかがいしたいと思います。地理的にみると、山もありますよね。

長沼　あるね。

藤崎　山があるということは谷もあるし、海岸線もある。確か湖があると聞いたような気もしますが、それは夏の間だけですか。

長沼　南極大陸は氷に覆われているけれども、端の方には氷も雪もない、岩がむき出しのところがあって、そういうところに水溜まりができ、池や沼、湖に変わる（写真2）。冬には表面

が凍って、夏に氷が解けて水面が顔を出す、そういうところもある。(＊3)

藤崎　川はありますか。

長沼　夏に氷や雪が解けると、雪解け水が沢をつくる。それがストリームになる。南極には日本隊が付けたナントカ沢という地名が結構あるね。

藤崎　当然、氷河もありますよね。

長沼　南極の氷は大陸氷河。氷床というのは、すなわち大陸氷河だね。

藤崎　それ以外に隠れた湖もあるそうですが、それはまたちょっと後の話にしましょう。まず、南極のそうした環境を一言でいうと、何と表現しますか。

長沼　水はあるけれど、水がない土地。つまり氷として固体の水があって、海水もあるけれど、しょっぱくない普通の飲める真水がない。だから結構、水に不自由する土地だなというのが第一印象。それこそ南極に生物がいないのは、寒い以上に水がないことが大きな理由だと思う。

藤崎　空気は乾燥しているのですか。

長沼　非常に乾燥している。多分、地球上で一番乾燥している土地は南極。

藤崎　それは空中に水分があっても、すぐ凍って落ちてしまうからですか。

長沼　そうね、凍って落ちるから空気そのものが非常に乾いちゃって、仮に水があっても、あっという間に空気の方に吸われて、また凍って落ちちゃう。

写真１　南極の氷のサンプル

藤崎　南極より寒いところはあるんですか。

長沼　シベリアの奥地にあるベルホヤンスクでは、マイナス六十何度を記録してるけれど、南極の方が本質的には寒い。[*4] 南極は今、地球の「冷源」として働いている。南極が寒いということが、今の地球の気候を全部決めているんだ。

藤崎　海水も、南極のまわりで重くなっていますよね。

長沼　うん。深層水とか底層水のできる場所は、南極のまわりとグリーンランドのまわりだろうね。グリーンランドの方が実際は多いけれども、南極も、もちろんつくってます。

南極という大陸は、よその大陸と切り離されて、まわりを全部海に囲まれている。海が地球を横に一周しているのは、南極のまわりしかない。海流というのは基本的に地球を横に流れるわけで、必ず大陸にぶつかるんだけれど、南極のまわりだけは、ぐるぐると何周でも回っていられる。[*5] 南極は他の大陸や海洋とも切り離されて、一人寂しく冷えていく。そうでなかったら暖かい方から海流が流れてきて、結局、暖まっちゃうんだ。例えばグリーンランドやノルウェー沖は、メキシコ湾流の影響で意外と暖かい。でも南極は一人寂しくどんどん冷える。

まあ、そういうところだね。

藤崎　以前にうかがったことがあるんですけれど、南極は塩辛いそうですね。それは、どういう原理によるんですか。

長沼　さっきも話に出たけれど、南極の端っこの方にある、氷も雪もない岩がむき出しのとこ

写真２　南極の岩がむき出しの場所、湖（国立極地研究所提供）

ろを「露岩域」というのね。南極の面積の３％弱。とはいえ、全部合わせると日本の面積ぐらいに相当するむき出しの土地があって、そこには池がいっぱいある。その池というのは、もともと海だったんだ。今から１万年前に氷河期が終わって、氷河が後退し始めた。すると、氷河という氷の重しがとれて、陸地が浮いてくる。そのときに海水が一部取りこまれて内陸化する。その海水がどんどん蒸発すると、塩が残ってしまう。つまり、原理は砂漠にある塩湖と同じ。

藤崎　塩辛いというのは、陸水が塩辛いという意味ですか。

長沼　そう、陸水が塩辛い。もともと海水だったからね。

藤崎　露岩域のところも、舐(な)めると塩辛いんですか。

長沼　あちこちから塩が析出してるからね。海水が岩のひび割れにどんどん染みこんでいって、それも蒸発しちゃうでしょ。そうすると、あちこちで塩がどんどん噴いて、すごくしょっぱい。

藤崎　氷は、当然しょっぱくないですよね。

長沼　氷は真水ですからしょっぱくない。氷と、それが解けた真水が夏の間にだけあって、他はしょっぱい。非常に塩分の変動の大きいところ。南極は「白い大地」っていうけれど、僕は「しょっぱい大地」だと思う。

＊１　この対談が行われた後、２００９年５月に国立極地研究所は立川市へ移転した。低温室も、地下に新しく建設されている。

＊2　氷床とは大陸規模の氷河を指し、現在は南極大陸とグリーンランドに存在する。南極大陸のほとんどは氷に覆われ、山脈の頂上が一部、氷上に頭を出している。この巨大な氷の塊が「南極氷床」と呼ばれ、厚さは平均１８５６ｍ、面積は約１３８６万㎢と推定されている。体積は約２５４０万㎦で、地球上の氷の90％を占める。

＊3　南極の湖沼にはコケ類や藻類、細菌類などが集まって、高さ数十センチの塔のような構造をつくっている場所がある。その塔は「コケ坊主」と呼ばれており、表面では光合成が行われている一方、中心部は腐って嫌気(けんき)的な環境になっている。ある意味で「ミニ地球」のような構造だ。詳細は下記ＵＲＬなどを参照。
http://antmoss.nipr.ac.jp/ham/ja/cont/nashi/seitai.html

＊4　北極より南極の方が平均20℃ほど寒い。地球上で公式に測定された一番低い気温は、南極のヴォストーク基地で記録されたマイナス89・２℃。

＊5　南極と海流についての詳細は、国立極地研究所ホームページを参照。
「ふしぎなふしぎ南極?!」：http://www.letsgo-jare.com/wond_top.html

＊氷の中にも生物はいる

藤崎　南極は乾燥していて、寒くてしょっぱい。そこに生きる生き物では、ペンギンやアザラシがよく知られていますけれど、コケとか地衣類とか、昆虫もいますよね。高等植物は存在しないのですか。

長沼　実は、昭和基地のそばにイネ科の植物が生えている（この対談の後に除去された)。

藤崎　イネ？　草が生えている？

写真３　エンドゥリス（Ⓒ Guillaume Dargaud http://www.gdargaud.net/）

長沼　うん。あっちゃいかんのだけれど、もう生えている（笑）。
藤崎　それは人間が持ちこんだからでしょう？
長沼　いやいや……まあ、それを言っちゃいかんので（笑）。一応、風に乗ってきたのか、何かに付いてきたのかはわからないということで、今のところ灰色の解決にしているけれど、生えています。それから南極半島の先端には、高等植物も生えている。
藤崎　微生物は、南極大陸全域で見つかっているんでしょうか。
長沼　そうね。岩が露出しているところは岩の表面が風化して、まさにそこでは土が形成されている。原始地球には最初、大陸はあったけれども土はなかったの。大陸は少しずつ岩石が風化して、ボロボロになって、砂っぽいというか土っぽくなって、そこに生物が出てきた。生物の死骸が混ざれば「土壌」だよね。

氷河はブルドーザーのように表面のものをガーッと押し流しちゃうけれど、氷河が解けて後退するとツルツルの岩盤が出てくる。その岩盤が少しずつ風化してボロボロになっていくと土になって、そこにペンギンの死体とか糞とかが積もって、ルッカリー（ペンギンのコロニー）のところにコケが生えてきたりして、土壌ができる。つまり原始の地球での土壌の始まり、土の始まりを南極に見ることができる。そういうところには、多分、微生物がたくさんいる。
　でも、そうじゃないツルツルの岩盤のところでも、そこに転がっている石を見てみると、石のだいたい１～３㎜ぐらい内側に生き物が住んでいる。

藤崎　藻類みたいなものですか。

長沼　そう、藻類が多いね。光合成するやつ。石も、１㎜ぐらいだったら光を通しちゃう。

藤崎　石を割ると緑色の線が入っている。

長沼　そうそう。それを「エンドゥリス（endolith）」という（写真3）。「エンドゥ（endo）」というのは「内側」という意味ね。「リス（lith）」というのは「岩」という意味。つまり「inside of the rock」ね。「エンドゥリス」とは、つまり岩石内生物。大きい岩が風化して小さな石になったときに、多分、隙間（すきま）から生物が入り込んだんだろうね。でも、石の中に入り込むというのはすごいよね。

藤崎　氷の中にも含まれているのですか。

長沼　南極では雪が降り積もって押し固まって氷になるんだけれど、上の方のそれほど時間が経ってないものには、まだ隙間が結構あるのね。普通の雪は、だいたい70％ぐらいが水で、30％が空気。氷になると隙間は減るけれど、残った隙間には微生物がいるかもしれない。下の方の古い氷になってくると、ググッと押し固められて隙間がどんどん減っちゃうけれど、なくなることはない。それから意外なことに、隙間の中に残っている水は凍らない。

藤崎　なぜですか。

長沼　水というのは、凍るときに他の分子を排除するでしょ。だから、氷自身は純粋な水だよね。でも水が塩分などのいろいろな不純物をいっぱい持っていて、不純物の濃度が高くなっていくと、それが不凍剤的な役割をして凍らないのよ。氷の中の細い隙間というか空間には、意外と液体の水があったりして、そこに生き物がいるんだ。

*氷床の下にある湖

藤崎　最近、さらに氷の下の方までいくと湖があることが、話題になっていますよね。下の方が凍っていないのも、同じ原理ですか。

長沼　いや、それはもともと湖があったところに氷河が乗っかってきて、今も凍りつつあるけれど、まだ全部が凍るには至ってないということ。つまり、時間的な問題。それと地熱のせいもある。

藤崎　いつかは凍る？

長沼　凍る。実際、その湖の上の方は凍っちゃっている。

藤崎　そういう湖は、いくつぐらいあるんですか。

長沼　今は、１５０以上あるといわれている。その一番でかいものに孔を掘ったのね。
藤崎　それがヴォストーク湖ですね。
長沼　たまたまロシア（当時ソ連）が、非常に平らな氷の土地があったから、そこに基地を建てたの。平らだった理由は、下に湖があって、その湖の水面を反映していたからだね。
藤崎　湖があることは、どうしてわかったんですか。
長沼　音響やレーダーを使って。あと、氷の表面は下の地形を反映しているから、人工衛星で全体の地形を見て、異常に平らだから下が平らなんだろうという、衛星写真からの判断もある。いくつかの証拠を集めているね（写真４）。
藤崎　では最初は全然わからなくて、妙に平らだなと思って調べてみたら、湖があったということですか。理論的に予言されていたわけではなく……。
長沼　ない。あれはラッキーだった。しかも１５０個の湖の中で一番大きい。
藤崎　どのぐらいの大きさですか。
長沼　琵琶湖の20倍ぐらいだね。(＊6)
藤崎　ロシアはそこをずっと掘っていて、今は湖面の１００ｍほど手前まで掘った？
長沼　うん。途中でソ連がロシアになって、その後、いろんな資金難に遭って、アメリカとフランスの協力を得ながら掘り続けたけれども、実際には50ｍ手前まで掘り進んで、そこで足踏

写真4　ヴォストーク湖の真上の氷床の衛星写真（PPS通信社）

みしている。その理由は、氷を貫通しちゃったら湖を汚染しかねないんだけれど、その汚染を防ぐ術（すべ）を、われわれは知らないから。

藤崎　でも掘っちゃうんですよね。

長沼　うん。あと50mだから、とりあえず掘っちゃおうよという意見も強い。まあ掘削をやめてから南極の夏がすでに5回も過ぎているし（2006年当時）、もうそろそろ掘ってもいいんじゃないかと……。推進派としては、ある程度、汚染を防ぐことは考えていくと。ベストじゃないにしても、セカンドベスト、サードベストで、まずは掘ってみようということだね。

藤崎　どうやって防ぐんですか。

長沼　さあ、どうやって防ぐのかねぇ。具体的なことはまだ明らかにはされていないけれど、そろそろ着手するだろうね。(*7)

藤崎　ボーリングしたところには、凍らないように不凍液というか油みたいなものを入れるんですよね。

長沼　不凍液を注入しながら掘る場合もあるし、熱をかけて、熱と機械的ないわゆるガリガリガリッていう削り方もある。

藤崎　日本も、ドームふじ基地(*8)（写真5）で掘削をしましたけれど、別に湖があるわけじゃなかったんですか。

写真5　日本のドームふじ基地

長沼　ドンピシャじゃないけれど、あの近辺にも湖らしきものが存在するというデータはあるから、全くないということではないし、氷床の底面と基盤岩のわずかな隙間に液体の水があるらしい。わずかな隙間といっても、南極全体を考えたらバカにならない水量だよ。

*6　ヴォストーク湖は約300km×50kmの楕円形をしており、総面積は1万5000km²、水深は500mくらいとされている。湖を覆う氷の厚みは約3800mである。

*7　50m手前まで掘った穴は、途中から埋まってしまったため放棄された。2009年、埋まったところより浅い場所から、別のルートに穴を分岐させた。そして2011年12月に掘削が再開され、翌年2月5日、深度3769mで湖面に到達した。

＊8　南極の内陸部で昭和基地の南約1000㎞にある日本の基地。1995年に開設された。ここで氷床を深さ約3000mまで掘削し、過去35万年間における地球環境の変動についての研究が進められている。

＊微生物で地球史を知る

藤崎　そういう湖に生きているかもしれない生き物というのは、今、生きているやつとはかなり違うのですか？

長沼　違う。湖は今から何万年も、あるいは何百万年も前に上に氷が乗っかって、外界から隔離されたんだね。隔離された歴史がとても長いから、普通の湖とは違った進化をたどっている可能性がある。酸素を使い果たしちゃった酸欠の状態でね。でも、逆に酸素が過飽和という可能性も指摘されている。

藤崎　熱源もない？

長沼　いろいろな説があるけれど、今は、ないと考えておいた方が無難。

藤崎　ということは、どうやって生きているんでしょうか。

長沼　どうやって生きているんだろうね。

藤崎　光もなければ熱もない、となると化学合成(＊9)もできない。

長沼　光合成由来の有機物を食いつぶす方向しかないと思うね。

藤崎　それが、まだ残っているうちは生きているということですか。

長沼　まあ、有機物はたんまりあるから、そんなに簡単には食いつぶされないと思うけれども……。どっちにしても酸欠だからね。あまり速い代謝ではなく、のんびりしたスローな代謝で生きているんだろうし。

　ところで湖の上にある氷の中の生き物は、地球史の中で、その時々の南極以外の地球環境を反映している可能性がある。例えば地球の気候が全体的に激しくなって嵐が吹きまくるとか、大気が非常に撹乱されているときには、多分、微生物が遠い場所からも運ばれてきた。そうでないときには、あまり微生物は飛んでこない。そういった歴史を反映している可能性がある。

藤崎　それによって、気候の変動がわかるかもしれない？

長沼　そうそう。微生物から過去を予想できれば、面白いと思うね。

藤崎　ヴォストーク湖の中にいる生物については、その生物の進化の過程みたいなものがわかるかもしれませんね。

長沼　まさに隔離されているもんね。自然の実験室ってとこじゃないかな。

藤崎　１００万年でどのぐらい進化するのでしょうか。

長沼　見てみたいねぇ。

藤崎　サルから人類が分かれたのは、７００万年くらい前だといわれています。

写真6　氷床コア（国立極地研究所提供）

長沼　ホモ・サピエンスは、まだ10万年とか20万年でしょう。

藤崎　20万年前後ですね。微生物はもっと進化が速いから、とんでもないやつがいる可能性もある？

長沼　どういう進化をしているのか、わかんないね。

ところで氷床というのは、年代がはっきり決まっているんだ。深さ何メートルのところは何年前とわかっているから、ある意味、タイムスタンプが押されているわけ。そこから微生物を回収して、そのゲノムを見ればいろいろなことがわかる。今、進化の速度というのは、ある遺伝子の突然変異の割合は1年間にどれくらいかという予想から計算している。それも一つの方法だけれど、年代の決まったサンプルからゲノムをとって調べようという逆方向の方法もある。

藤崎　どのぐらいの時間があれば、どのぐらいの変異がおきるかということが、逆算できるわけですね。

長沼　進化の系統樹に、時間軸がバシッと入っちゃう。

藤崎　それは、放射年代測定みたいな？

長沼　そうそう、その通り。絶対年代だね。

藤崎　絶対年代が出ると、面白いですね。

長沼　それを得るためには、まず氷床コア（氷床から取り出された筒状の氷の柱。下に行くほど年代が古くなる。写真6）が大事で、それから永久凍土。ドームふじでは、最も古くて72万年前の氷が得られた。永久凍土だと、数百万年前のサンプルがある。もっと古いのは琥珀で、だいたい数千万年前。つい最近、ミャンマーで1億年前の琥珀が発見されて、中にハチが埋もれていた。だから、数千万年前から1億年前まではいける。そこから先は岩塩。2億5000万年前の岩塩から、微生物を蘇生させたという記録がある（写真7）。その微生物に近いのが、南極にいるんだよ。

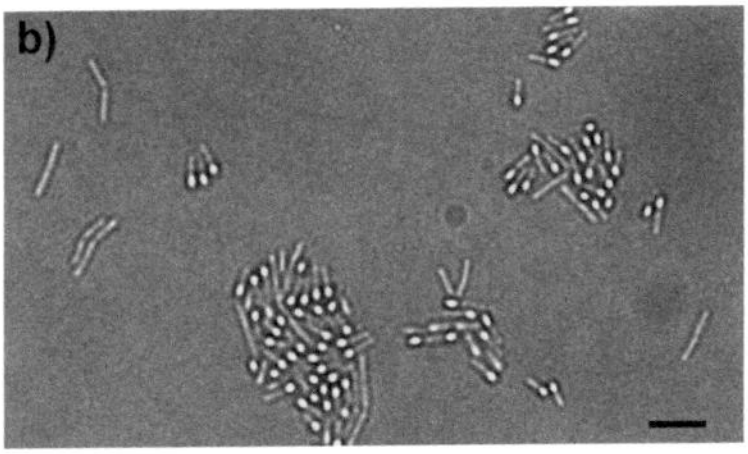

写真7　2億5000万年前の岩塩から蘇生された微生物（長沼毅提供）

藤崎　古いやつが生き残ってるというか、保存されてるんじゃないかというわけですね。

長沼　うん、面白い発見があるかもしれない。

藤崎　あれ？　でもヴォストーク湖も50m手前まで掘っているということは、そこの氷は湖の水ですよね？

長沼　そこの氷は湖の水。

藤崎　ですよね。じゃあ、その氷の中に入っている微生物は、湖の微生物ではないんですか。

長沼　そうだよ。それについてはもう論文になっている。

藤崎　何か変なのいましたか。

長沼　いやぁ、普通の（写真8）がいた（笑）。

藤崎　じゃあ、表層の方は普通のやつだったと……。

長沼　うん。論文になったかどうかわからないけれども、同じように湖の水が凍った氷から採ったサンプルを調べた別の仕事があって、それよると、超好熱菌（80℃以上でも生育できる微生物のこと。写真9）が遺伝子として採れている。超好熱菌がいるとしたら、ヴォストーク湖の下の方には、もしかしたら地熱活動、火山活動があるかもしれない。

藤崎　熱水噴出孔（地熱で熱せられた水が噴出する割れ目のこと。第2幕参照。写真10）があるかもしれない？

長沼　うん、そう。その可能性は全くゼロではない。

藤崎　そうなると、多分エピローグで話すことになる地球外生命の謎にもつながっていくわけですが。[*10] まあ今日はここで、この話はやめておいて、寒いから外へ出ましょう（笑）。

＊9　無機化合物の酸化・還元で得た化学エネルギーで炭酸同化を行うこと。光合成のように光を必要としないが、

酸化・還元の過程で熱源は必要。

＊10　２０１３年７月に発表された論文によると、深さ３５６３〜３６２１ｍ（湖面より上）で採取された氷の中に、３５００種類以上におよぶ生物の遺伝子断片が発見されたという。その中にはバクテリアや菌類、甲殻類、さらには軟体動物に由来するものも含まれるとされるが、多細胞生物の存在に関しては疑問の声も多い。

＊三つ星シェフがいるイタリア基地

藤崎　マイナス20℃の実験室に30分ほどいて、私は顔が冷たくなって限界に達しましたが、先生は何ともなかったですか？

長沼　まだまだだね。

藤崎　まだまだ？　防寒服はさすがに暖かくて、身体の中はそれほど冷えませんでしたが、むき出しの手先や顔、鼻先が痺れました。

長沼　僕は面の皮が厚いからね（笑）。

藤崎　私たちが今いるのは、極地研究所の展示室にある古い雪上車の中。この運転席と助手席の間に挟まっているのはエンジンですか（写真11・12）。

長沼　そうだね。

藤崎　このエンジンの熱で、車内を暖めているんですよね。

写真8　ヴォストーク湖から見つかった微生物（PPS通信社）

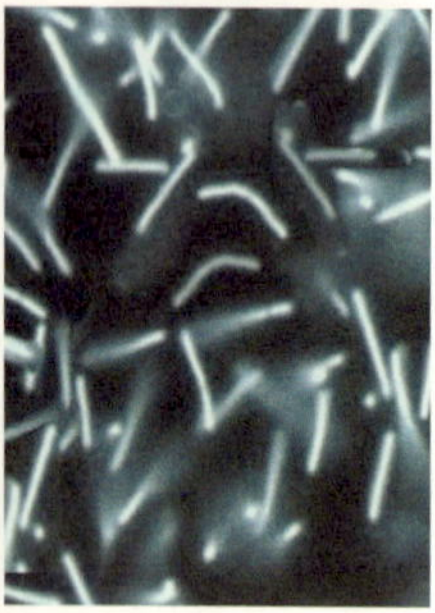

写真9　超好熱菌

写真10　海底の熱水噴出孔（ブラックスモーカーと呼ばれるもの）

写真11　雪上車

写真12　中央の出っ張りがエンジン兼暖房

写真13　イタリア・テラノバベイ基地（PPS通信社）

長沼　そうそう。

藤崎　先生は乗ったことあるんですか、雪上車？

長沼　ない。移動はヘリコプターと徒歩だった。

藤崎　先生は南極でイタリアの基地（写真13）に行かれたそうですが、どのへんにあるんですか。

長沼　ニュージーランドの真下と思ってもらえばいい。あのへんにロス海という大きな湾のようなところがあって、そこはいわゆる南極の研究銀座というか、基地銀座になっている。いろいろな国の基地があるわけ。日本の昭和基地（写真14）はちょっと遠いけれども、アメリカとかニュージーランドの基地がたくさんある。その一角にイタリア基地もある（この対談後、長沼はスペイン基地のキャンプにも行った）。

藤崎　内陸の方ですか。

長沼　内陸にある基地の数はそれほど多くない。大概の基地は、船による補給がしやすい海に面している（図1）。イタリアは新参者だから、まだ越冬には至らないんだけどね。夏の間だけ、100人規模を収容できるような基地がある。

藤崎　まわりの環境は、昭和基地と同じような感じですか。

長沼　昭和基地は東オングル島という島の上にあって、海が結氷するとそのまま氷の上を渡って陸地に入れる。ロス海の基地は南極大陸の端っこにボンと乗っていて、海に面しているという点では昭和基地と似ているね。すぐそばまで氷河も迫っているし。昭和基地と違うのは、そこに火山（メルボルン山）があるところ。宿舎の窓の外に、ちょうど富士山と同じような形と高さの火山があるんだ（写真15）。

藤崎　きれいな円錐形の山？

長沼　美しい活火山がある。

藤崎　たまに噴火したりするのですか。

長沼　どうだろう。あのへんも火山帯があるからね。アメリカの基地付近にはエレバス山[*11]（写真16）という、まさに噴火したことがある火山もあるけれど。

藤崎　イタリア基地のまわりも、夏の間に氷が解けて岩が露出したり、湖というか池みたいなものがあるんですか。

長沼　うん。ただし、冬も雪は降らない。もともと、雪の降りにくい気象や地形的条件の場所。仮に雪が降っても、風が吹き飛ばしてしまうのね。雪がどこかの吹き溜まりに飛んでいってしまって、いつも地面が剥き出しになっているところがいくつかあってね。その一角を借りているというか、使っている。大概の基地がそう。

藤崎　昭和基地は、全部凍ってしまう？

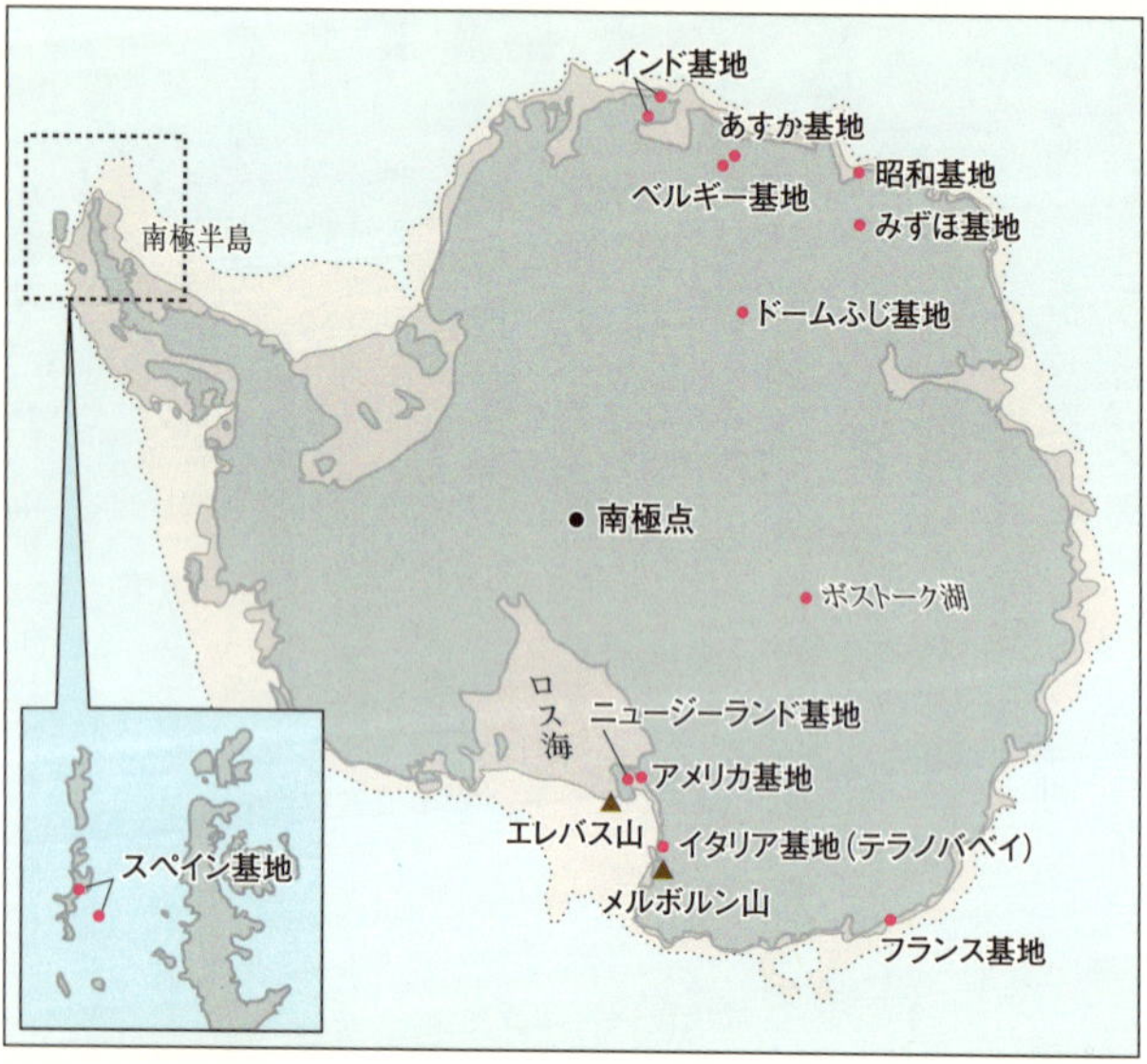

図1　南極大陸　本文に登場する基地と地名

長沼　昭和基地も、基本的には露岩域という岩が露出しているところの一角にあるんだけれど、何だか雪や氷が多いよね。

藤崎　じゃあイタリア基地は、昭和基地より多少過ごしやすいと考えていいのですか。イタリア基地の中って、どんな感じになっているんですか。

長沼　まあ、プレハブ住宅の大きなものをイメージしてもらえればいい。でもプレハブといっても、今のは立派だからね。広島大の職員宿舎よりはるかにいいよ（笑）。

藤崎　基本的に、昭和基地と似たような構造をしている？

長沼　僕は、昭和基地を知らないんだ

（この対談後、長沼は昭和基地にも行った）。

藤崎　あそこも一応プレハブですよね。[*12]

長沼　多分ね。僕は、昭和基地を知らない南極研究者だからね（笑）。とにかくイタリア基地は大きなプレハブで、昭和基地と若干違う点は、全体が高床式なんだよ。だからブリザードと

写真14　昭和基地（国立極地研究所提供）

写真15　メルボルン山

いうか雪嵐が来ても、雪が下をすり抜ける。それで雪に埋もれない構造になっている。

藤崎　基地にいるのは、ほとんどイタリア人？

長沼　国際協力なので、いろいろな人がいましたけれど、やはりイタリア人が7〜8割だった。

藤崎　ラテン系で、かなり明るい雰囲気ですかね。

長沼　確かに明るかった（笑）。ただ、隊によって違うらしい。僕が参加した隊は、よい隊だった。

藤崎　よい隊？　どのような意味でよい隊だったのですか。

長沼　われわれの専門用語で、「ドライ」と「ウエット」ってのがあるんだけれど、ドライというのはノンアルコール、つまりお酒は禁止。ウエットは、アルコールがオーケー。その年は、ウエットな年だった（笑）。

藤崎　ドライな年というのもあるんですか。

長沼　同じイタリア隊でも、その前のシーズンはドライだったらしい。

藤崎　それは隊長の趣味というか、ポリシー？

長沼　そうだと思うよ。昭和基地も、隊長によって隊のカラーがずいぶんと違うらしいから。

藤崎　先生が参加した隊は、酒好きの隊長がいる非常によい隊だったと……。

長沼　う〜ん、よい隊だったねぇ。

藤崎　飲みましたか（笑）。

長沼　いやー、飲んだね（笑）。それに、昭和基地の食事はわからないけれど、イタリア隊の場合は三つ星レストランのシェフが３人来ていた。

藤崎　３人も！

長沼　うん。当時は、中田英寿（ひでとし）がイタリアのサッカーチームで活躍していたんだ。でも、いくら中田だって、絶対に朝昼晩と三つ星シェフの料理は食っていないはず。それを、われわれは２カ月間毎日やったわけだ。まさに、この世の天国（笑）。

藤崎　太ったんじゃないですか。

長沼　いや、南極は寒いからね。どんどん熱量使うから、食っても食っても太らなかった（笑）。

＊11　エレバス山の標高は３７９４ｍ。頂上に直径５００～６００ｍの火口があり、溶岩湖が出現することもある。詳しくは下記を参照。Antarctic Volcano Erevus　南極エレバス火山のページ：
http://wwwkav.ddo.jp/volc/erebus/index.htm

＊12　昭和基地の構造等については下記を参照。ＮＩＰＲ国立極地研究所　観測施設：
http://www.nipr.ac.jp/outline/antarctic_research/observation.html
南極豆事典：http://polaris.nipr.ac.jp/~academy/jiten/kiti/index.html
南極サイエンス基地：http://polaris.nipr.ac.jp/~academy/science/kansoku/index.html

写真16　エレバス山（PPS通信社）

＊水の分布とコケとの関係を調査

藤崎　イタリアの基地、正式名称はテラノバベイ基地というそうですが、中は暖かいんでしょう?

長沼　うん、でも外へ行くからね。

藤崎　毎日、外へ出ていたのですか。

長沼　仕事だからね（笑）。

藤崎　本当に?　ずっと中で飲んだり食ったりしていたんじゃないんですか（笑）。いったい、どういう調査をしていたんですか。

長沼　一応、南極の陸上植物の生態学。植物といったって、コケ・地衣類・藻類しかないけれど、そういった植物の生態を研究していましたね。夏の一時期だけ、雪や氷が解けて川ができ、沢ができる。そういったところに、本当に一瞬だけボワーッと藻がはびこるとかコケが勢いを増すとか、一瞬だけ緑の天国が現れる。その広がりを見積もる。

藤崎　それを、イタリア基地の周辺でやっていたのですか。

長沼　うん、そうだね。周辺といっても、ヘリコプターで1~2時間飛んだところとかね。

藤崎　毎日、ヘリコプターでそこまで行くのですか。
長沼　ヘリオペ（ヘリコプターのオペレーション＝運用）にもタイミングがあって、便乗できれば便乗するし、あるいは自分たちの研究計画を出して、それがうまく認められたら、われわれ専用でヘリが使える。どっちにしろ、２日に１度とか３日に１度ぐらいのペースでやっていましたね。あとは、自分の足で歩ける範囲を歩き回る。
藤崎　それで、どのような成果がありましたか。
長沼　コケがどういうところに生えているのか……。つまり水が流れると、その流れに沿って水から離れるにしたがって土地が乾く。するとイメージ的にコケも減っていくだろうとわかるんだけれども、それをちゃんと数字で出した。本当に僅（わず）かしかない土なんだけれども、その土の中の含水率とコケの存在度をちゃんと測って、それらの相関関係をとらえた。そういう例というのは、多分、初めてですね。
藤崎　相関は、きれいに出ましたか。
長沼　そうね。あと、コケにくっついている他の微生物がいる――藍藻とかその他もろもろ。そういったものも、やはり水分状態に応じて変わっていくことがわかった。もちろん、コケそのものの生理状態も変わっていく。
藤崎　最近、南極のクロヒゲゴケ(＊13)（写真17）というものが、あるテレビ番組のせいでちょっと有名になったようです。南極で、その和名を使う人はほとんどいないそうですね。実際には何と呼んでいるんですか（笑）。

長沼　いやだ、言いたくない（笑）。

藤崎　ここではちょっと言えないような俗称のコケらしいんですけれど（笑）、それはイタリアの基地の周辺にもやっぱりあるんですか。

長沼　あった、あった。

藤崎　それを見てイタリア人も、やっぱり似たようなことを想像していましたか。

長沼　多分……。見た瞬間に「あっ、これはアレだ」と思ったもんね。クロヒゲゴケは、コケと名前が付いていても、本当は地衣類だよ。

藤崎　でも、見た目はコケですよね。地衣類ということは、共生しているんですか。

長沼　そうね、藻類と菌類の共生体。菌類がハウスを提供して、藻類が光合成によって栄養をつくるという完璧な共生体ですね。地上最強！

＊13　クロヒゲゴケの学名は *Usnea sphacelata*。北極圏にも分布している。日本のサルオガセに近縁だが、木の枝や幹から垂れ下がるのではなく、岩の上に立ち上がっている。日差しの強い場所では黒っぽくなり、ひねこびた形が鬚というよりは別の部位の体毛を連想させる。詳しくは下記を参照。Lichens――南極昭和基地周辺の地衣類：http://antmoss.nipr.ac.jp/chii/Usnea-sphacelata/bunpu.html

*「何でも来い」の生物を発見

藤崎　ところで微生物の方は、特に調査しなかったんですか。

長沼　ついでにやっていました（笑）。本業をやっても、まだ時間がたっぷり余ったので、先

写真17　クロヒゲゴケ（井上正鉄提供）

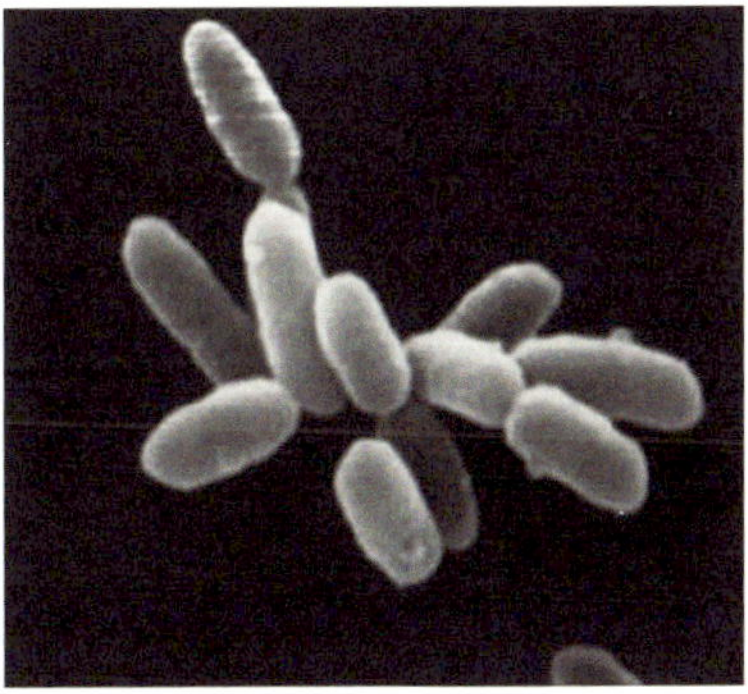

写真18　ハロモナス（好塩菌）

ほどの「しょっぱい大地」にあたりをつけて、塩を好む生物を探していました。

藤崎　そうして出てきた微生物が、ハロモナス（写真18）ですか。

長沼　ハロモナス。ハロモナスの「ハロ」は「塩」という意味。「モナス」は「菌」。つまり「塩菌（好塩菌）」（笑）。

藤崎　そのまんま（笑）。それが、いっぱいいたのですか。

長沼　そうね。過去の調査では、別の培養方法でなかなかつかまらなかったけれど、われわれはそれを採ろうと思って工夫したんで、いっぱい採れた。

藤崎　どのような工夫をされたんですか。

長沼　まず高い塩分で育てたものを急激に真水、つまり淡水環境へ持っていくと、普通はバタバタと死んじゃう。高い塩分に適応したものは、真水環境には弱いから。でも死なずに真水で生えたものを、もう一回、高い塩分の方へ持っていく。こうして高い塩分と低い塩分の間を、何回も何回も往復させるのね。

藤崎　それでも生き残ったものが、ハロモナスだった？

長沼　そう。大体ハロモナスなの、生き残るのは。

藤崎　それは、はじめから予想していたのですか。

長沼　大体は予想していた。結果として、ほぼ淡水でも、ほぼ飽和の食塩水でも、どんな塩分

の範囲でも生きられるようなハロモナスという生物がたくさん採れた。そういうものがいると
は、それまで誰も知らなかった。
藤崎　ハロモナスの強いところというのは、単に塩分に強いだけでなく、広い範囲の塩分濃度
に適応でき、しかも寒いところでもオーケーということですか。
長沼　うん。極限環境生物というと、どうしても高い温度とか、高い塩分といったことに目が
いきがちなんだ。そうでなくて、耐え得る環境条件の幅が広い、幅が半端じゃないというとこ
ろが、多分新しい意味の極限性を示している。おそらく、そっちの方が面白い。
藤崎　要するに、ジェネラリストの極限みたいな？
長沼　そうそう。何でも来いと……。
藤崎　寒いところもオーケー、乾燥もオーケー。
長沼　それから、かつて南極の海の氷から、ハロモナスが採れた例があったのよ。採ったのは
オーストラリア人だった。何年前か忘れたけど、それを知ったころ僕も大西洋の海底火山（１
１５ページに出てくるＴＡＧ熱水マウンド）で、同じようなハロモナスを採ったんだ。
藤崎　遺伝子的に同じだったのですか。
長沼　うん、遺伝子的に。考えられないことだよね。片や南極の海の氷、片や深海底の海底火
山なんてね。「ハロモナスってすごいじゃん」と思ったのは、それが始まり。そこから「じゃ

あ、南極の大陸へ行って採ってみよう」と……。海というのはつながっているから、海から採れただけでは南極にオリジナルがあるのかどうかわからないでしょ。

長沼　もしオリジナルだとしたら、大陸の方でも採れるだろうと……。それが、そもそもの自分の考えの発端だった。

藤崎　ええ、そうですね。

藤崎　それで、イタリア基地からヘリコプターで内陸の方へ飛んで、そこで見つけた。

長沼　そうそう。

藤崎　ちなみにプロローグのところで「Everything is everywhere」という話をうかがいましたけれど、南極でもそうですか。数はともかく、何でもいるのですか。

長沼　うん、氷の中に閉じ込められている。どこからか吹き飛ばされてきたものが残っているという意味では、何でもいる。ただし「Everything is everywhere」の後には、「but environment selects」という言葉が続く、「環境が選ぶ」と。やってきた後に、はびこる、はびこらないというのは、環境に適応しているかどうかで決まる。南極では低温に強い生き物が多いというのはあり得るけれど、実際に調べてみると、何でもいるんだよね（笑）。

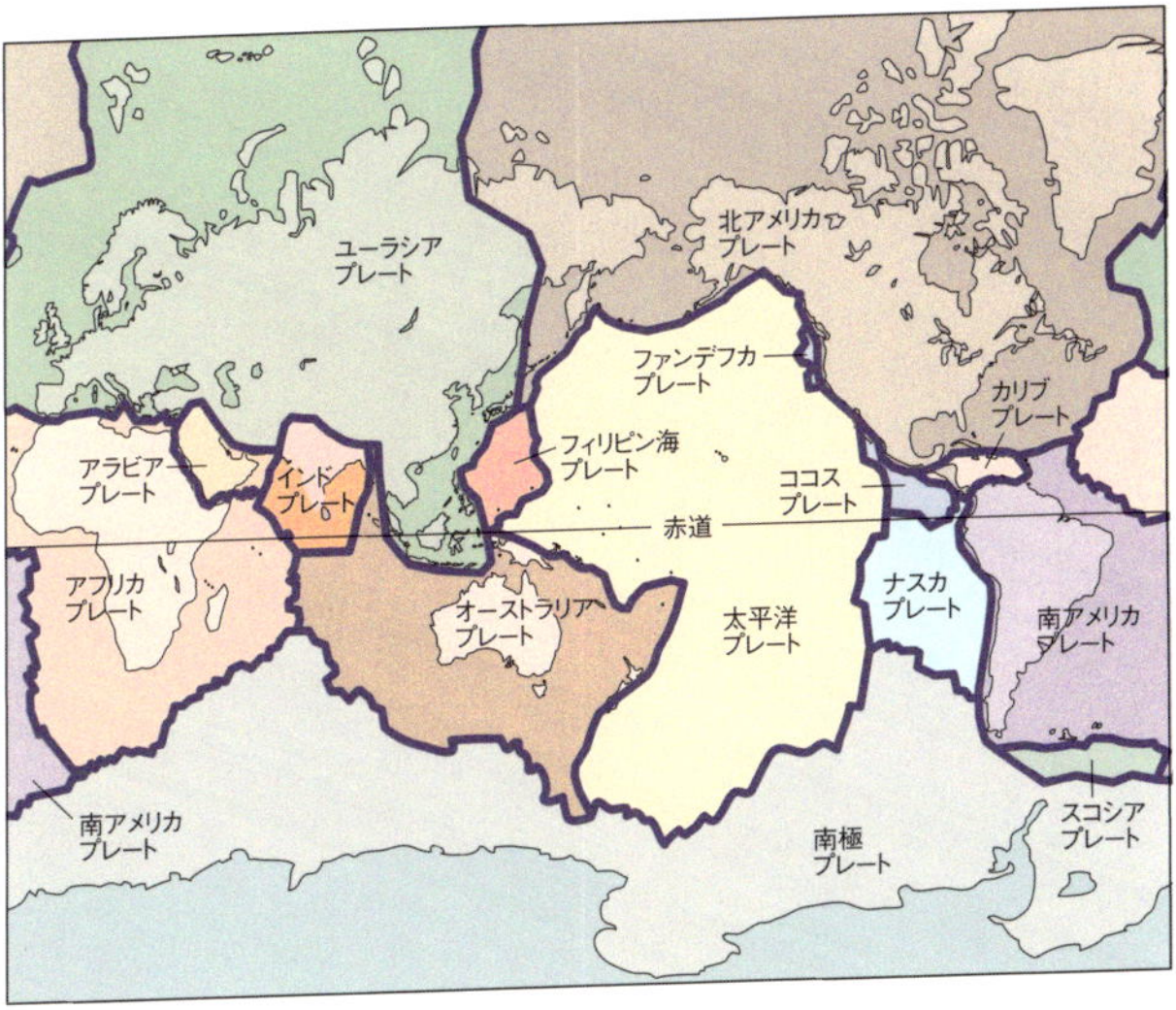

図2　地球の固体部分（岩盤）の表面をおおうプレート

＊南極に続いて北極へ

藤崎　南極へ行かれた同じ2000年に、北極にも行かれましたよね。きっかけは何だったのですか。

長沼　当時、東京大学海洋研究所におられた地球物理の玉木賢策先生が、北極海の海洋プレート（＊14）の運動を調べておられた（図2）。大西洋中央海嶺（かいれい）（＊15）の一番北側の端っこを観るため、北極海の調査をするという大きなプロジェクトを進めていらして、それに呼ばれたのが発端。そのときは単純に「ああ、南極の次は北極だよね」ってノリで行った（笑）。

藤崎　ずっと船で？　北極の氷の上には降りたんですか。

長沼　船に乗ったところが、スピッツベルゲン(*16)という島なのね。そのスピッツベルゲン島は、まさに北極研究のメッカ。その近くの海域に長期滞在できたのが嬉しかった。そこはもう十分に北極圏で、北緯79〜80度。一方、南極の昭和基地は、南緯69度だからね。

藤崎　さらに極域に踏み込んだ？

長沼　うん。10度ぐらい、距離にして1000km以上も極に近い。

藤崎　北極には大陸がありませんから、南極とは大きく違うんですか。それとも、寒くて、乾燥していて、塩っぽいというのは同じなのですか。

長沼　乾燥というイメージは、持ったことがない。

藤崎　北極は乾燥してない？

長沼　グリーンランドは、強いて言えば乾燥していると思う。リトル南極だね。その他の北極域というのは、南極みたいに乾燥しているというイメージではない。例えばスピッツベルゲンにしたって、メキシコ湾流の一番端っこがきているわけ。メキシコ湾流は暖流で、意外に暖かくて、イメージとしては海から湯気が立っている感じ。わりと水気は多い。塩気は、まあ、海は塩っぽいからね。北極の海底火山のあたりから、やっぱりハロモナスを採っちゃったんで、ハロモナスもいる。ただ南極みたいに飽和食塩水溜まりみたいなところがあるかというと、多分ない。南極は、塩分的には変動がとても大きい。真水から完全な飽和の塩分まで幅広い。でも、北極はそうじゃない。
藤崎　高等動物では、シロクマやキツネはいるけれど、ペンギンはいないという違いはありますが、植物やコケ、地衣類とか微生物のレベルでは、そんなに変わらないんですか。
長沼　北極は、意外と高等植物が極に近い方まで入っている。だからツンドラもあるけれど、そこにも草、いわゆる草本植物がある。花をつける植物もあるし。そういった意味では、南極とは全く違った環境。
藤崎　じゃあ、かなり親しみやすい感じですか。
長沼　そうね。南極に比べると、文明圏からも近いしね。この間、ノルウェーの一番北の方のトロムソという町へ行ったけれども、あそこは北緯69度で、十分に極圏内。昭和基地と同じぐらい。だけど、コンビニがあるんだよ。
藤崎　えーっ（笑）。ちなみに何というコンビニ？
長沼　「ホットスパー」(＊17)（笑）。それも一軒や二軒じゃない、セブン-イレブンだってある。それから、世界最北のビール工場がある（笑）。
藤崎　へぇー、普通なんですねぇ。
長沼　北極って、ホント、文明に近いなと思った。陸続きというのが強いよね。南極は、やっぱり海が間にあるから行きにくい。

＊14　プレートは、地球の表面を覆っている岩盤。十数枚に分かれていて、相互にゆっくりと移動している。大陸プレートと海洋プレートとがあり、厚さは前者が100km程度、後者が70km程度。
＊15　大西洋中央海嶺は、大西洋の中央をほぼ南北に走る海底火山の連なりで、総延長は約1万km。頂上部が裂けて谷になっており、そこにマグマが上がってきて新しい海底が生産されている（115ページ参照）。
＊16　スピッツベルゲン島は、ノルウェー領スバルバル諸島で最大の島。
＊17　「スパー（SPAR）」は、アムステルダム（オランダ）で始まり、現在、ヨーロッパを中心に世界二十数カ国で展開する世界最大級の食料品小売チェーン。

＊北極でわかったハロモナスの正体

藤崎　北極へは、ハロモナスの調査をするために行かれたんですか。

長沼　本当は海底火山活動に伴って湧き上がってくる熱水プルーム[＊18]と、微生物の存在量や種類の分布が重なっていれば面白いという話で、まあ、それを調べた。それがミッションであり、お仕事。それ以外の部分として、ハロモナスの探索をやった。

藤崎　そうしたら、ここでも出てきたと……。

長沼　うん。面白かったのは、学生が2人いたので、1人の学生にはハロモナスを採らせて、もう1人の学生には硫黄酸化細菌という、熱水プルームから出てくる独立栄養（生活に必要な有機物を無機物だけから合成する栄養形式）の化学合成細菌[＊19]を探させて、それぞれの遺伝子を調べたの。そうしたら、同じなんだよ。つまり、ハロモナスが硫黄酸化して独立栄養する。それは、それまで誰も知らなかった。

藤崎　へえ。どのハロモナスもやるのですか。

長沼　限られたものだけかもしれないけれど、いや、結構いるんだよ。

この場合の独立栄養というのは、要するに二酸化炭素を固定して、それを自分の身体にするわけだけれど、そのときに一番大事なのはルビスコという酵素――二酸化炭素をつかまえる酵素ね。それをつくる遺伝子があるかどうかを調べると、ハロモナスにもちゃんとあったの。「何だ、これは」と思った。それまでの自分の経験では、ハロモナスというのはどこにでもいるわけ。そのコスモポリタンの代表選手がルビスコを持っていて、独立栄養もやっているとすると、何だ、あっちこっちにいて当然じゃんって……。

藤崎　じゃあ、南極とかで見つけたハロモナスが、どうやって食っているのか、わかっていなかったんですか。

長沼　有機物を食っていると思っていた。多分、有機物があれば有機物を食べると……。

藤崎　つまり従属栄養（生活に必要な有機物を他の生物から摂取する栄養形式）だと?

長沼　ハロモナスが従属栄養だというのは、われわれの業界の常識。独立栄養だなんて言ったら笑いものになる。

藤崎　でも笑い事じゃなかったということですよね。

長沼　うん。本当に厳しい環境、何も食い物がない世界でハロモナス君がはびこっているんだったら、独立栄養なのかもしれない。もしそうだったら、われわれが今まで予想していた以上に、独立栄養的な生活というのは、この地球に多いということになる。だから意外とどんなところでも、独立栄養でコツコツ、カツカツと自分の力でやっているのかなと……。

藤崎　ということは、従属栄養と独立栄養は切り替え自由だったりもする？

長沼　そうね。ハロモナスは進化の系統樹に置くと、結構端っこの方、進化しちゃった方なのよ。

藤崎　根元ではなくて、枝の先っちょ？

長沼　そう。やっぱり進化したから、何でもできるのかなと……。独立栄養もすれば、従属栄養もする。きっと、その時々に応じてスイッチングする。

藤崎　おお、ますますジェネラリストの究極ですね。そういう進化の仕方もあるのですか。

長沼　そう。スペシャリストの道を突っ走るのか、その逆を行くのか。

藤崎　つまり人間などは生息域が限定される方向に進化したけれども、ハロモナスは広げる方向に進化したかもしれない。

長沼　そうね。あんな小さい身体なのにね。

藤崎　何㎛（マイクロメートル。１㎛＝０・００１㎜）でしたっけ？

長沼　１㎛とか２㎛。でも、細菌としては普通のサイズなんだよ。

藤崎　ハロモナスの話は、この後の対談でも何度か出てくると思いますが、今日はこれくらいにしておきましょう。

＊18　熱水プルームとは、マグマによって加熱された高温の海水（熱水）が海底から噴き出して、一定深度まで上昇したときにできる水塊。メタンガスや鉄、マンガンといった重金属元素が通常の海水より多く含まれている。

＊19　化学合成細菌は、無機物を酸化することによって生じるエネルギーを、有機物の合成に利用する細菌。植物が光をエネルギーにしているのとは対照的だが、すでに存在する有機物に依存しないという点で、同じ独立栄養生物である。

コラム対談2　ＩＰＹ、ＭＥＲＧＥとは何か？

＊50年ごとの地球の健康診断

藤崎　２００７年から始まった国際的な極地観測プロジェクト「ＩＰＹ(＊1)（国際極年）」の話と、その中で先生が主導する「ＭＥＲＧＥ」というプロジェクトについてお聞かせください。２００７年は、日本の南極観測50周年でもあったそうですね。

長沼　ＩＰＹは50年に1回、前回は50年前の１９５７年に行われた。そのＩＰＹに日本が参加してつくったのが昭和基地。日本が国家としてＩＰＹという国際プロジェクトに加わるための、シンボル的な存在だったわけね。

藤崎　その１９５７年が、第1回目のＩＰＹだったのですか。

長沼　いや、3回目だね。

藤崎　えっ、50年前で3回目？　ということは、さらにその１００年前に第1回があったんですか。

長沼　厳密に言うと、50年おきではないんだけれども……。途中で、名前も変わったりしているしね。ただ概念としてのＩＰＹはずっとあって、1回目は１８８２年、２回目は１９３２年で、３回目が１９５７年だった。

藤崎　ＩＰＹというのは一言でいうと、世界中で集中的に極域の調査観測をしましょうという年なんですか。

長沼　そうだね。当然のことながらサンプルやデータを集めるのも、国ごとにやるより、多くの国同士で協力した方がいい。本当は毎年でもやった方がいいけれど、それは大変だから50年に1回ぐらいは本気でやろうというわけ。つまり50年に1回ずつ、地球の姿、特に両極における地球の姿を明らかにする。僕は、それを地球の健康診断と言っている。で、その診断結果を、今後の地球の病気の予防なんかに使おうということなんだ。

藤崎　人間ドックみたいなもんですね。では、今世紀初めてとなった今回のＩＰＹの特色は？

長沼　今回、新しく加わったものが三つある。一つはインターネット。ネットを駆使して、極に関係のない国々や人々までも巻き込んで、南極や北極のことは「everybody's business（われわれみんなに関すること）」だと呼びかけること。赤道の近くにいる人たちにも、地球環境という観点で見たときに、南極・北極が関係していることを伝えたい。インターネットによって、それが初めて可能になる。

藤崎　つまり距離的に離れていても、ネットを通じて伝えることができる。

長沼　そう。50年前と今とでは、送れる情報量が圧倒的に違うしね。もう一つ50年前との違いは、「地球環境」という観点が重要になっている点。これは50年前にはなかった。

藤崎　50年前のＩＰＹは、地球環境とは関係なかったのですか。

長沼　まだ考えていなかったし、地球温暖化は全然、叫ばれていなかった。

藤崎　単に極域の観測だったわけですか。

長沼　そうそう、フロンティアの探査ね。でも今の地球環境が今後どのように変化していくかを予見するという意味では、極域が鍵になっている。地球環境、特に温暖化の影響が最も顕著に現れるのは北極域や南極域だから、きちんと押さえようというのが今回の大きなテーマです。そして3つ目の新しい点は、微生物の調査。過去、こんなに真面目に取り組まれたことはなかった。

藤崎　50年前、微生物の調査はなかったんですか。

長沼　ちょっと記憶にない。というか、記録にないんじゃないかな。

藤崎　それぐらいやっていない？

長沼　うん。まずもって極域は「不毛」と言われていた。確か、第二次世界大戦後あたりから、ぼちぼち微生物の研究が始まったぐらいだから……。それも「いないと思ってたのに、いた」っていうレベルなの。われわれみたいに、いるのが当然だと思って調べているのではなかった。

＊1　１９５７年のＩＰＹ（国際極年）は、正確にはＩＧＹ（国際地球観測年）と呼ばれた。第１回国際極年は１８８２～83（明治15～16）年、第２回

国際極年はその50年後の1932〜33（昭和7〜8）年に行われたが、その後、自然科学の目覚ましい発展のため、第3回はその50年後ではなく、「太陽活動極大期」にあたる25年後の1957〜58年に実施してはどうかとの提言があり、IGYとして地球規模の観測が実施された。

＊微生物の目録を一斉に！

藤崎　微生物のテーマにも絡めて、IPYにはいろいろな国からいろいろなプロジェクトの企画が寄せられたわけですね。日本からの提案は、先生のものだけが採用されたんですか。

長沼　世界中から、IPYに絡んで約2000件の提案があった。その中からIPYの委員会がいろいろな面から審議して、コアになり得るものを選んでいった。その結果10分の1くらいにまで減らされて、約200件のコアに絞られた。さらに、そのコアにも大きいものと小さいものとがあるけれど、われわれのプロジェクトは幸いにも大きいコアになった。ただ、だからといってお金があるわけじゃない。IPYというのは認定プロジェクトだから、公認ということでしかない。

藤崎　IPYは、お金をくれないんですか。

長沼　くれない。ただIPYの認定を受けると、各国で、例えば僕なんかだと日本の政府に対して予算要求するときにもらいやすいという、それだけ。

藤崎　そうすると先生の提案は、予算の裏付けがない思いつき段階のものだったんですか。

長沼　いや、われわれはもう10年ぐらい前から南極の微生物に興味があったし、細々とやってきた。その上で、IPYを機会にちゃんとやろうということ。そもそも世界で南極・北極の微生物の研究はどのぐらい進んでいるんだろうと考えた。特に興味があったのは、特許関連。微生物というと、特許が絡んじゃうんだ。南極の場合、南極条約(＊2)というものがあって、鉱物資源の探査・利用は禁止なの。

藤崎　鉱物だけ？

長沼　そう。従来、資源探査というのは鉱物資源しか考えてなかった。じゃあ、生物資源はどうなんだと。

これもまた、50年前のＩＰＹのときにも、南極条約のときにもなかった話。だから今、南極の微生物研究――裏を返すと南極の生物資源利用はどうなっているのかを知りたい。英語に「インヴェントリー(inventory)」という言葉がある。訳すと「棚卸（たなおろし）」、あるいは「目録づくり」。これまで、われわれがやっていた南極・北極の微生物研究のインヴェントリーを、しっかりと学問的にやろうとＩＰＹに提案したの。だから当初のタイトルは「Microbial inventory」。つまり「微生物の目録づくり」というタイトルで提案書を出した。

藤崎　泥臭い言い方をすると、微生物囲い込み作戦の第一歩、みたいな？

長沼　むしろ逆。われわれが採ったものに対しては、できるだけ人類の共有財産にしたい。本来の南極条約の趣旨に沿った方向でやりたいの。まあ参加者によって、いろいろな思惑はあるんだけれどもね。

藤崎　それは、そうでしょうね。

長沼　でも、とりあえずそういった観点を前面に打ち出したことは、まだなかった。

藤崎　では他の国も巻き込んで、その目録をＩＰＹの中で一斉につくろうと……。

長沼　そう。一つの国やグループでは、現地へ行ける回数にも限りがある。当然、得られるサンプルの種類や量にも限りがある。だから、みんなで分担してサンプルは共有しようよと……。それによって個々の研究はもちろん、サイエンスが格段に発展するでしょ。それを狙ったわけ。

藤崎　それをコアにして、さまざまなプロポーザルが統合(merge)して、最終的に「Microbiological and Ecological Responses to Global Environmental Changes in Polar Regions」、略してＭＥＲＧＥというプロジェクトになったということですね。

＊２　南極条約は、１９５９年にワシントンで調印、61年に発効された南極に関する基本的な条約。現在の締約国は日本、アメリカ、イギリス、フランス、ロシアなどを含む47カ国（２００９年９月現在）。南極の平和利用や科学調査の自由、領有権

主張の凍結などを定めている。鉱物資源利用の禁止については議定書で規定している。南極条約の詳細については、外務省のホームページを参照。
http://www.mofa.go.jp/Mofaj/Gaiko/kankyo/jyoyaku/s_pole.html

＊ハウスキーパーにして仲人役

藤崎　具体的にＭＥＲＧＥが、どういうプロジェクトなのか教えてください。

長沼　われわれ日本サイドが出したのは、微生物のインヴェントリーの話。どういう微生物がいるのかという興味だったけれども、その後、ＩＰＹが複数のプロポーザルをくっつけて、一つの大きなプロポーザルをつくろうとした。でも、他にもいくつか同等レベルのものがあって、誰がリーダーシップをとるかが問題だったわけ。そこで僕は、直接、有力なプロポーザルを出した人たちに会いに行って、「どうしようか」という話をした。で、実際にこういう動きをしたのが僕しかいなかったから、結局、僕が音頭をとるハメになった。そのとき「地球環境の観点をもっと取り込め」というリクエストがあった。そこで、微生物は地球環境にとても素早く反応し得る生き物なので、地球環境変動の「センティネル（sentinel）」、日本語でいうと「尖兵」あるいは「歩哨」のような役割であるという位置付けにした。「微生物は地球環境のウォッチャー」という基本的なシナリオをつくったんだけれど、ＩＰＹの方から「わかりやすい略語をつくれ」と言われたのね。そこでいろいろ考えているうちに「ＭＥＲＧＥ」というのが出てきた。「おお、これはまさに『統合』とかいう意味じゃないか！」と。

藤崎　もともとのインヴェントリーの話から、かなりかけ離れてしまったような気もするんですけれど……。

長沼　もちろん、かけ離れている。ただ、その中にちゃんとテーマとして残している。うちでは、全ての人の意見をどこかに残すというのが方針だからね。プロジェクト全体としては、地球環境における微生物の反応というのが大テーマだけれど、その下に何があってもいい。トップダウン方式はとらない。ＩＰＹは2年か3年くらい続くんだけれど、みんなの意見でボトムアップでやって、その結果出てきたものでまとめられる話はまとめようかと……。最初からこの方針でやって、こういった答えを出すぞ、ということはあまりやらないのね。だから、まあ、御都合主義ね（笑）。

藤崎　まとめると、ＩＰＹという傘があって、その下にＭＥＲＧＥという傘があって、その下に個々のプロジェクトが名前を連ねる。そして研究費についてはＩＰＹとＭＥＲＧＥがお墨付きを与えるから、個々のプロジェクトでうまくやってくださいと……。

長沼　うん、そういうことだね。僕も「ＭＥＲＧＥスタンプ」というか、僕の手紙が、あるテーマの研究費の獲得にモノを言うというケースがたくさんあったので、実際に何通も送っている。

藤崎　そうなんですか。実際に実現しそうなプロジェクトは、今いくつあるんですか。

長沼　いくつあるんだろう。ＭＥＲＧＥの傘の下にある20以上のテーマにはお金がつくだろうと思うから、多分20以上にはなるんじゃないかな。研究計画に、ほぼ自動的にお金がつくようなハッピーな国もあれば、なかなか競争率の高い国もあって、残念ながら敗れたテーマもある。ＭＥＲＧＥの中には、そういったハッピー、アンハッピーな人たちが混在するんで、少なくともサンプルの共有とか、あるいは、もし便乗できるチャンスがあったら、積極的に情報を与えていく。そういったことで、ほかのシーズンではあり得ないような研究の活性化を図っていこうと思っている。

藤崎　そういうマネージメントって、結構大変。相当の時間を割かれますよね。

長沼　ＭＥＲＧＥにおける自分のミッションは、二つだと思っている。一つはハウスキーパーで、全体のお世話役。といっても、自分のところに集まる情報をみんなで共有する程度だけれど。もう一つはマッチメーカーといって仲人役。ＭＥＲＧＥのメンバーには、「ウィッシュ（wish：希望）とオファー（offer：申し出）をどんどん言ってください」とお願いしてある。そうすれば、こっちでオファーとウィッシュをマッチメイク、つまりお見合いさせて、どんどん融通を促進させることができる。そういう役割の人がいないと、永久にマッチメイクできないからね。
藤崎　その二つにプラスして、ご自分の研究もされるわけですよね。
長沼　うーん、やりたいね（笑）。
藤崎　やらなければ面白くないですよね。他人のお世話ばかりしていてもね（笑）。
長沼　うん。まあ、今までも本業と呼ばれているところをうまく副業的にやってきたんで、今回もできる範囲でゲリラ的にやっていきますよ。
藤崎　具体的に、何をやるんですか。
長沼　一つには、やはり独立栄養的なハロモナスを徹底的に追っていく。あとは、氷の中の細かい隙間に生きてる微生物に、とても興味がある。微生物は、ただでさえ小さいんだけれど、普通の微生物よりも体積にすると1000分の1くらいの小さな生き物がいるの。「ナノバクテリア」という名前。それを調べていきたいと思っている。
藤崎　それは、今まで一度も調べられていないのですか。
長沼　数は少ないけれど、ナノバクそのものに、いろいろな種類があるという研究例は、なくはない。それから氷の中のナノバクも、最近ちょっとかじられている。ライバルが出たんで、「いやだなぁ」と思っているんだけど、まあ、友達が多いってことは良いことだから（笑）。

＊寒い国も暑い国も参加

藤崎　他にMERGEの中に、面白そうな研究はありますか。
長沼　南極はオゾン層の破壊などで紫外線が増えていると言われているけれど、その紫外線に微生物が小さいながら対抗しているんだよね。微生物は、赤や黄色や青といったいろいろな色素をつくるの。そういった色素が、UVブロッカーというのかな、紫外線を遮蔽する効果を持っている。それが人間にも使えたら、とても役に立つよね。
藤崎　究極のサンスクリーンみたいなやつをつくれ

る？
長沼　そう。普通はカロチノイド系といって油系のサンスクリーンが多いんだけれど、あるものは水に溶けるのよ。油に溶けるサンスクリーンや、水に溶けるサンスクリーンがあると、化粧品やいろんなものに使えて幅が広がる。こういうものが微生物からどんどん採れる、そうした成果が、多分うちのＭＥＲＧＥの中から出るだろうと思っている。

写真１　南極観測船しらせ（２代目）

藤崎　それは、ちなみにどこの国の研究ですか。
長沼　ベルギー。
藤崎　ああ、ベルギーも北の方だから、紫外線が強そうですね。
長沼　ベルギーは、このＩＰＹで初めて南極に基地をつくろうとしてる。実際はＩＰＹの後だけど。今、南極にとても力を入れている。
藤崎　他に、今まで南極に関係なかった国で、今回参加している国はありますか。
長沼　意外なことに、マレーシアが国として南極にすごく取り組んでいる。理由がまだよく見えないんだけれども、「Malaysian Antarctic Research Program」、略して「ＭＡＲＰ」というのがあるんだよ。
藤崎　ＭＡＲＰですか。何か増毛法みたいな……（笑）。それがＭＥＲＧＥの中に？
長沼　うん。ＭＡＲＰも、一応ＭＥＲＧＥのメンバーです。

藤崎　マレーシアの基地はないですよね。

長沼　基地はないけれど、すでにいろいろな国の基地へ行った経験があるんで、まあ常連さんの仲間入りをしつつあるかなという感じ。

藤崎　なるほど、面白いですね。

長沼　マレーシアは暑い地域の国だから、「どうして?」と思っていたけれど……。

藤崎　まあ、インドとかも基地がありますからね。

長沼　そうそう、インドも結構、頑張っているね。

藤崎　それでIPYは、いつから本格的にスタートしたのですか。

長沼　2007年3月1日に始まった。世界中のいろいろな国々で、キック・オフ・シンポジウムなんかが行われた。もちろん、日本でもやった。

藤崎　それから2年間ですね。

長沼　2009年の3月1日まで。

藤崎　総括した結果は、一般にオープンになるのですか。

長沼　うん。今度のIPYでは、サイエンス以外に重要なポイントがあってね。インターネット絡みだけれども「Education, Outreach and Communication」、略して「EOC」といって、積極的に成果の普及と公開を図ろうとしている。われわれの研究成果も、もちろん発信する。研究活動そのものもEOCの一環として、できるだけ多くの人に知ってもらうと同時に、多くの人に参加してもらいたい。できればサイエンティストじゃない人にも来てほしいのよ(2010年3月1日に「国際極年シンポジウム――地球規模の変動現象と極域の役割り」が開催された。http://www.nipr.ac.jp/info/notice/20100301symposium.html)。

藤崎　新しい観測船[*3](写真1)も登場するから、一般にも話題になるでしょう。

長沼　2009年の第51次隊からだね。

藤崎　だけど、すでにIPYは終わってるわけですよね。

長沼　うん。ただ「ポストIPY」という話もある。

つまり「ＩＰＹだけで終わらせてしまうのはもったいないよね」という機運は絶対にあるの。もう終わりたいという国もあるけど、もっとやろうという国も絶対に出てくる。だから多分、終わりは始まりほどすっきりしない。だらだらと終わっていくのね。それからＩＰＹとは別に「ＳＣＡＲ（国際科学会議南極研究科学委員会）」という組織があって、これは南極条約に関連したサイエンスの研究委員会なんだけれども、その活動はＩＰＹとは無関係に、ずっと続くものなのよ。ＳＣＡＲはＩＰＹの中心的な推進団体でもあるから、これでポストＩＰＹもずっと続く。ＳＣＡＲはＳＣＡＲで独自のプログラムを持っていて、結構ＩＰＹとかぶっているの。つまり「ＩＰＹ‐ＭＥＲＧＥ」に相当するものがＳＣＡＲにもあって、それは残るので、そっちの枠組みでやっていくつもり。僕はその委員でもあるから、どうせやらなきゃならないんだよ。

藤崎　ＩＰＹの成果がまとまったら、また別の企画で本が１冊出せますね（２００９年11月に「Polar Science」という学術誌でＭＥＲＧＥ特集が組まれた。

http://www.sciencedirect.com/science/journal/18739652)。

＊３　新しい南極観測船「しらせ」（2代目）は、２００９年11月に就役した。全長１３８ｍ、幅28ｍ、基準排水量１万２６５０ｔと、旧「しらせ」よりひとまわり大きい。物資の輸送量が１０００トン増え、観測隊員の収容数も60人から80人に増えた。砕氷能力がアップし、観測機能も充実している。２００９年11月に処女航海に発った。
広報誌「極」２００９年秋号：
http://www.nipr.ac.jp/publication/PDF/Kyoku-no02.pdf

南極、冬期の湖沼（国立極地研究所提供）

第2幕

深海で出会った生物の「大群」

新江ノ島水族館
神奈川県藤沢市片瀬海岸2－19－1
tel.0466－29－9960

新江ノ島水族館の大水槽前にて

＊深海は餌が少ない世界

藤崎　今日は神奈川県にある新江ノ島水族館(＊1)の深海コーナーに来ています。後ろには熱水（温泉）を噴出する「チムニー」（写真1）という煙突のような構造物の模型があって、シンカイヒバリガイ（写真2）とアルビンガイ（写真3）がくっついています。その背後には水槽がいくつかあって、ハオリムシ（チューブワーム。写真4）やゴエモンコシオリエビ（写真5）、ユノハナガニ（写真6）などの生き物たちがうごめいています。これは、主に水深数百から数千メートルの熱水噴出域で見られる風景や環境の再現です。実際にそんな極限の環境まで行くのは困難なので、水族館の中につくられた擬似的な深海を訪ねることにしたというわけです。

長沼　なるほど。

藤崎　まず「深海」とは何かをうかがいたいと思います。一般の人たちにイメージされている深海は、私の感覚で言うと、真っ暗で光がない、水圧が高くて潰されそう、冷たい、酸素が少ない……。あるいは、このごろ海洋深層水を使った様々な商品が出回っていて、「深海は栄養が豊か」みたいな宣伝文句も見かけます。でも、それは無機栄養のことで、魚なんかの餌になる有機栄養は少ないいんじゃないかと思うんですが、どうでしょうか。

長沼　うん。やはり「餌が少ない」というのが、深海を特徴づける一番大きなファクターだからね。生物にとっては、「腹を減らした世界」だろうね。

藤崎　魚とかカニとかエビとか、いるところにはいるけど、基本的に彼らが食べるものは少ないということですね。ところで先生は、これまで潜水調査船で深海に14回潜っているそうですね。すごいですよね。

長沼　まあ、仕事だから（笑）。

藤崎　もちろん、中には潜航回数が59回なんていう、とんでもない方もいらっしゃいますが、先生がＪＡＭＳＴＥＣ（独立行政法人海洋研究開発機構、当時は海洋科学技術センター）に在籍していた期間を考えると多いんじゃないですか。

長沼　実質的には2年半くらいしかいなかったからね。

藤崎　それ以前にも、学生のときに「かいよう」（写真7）というＪＡＭＳＴＥＣの調査船に乗って、深海を見ていたんですよね。北フィジー海盆でしたか……。

長沼　そうそう。ちょうど熱水噴出孔が海外のグループによって発見されて、世界のあちこちで報告されていたころで、日本でも「わが手で発見しよう」という機運が高まっていた。その最初の発見航海が、太平洋のフィジー諸島のあたり。北フィジー海盆という場所での熱水探しを、フランスのチームと共同でやった。それに参加したわけ。

藤崎　採水器を使って水を採った？

長沼　熱水探しには順番があるんだ。まず海底地形を見て、「このへんが臭いぞ」とねらいを

写真1　チムニーの模型

写真2　シンカイヒバリガイ(©JAMSTEC)

写真3　アルビンガイのコロニー(©JAMSTEC)

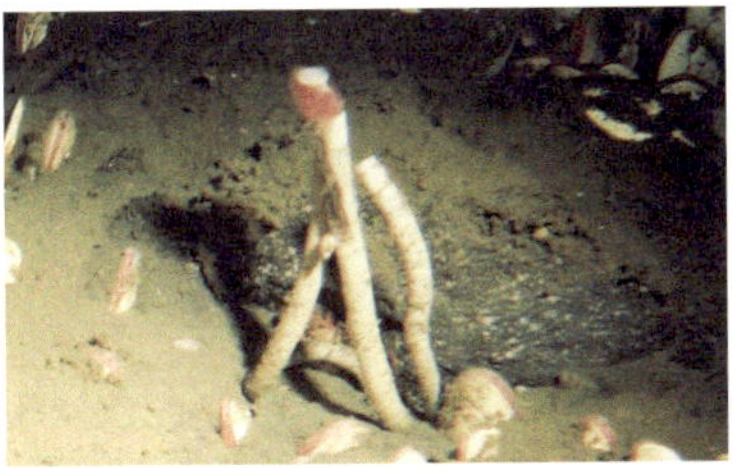
写真4　ハオリムシ（©JAMSTEC）

写真5　ゴエモンコシオリエビ（©JAMSTEC）

写真6　ユノハナガニ（©JAMSTEC）

写真7　かいよう（©JAMSTEC）

つける、変な山や谷があるところとかね。そして、その場所を船の上から実際に見つけて探査する。それから水を汲んで、熱水に由来する化学成分が多そうなところを探し当てる、というのが1回目の航海の目的。

藤崎　それで、探し当てたのですか。

長沼　うん。微生物は何かの化学成分に応じて増えたり減ったりするということで、そのときは微生物が異常に多いところ、われわれの世界では「アノマリー（anomaly：異常な状態）」というんだけれど、それを探すのが仕事だった。幸いにも化学的なアノマリーと微生物学的なアノマリーがうまく一致する場所があって、確かにここには何かありそうだということがわかった、それが1回目の航海。その結果、われわれはめでたく初めて日本人の手によって熱水噴出孔を発見することができた。めでたし、めでたし。

藤崎　最初、「ディープ・トウ」[*2]（写真8）を使ったんですよね、船で曳航する海の中の凧みたいなやつ。

長沼　海底地形探査では、まずエアガンというもので音を出して、その音の反射で地形を探る。それから「ディープ・トウ」。カメラが積んであって、海底の様子をつぶさに観察しながら引き回す。

藤崎　まず船で地形を見て、水を採って成分を調べて、このへんだと思ったら「ディープ・トウ」を下ろして、そして発見となるわけですか。

長沼　でも「ディープ・トウ」は引き回すだけで、一カ所に留まれないのね。「あった、あった」と言っても、すぐにその上を通り過ぎてしまう。だから、例えば「ディープ・トウ」に採水用のバッグをつけて、見つけた瞬間にポンとスイッチを入れると、水を採ってバッグのふたが閉まるというような装置も工夫した。

藤崎　うまくいったんですか。

長沼　うん。それでも４〜５回は往復したけどね。学生時代に２回船に乗っているんだけれど、２回目のときにはうまく当たりをつけて、最初から集中的に水を汲んだり、石を採ったりした。ところが、そのとき「ディープ・トウ」が岩か何かに引っかかっちゃって、紛失するという事件がおきた。

藤崎　引っかかったら、プツンといっちゃうんですか。

長沼　普通はケーブルを巻き出してテンションを緩めつつ、うまく岩から外すんだけど、そのときはうまくいかずにブチッといった。急に画面が砂の嵐になって、「あれ、テンションないぞ」って……。ケーブル巻き上げたら、途中で切れてるんだよ（笑）。

藤崎　えーっ、それで？

長沼　紛失。ＪＡＭＳＴＥＣに入る前に、そういう貴重な体験をしちゃって（笑）。でも深海の様子を実際に見たのは、そのときが最初。カメラ越しとはいえ、やっぱり熱水噴出孔を自分の目で見られたのは嬉しかった。しかも、日本人として初めて発見したんだからね。

藤崎　そのときは、みんなで画面を見て……。

長沼　うん。例えば、映像を見ている間にコシオリエビがだんだん増えてくる。そのうちに死んだシロウリガイの殻が転がっていたりする。「おかしいな、おかしいな。何かが近いぞ」と。そして「そろそろ来るんじゃないか」と思ったときに、パッと出たね、チムニーが。

藤崎　感動の瞬間ですね。

長沼　うん。「ウォー！　やったぁ！」って……。ＪＡＭＳＴＥＣに田中武男（たなかたけお）さんという人がいて、今でもおられるんだけれど、そろそろ来るってときに「ここは慎重に……」なんて言いながら、見た瞬間「チムニーだ！　チムニーだ！　チムニーだ……」と合計17回も叫んだ（笑）。

藤崎　17回数えたんだ（笑）。

写真８　ディープ・トウ（Ⓒ JAMSTEC）

長沼　「ゴール！」って、30回叫んだアナウンサーがどっかの局にいたけど、「チムニーだ！」が17回（笑）。

＊1　新江ノ島水族館公式HP：http://www.enosui.com/

＊2　ディープ・トウは、JAMSTECが所有する水深6000mまでの調査が可能な曳航式の探査システム。

写真9　しんかい2000

写真10　シロウリガイ（©JAMSTEC）

＊深海でクラゲの大群に遭遇

藤崎　その後、いよいよ「しんかい２０００」(＊3)（写真9）で駿河湾に潜ったわけですか。

長沼　ＪＡＭＳＴＥＣに入って、すぐに潜るチャンスを与えられることは、なかなか普通はないんだけれど、たまたまラッキーで……。でも駿河湾って別に熱水もなければ、当時はあそこにメタンが湧いてるということも発見されていなくて、いわゆる普通の深海調査だったわけ。ただの泥の海底が延々と続く、つまんない海底（笑）。

藤崎　シロウリガイ(＊4)（写真10）がブワーッといたとか……。

長沼　当時の駿河湾では、まだ発見されていなかった。でも駿河湾の一番深いところ、水深１９００ｍ以深という、つまり「しんかい２０００」が潜れる一番深いところに潜らせてもらったのね。

藤崎　生き物はたいしていなかった？

長沼　うん。ただ駿河湾の海底で、クラゲのものすごい大群を発見したの。これが非常に印象深かった。

藤崎　ミズクラゲとか？

長沼　あの類じゃなくて、ちょっと黒っぽい色がついたもので、ものすごい大群。勉強した範囲では、深海というのは餌が少ないから生物量が少ないと考えてたし、学生時代に見た深海の印象もそうだったんだけれど、何でこんなにいっぱいクラゲがいるんだろうと……。つまり一般論として生物が少ないという話と、それにもかかわらずところどころで大量に群れているという状況、生物学では「パッチィ（patchy：パッチ状の分布）」と言うんだけれどね。これはまだ自分の中でも結び付いていないんだ。説明もついてない。深海というのは、非常にパッチィに大群が存在し得る環境である。でも何で大群が発生するかっていうのはエコロジーの永遠の謎で、まだ解いた人は一人もいない。

藤崎　いないんですか。

長沼　いない。多分、誰にもわからない。でも、とにかく大群を発見したことが、すごく印象深かった。

藤崎　2回目の潜航は1回目と同じ年、1989年の7月ですよね。いよいよ熱水噴出域ですか？

長沼　沖縄トラフの伊平屋凹地（いへやおうち）。

藤崎　そのときは、自分の目で見たんですよね。「ディープ・トウ」でカメラ越しに見た熱水噴出域とは違いましたか。

長沼　うん。一応、自分の目で確かに見たからね。ただね、今の潜水船には温度センサーが付いていて、熱くなるとブザーが鳴る。例えば熱水が湧いている場所の真上に着底して船体が焦げるなんてことは、今ではおきないんだけれど、当時はセンサーがなくて船体がしばしば焦げて、そこでいろんなものが溶けた（笑）。

藤崎　知らないうちに……。

長沼　自分たちが入っている耐圧殻（球状の船室）の真下に熱水が噴いている。明らかに熱水が壁面に沿って湧き上がってきて、窓にヒューッと流れているの。すごい迫力（笑）。でも、逆にいうと外が見えないのよ、窓の外がユラユラ揺れちゃって。だから観察には不向きなんだけれども、雰囲気は抜群。

藤崎　そういうことは、今はできない？

長沼　できない。幸せな時代に潜りましたなぁ（笑）。

藤崎　熱水の泡がくっついて、アクリルの窓が溶けちゃったという話もありましたね。

長沼　そうそう。そのときは、自分たちの入っている耐圧殻の真下にチューブワームのコロニーがあった。熱水噴出域というのは泥もあるけれど、岩でごつごつしていることが多いから、普段の着底とは違って普通はある種の衝撃があるわけよ。ズドンというか、ドシンというか。でもそのときはフワッという感じだった。「あれ？」って（笑）。

藤崎　クッションがあるなって……。

長沼　そうそう、チューブワームのクッションだった（笑）。

藤崎　着底する前に、見えていなかったのですか。
長沼　真下は見えないんだよ。一応、斜めに降りながら着底するから、あのへんに降りるんだろうというのはわかるんだけれど、沖縄のチューブワームってツンツン立っていなくてモシャモシャしているのね、焼きそばみたいに。だから見えにくい。普通の岩っぽい海底だろうと着底したら、フワッと……。
藤崎　伊平屋凹地は、2回行っていますよね。両方同じ目的で？
長沼　そう。生物採集と採水。でも、それより面白かったのは、伊平屋凹地のなかには双子の山があって、麓から頂上までの高さ――比高(ひこう)というんだけれど――それを測ったら50mぐらいある。その山の麓から頂上まで、全部チューブワームがいるの。
藤崎　それって、熱水マウンド(＊5)（図1）ですか。
長沼　広い意味では熱水マウンドなんだろうけれど、海底の割れ目からお湯が湧いているような感じじゃない。マウンドのいたるところからじわじわっとお湯がしみ出ているような。それでもって、山全体がチューブワームでおおわれている。
藤崎　すごいですね。50mの山ですよね。
長沼　うん。全山チューブワーム。
藤崎　直径はどのくらいあるんですか。

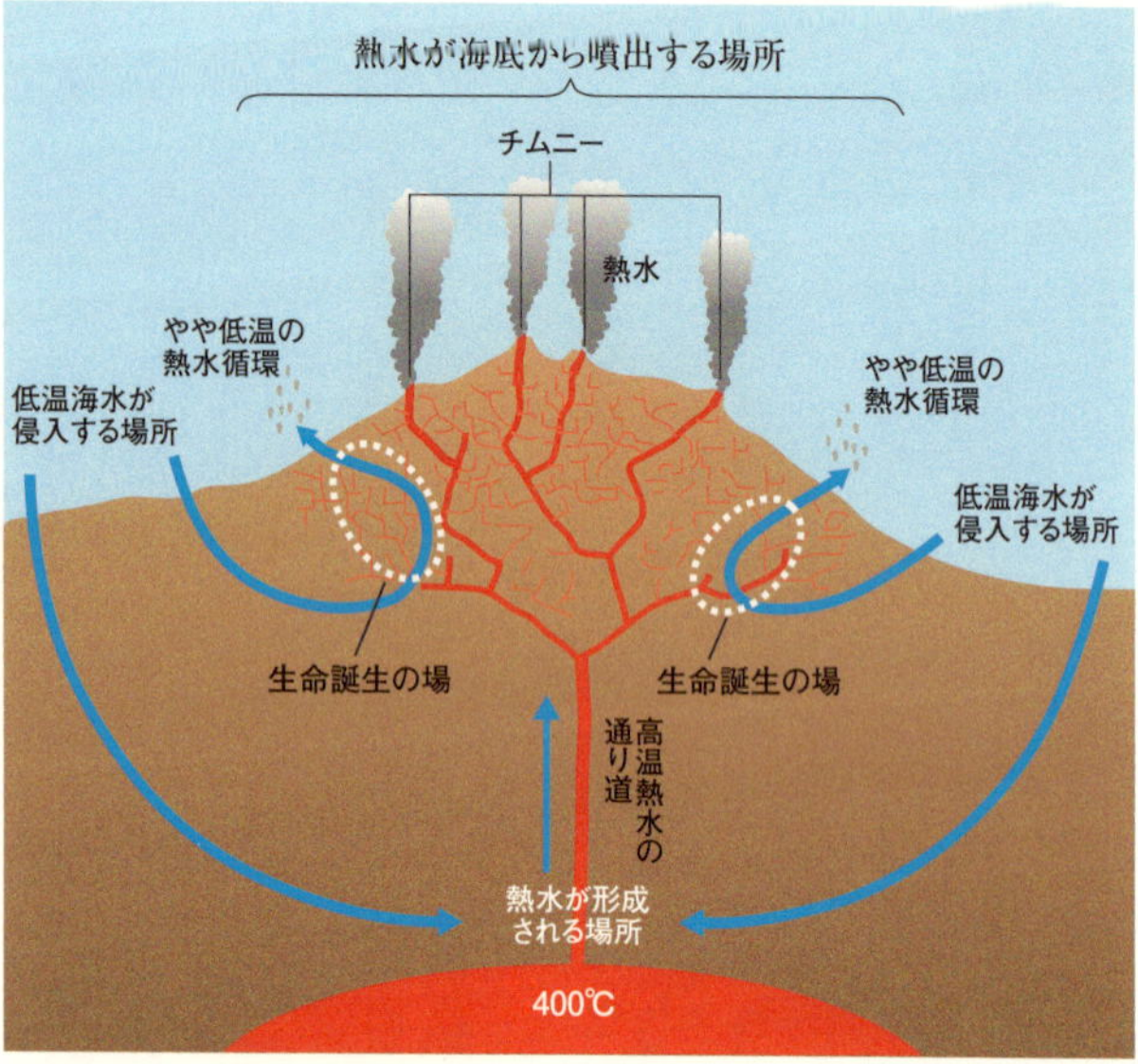

図1　熱水マウンドの構造

長沼　双子山だから、麓の幅は多分１００ｍくらいあったと思う。壮観だったね。

＊３　「しんかい２０００」は、水深２０００ｍまで潜ることができる有人潜水調査船。乗員数は３人。２００２年に運航停止（事実上の引退）となるまでに１４１１回の潜航を行った。

＊４　深海にすむハマグリに近縁の白い貝。数十メートルの範囲で密集したコロニーをつくることがある。日本の近海では１９８４年に相模湾で初めて観察された。

＊５　熱水マウンドは海底熱水活動によって生じた小高い丘のような地形。その上にチムニーが並んでいることも多い。

＊ズワイガニに襲われる

藤崎　その伊平屋凹地の合間に、隠岐

海嶺へ行ったんですよね。

長沼　これはピンチヒッター。急用で行けなくなった人の代わり。日本海というと、松葉ガニ、ズワイガニが有名だけれど、そのズワイガニの生態調査だった。ズワイガニは海底に餌を持っていくと、どこからともなく群がってくるのね、モワモワーッと（写真11）。でも、何で群がってくるのかがわからない。

写真11　ズワイガニの大群（ⓒ JAMSTEC）

藤崎　匂いがする？

長沼　そうそう。匂いというのは化学物質でしょ。それが水の中に出ていくんだけれど、潮の流れがあるから上流とか下流がある。下流側なら匂いを感じて来るのはわかるけど、全方位から来るわけよ。となると拡散かなと……。でも、分子の拡散なんて遅いから、そんなに速く来るわけがないの。

藤崎　数分で集まるのですか。

長沼　うん。おかしいなということは昔から言われていて、当時、ＪＡＭＳＴＥＣの橋本惇（はしもとじゅん）さんという研究者（現在は長崎大学水産学部教授）が、これはカニがものを食べるときの「バリバリバリバリ」という音で寄ってくるのではないかと考えた。それで、まずカニがものを食っているときの音を録音しようということになった。録音したものを、高速フーリエ変換という手法で周波数分析して、それをまた人工的に合成する。つまり人工的につくったカニの「ものを食べる音」を流したら、カニが寄ってくるかを試すわけ。このときのミッションは、その最初の録音をすることだった。だから海底に行って、録音機のスイッチを入れて、あとはじーっとひたすら待つ。

藤崎　水深はどのくらいだったんですか。

長沼　1200メートル。でも結局、合成音にカニは集まってこなかった。

藤崎　ということは、音ではない？

長沼　いまだに謎なんですよね。そのときは最初の潜航で、餌にするサバの切り身を海底に置いてきた。そこにカニが群がってバリバリ食ってる音を、翌日に録りに行くのよ。行ってみたら、もう餌のまわりにカニが山をつくっているわけ。数十匹いたかな、モワーッと。

藤崎　それを獲って、持って帰って食べたりしなかったのですか。

長沼　いや、それはしなかった（笑）。その次の日にも、餌を持って行ったの。すると昨日の餌はもう食い尽くされていたけれど、カニはまだカニ山をつくっていて、みんな「何だよ、話が違うじゃないか。餌、どこにあるの」みたいになっている。そこに、サバを持って現れる「しんかい2000」（笑）。カニと目が合って「うっ、何かこれヤバイな」と感じた。カニは

「おお、餌がきた！」と思うわけでしょ。するとカニ山が崩れて、一斉にこっちへ向かってゾゾーッと移動してくるの。

藤崎　餌を持ってきたのが、わかったんですね。

長沼　そう。「しんかい2000」の餌をめがけて、サンプルバスケットにドドドッてよじ登って、どんどん上へ集まってくる。水中は浮力があるというか、中性浮力だから、カニだってジャンプすれば簡単にフワーッと浮くわけ。窓の前をカニがモワーッと漂う（笑）。

藤崎　それは不気味ですね（笑）。

長沼　深海で、これが一番怖かったかな。「カニに襲われるのか！」って（笑）。

藤崎　そのまま、カニを乗っけた状態で浮上してきたんですか。

長沼　途中で、バスケットから落ちた（笑）。

＊30メートルが命取り

藤崎　5回目の潜航は、鳥島海山。そのとき、面白いものを見つけたんですよね。

長沼　クジラの骨（写真12）のこと？　それだったら、もう前の年に発見されていた。

藤崎　えっ、すでに発見されていたんですか。

長沼　うん。前年に静岡大の和田秀樹さんが地質学の潜航で潜ったら、偶然にクジラの骨を発

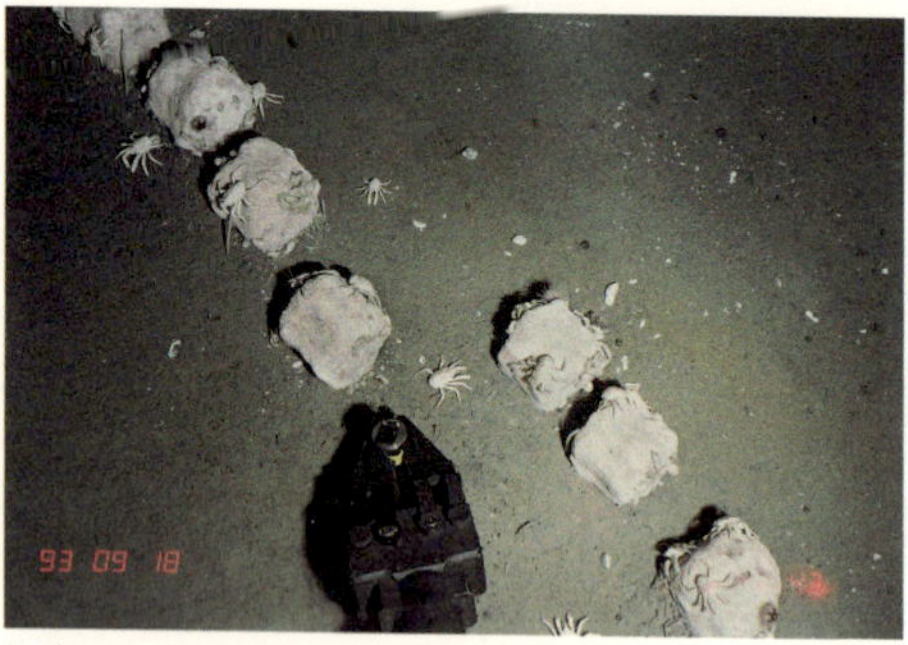

写真12　クジラの骨（© JAMSTEC）

見したの。カリフォルニアの沖でもクジラの骨が発見されていたんだけれど、そこにいろんな生物が群がっていた。深海というのは餌の乏しい世界だから、クジラみたいに巨大な生き物の死体が転がっていたら、そこは格好のオアシスというか、パラダイスだよね。いろいろな生物が寄ってくる。でもその中に、なぜか熱水噴出孔にいるのと類似した生き物が見られた。チューブワームも、後に見つかった。そこで考えられるのは、クジラの死体が腐敗して、硫化水素、つまり卵の腐ったような匂いがするものが発生したのだろうと……。熱水噴出孔も硫化水素を出すから、クジラの骨にチューブワームをはじめとする海底火山的な生き物の群集が形成されたのも、この硫化水素のためだということが、すでに言われていた。ちょうど、そのときカリフォルニア大学にいたんだけれど、この話がワーッと広がったわけ、深海熱水噴出孔のアナログ（類似）が「クジラの骨」だと。自分もそういう調査に参加したいなと思ってるうちに、日本でも発見されたというニュースが入ってきた。それで行きたいと思っていたら、ＪＡＭＳＴＥＣに帰ってすぐに鳥島に行くチャンスがあったんで、潜らせてもらった。

藤崎　実際に鯨骨を見ましたか。

長沼　そのときに、また凄いことがあってね。今のGPSはディファレンシャルGPS（DGPS）といって、誤差がとても小さいんだけれど、当時はまだ旧タイプで、誤差が30mもあった。

藤崎　そんなに？

長沼　うん。30mといったら、だいたい大きい船の幅ぐらいなんだけれど、船の探査ではそのくらいの誤差はやむを得ないわけ。でも潜水調査は視程が10mくらいしかないから、30mもずれたら見えるものも見えない。だからクジラを見つけに潜ったんだけれど、「GPSと音響測位によればここだ」という場所にピンポイントで行っても、ない。それから10m刻みで5時間、碁盤の升目のように走ったんだけど、結局、この誤差が命取りで、見えなかったの。後でわかったことだけれど、すぐそばをかすっていた……。

藤崎　ほんの1〜2m先にあったかもしれない？

長沼　10mの視程内に白っぽいものが見えれば、「あっ、骨だ！」となったんだろうけれども、さらに1〜2m向こうだと見えないからね。そういう意味で深海探査の厳しさというか、30mの誤差も命取りになることを散々味わった。

藤崎　1996年に、また伊豆・小笠原に行っているのは、これのリベンジですか。
長沼　そう、まさにリベンジ。
藤崎　このときに、ようやく見ることができたんですよね。
長沼　うん。結局、あのとき数時間走り回ってだめだったことが参考になって、次の人は一発で見つけた。それで、サンプリングしたら面白いことがたくさんわかった。その研究をさらに深める意味で、もう一回行こうということになって、そこで初めてクジラと対面した。
藤崎　どうでしたか。
長沼　素晴らしかったね。そのときにクジラの骨を採ってきたんだけれど、骨の数には限りがある。たくさん持ってきちゃうと、その生態系は絶滅するわけ。だから、あらかじめ別のクジラの骨を仕入れて、代わりに置いてきた。
藤崎　置き換えてきたんですか。
長沼　うん。洗濯ネットの中に、クジラの骨をつめて置いてきたのね。その方が持ち運びしやすいから。後に別の人が行って、それを撮影したら、ネットの中にエビや魚がいる。多分、体がネットの目を通るような小さいときに入りこんで、クジラの骨を食いまくって出られなくなった（笑）。井伏鱒二の『山椒魚』みたいな話。馬鹿だね、お前らって……。
藤崎　ちなみに、沈んでいたクジラの名前は何でしたっけ。

長沼　ニタリクジラ。(*6) クジラの耳骨を回収して、それを専門家に鑑定してもらった。

*6　ニタリクジラは、ヒゲクジラの仲間で暖かい海に多い。最大で体長14mくらいになる。鯨骨生物群集については、長沼毅の著書『深海生物学への招待』（NHKブックス）に詳しく書かれている

*「本潜航の目的は海底の割れ目探しである」

藤崎　その他の潜航では、北海道の北部奥尻海嶺にも2回ほど行かれてますよね。これは地震の関係ですか？

長沼　そう。まず「しんかい2000」の訓練潜航が、たまたま奥尻の後志（しりべし）海山というところであったのね。そこで訓練がてらサンプルを採ろうと乗せてもらった。そのころ、奥尻のあたりにとても興味を持ち始めていて……。後志海山という海底火山が、富士山にそっくりなのよ。海底にドンとあって美しい。それから奥尻海嶺という海底山脈には、割れ目がいっぱいあって、まわりにバクテリアマット(*7)（写真13）がつくられていることも前からわかっていた。日本海では、まだチューブワームのような化学合成に依存した生物は知られていなかったので、一つ発見してやろうと思って行ったわけ。結局、後志にはそういう生物はいなかったんだけれど、奥尻海嶺のひび割れがいっぱい走っているところに潜るチャンスを得て、「しんかい6500」(*8)（写真14）で、2日連続で潜らせてもらった。2日連続というのは初めてだったけど、あれは

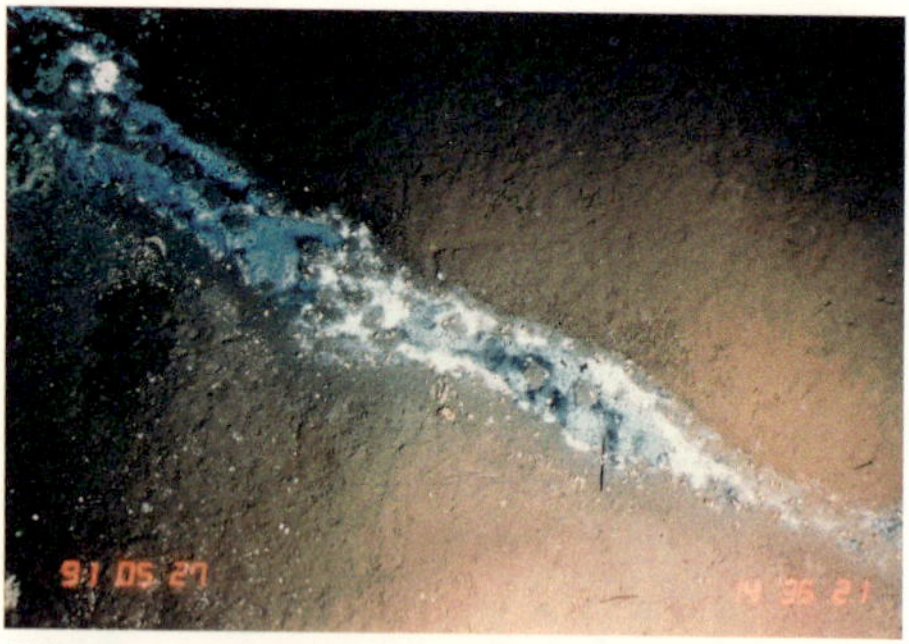

写真 13　バクテリアマット（© JAMSTEC）

写真 14　しんかい 6500

ツライね。

藤崎　ふらふらになって、大変だと言いますよね。今までの最高は、４日連続らしいです。

長沼　それが田中武男さん。「チムニーだ」と、17回叫んだ人。

藤崎　１回潜るだけで結構疲れるのは、意識を集中してるというか、緊張してるからですか。

長沼　そうだね。

藤崎　ところで、奥尻海嶺に生き物はいましたか。

長沼　まず割れ目を発見しなきゃならない。だいたい場所はわかっているから潜ってみるんだけれど、見当たらない。そのときも、また逸話があってね。ある地点に潜って割れ目がなかったら、こっちに向かうということは決まっていたの。だから海底に着いて割れ目がないとわかったとき、決めていた方向へ行くはずだったんだけれど、途中で気が変わった。

藤崎　気が変わった……。なぜですか。

長沼　何となく。神のお告げ（笑）。パイロットの人に「こっちじゃなく、あっちへ行ってください」と言った。「しんかい」は、潜ったらもう、潜った研究者の世界。よほどのことがない限り、上の指示を仰ぐ必要はないわけ。研究者がその場で判断し、パイロットは研究者の指示というか希望に合わせて動くというのが決まりになっている。そのときのパイロットも、不思議な顔をしながら聞くわけ。「長沼さん、本当にあっちでいいの？」って。「ああ、いいです、お願いします」と答える。だけど行っても行っても、何もない。それで、また気が変わって「こっちだ！」と……（笑）。潜水船の行動は、支援母船の「よこすか」船上でもわかるから、やっぱりみんな不思議に思ったらしいのね。

藤崎　予定と違うって……。

長沼　うん。だから、通信が入ってきた。「しんかい、よこすか。潜航ルートはそれでよろしいか」とね（笑）。

藤崎　「よろしいです」と……。

長沼　そんなことを繰り返しているうちに、母船上ではどうも長沼がおかしくなったという噂が……。それでまた通信が入って、「本潜航の目的は何か」という歴史的な通信記録が残ることになった。こちらも「本潜航の目的は、海底の割れ目探しである」って、しゃあしゃあと答えた（笑）。結局、見つけたのよ。

藤崎　よかったですね（笑）。そのままなかったら、どうなっていたんだか（笑）。

長沼　事前の予想とは全然違うところにあった。でも、それはそれで新しい知見につながったわけ。割れ目のでき方に関して、新たな仮説をつくることになったから。もしそれで何も見つからなかったら、袋叩きだよ（笑）。で、2回目のときには、そこにパッと潜ってサンプリングした。そしたら、また新たな発見があった。

藤崎　何かいたんですか。

長沼　バクテリアマットがあって、微生物の採集をしたんだけれど、そこでクジラの骨のときの経験が役に立った。骨の真下、ちょっと離れた場所、もっと離れた場所というように、異なる場所にある泥をそれぞれ採って、中にある脂肪酸という生化学成分を調べると、そこに棲んでいる微生物の種類の違いが見えるんだ。全部の遺伝子を調べなくてもいい。当時は遺伝子による分析は難しかったから、微生物をパッと全体的に概観するためには脂肪酸がよかった。それをこの割れ目のときにも応用した。割れ目の中の泥、すぐ外の泥、ちょっと離れたところの泥を見て、それぞれ微生物の種類の組成を調べると、はっきりとした違いが出たんだ。あれはよかった。

藤崎　そこは、いわゆる冷水湧出域(*9)なんですか。

長沼　そう。だけど当時はメタンの存在を測っていなかったので、冷水湧出域かどうか決定打が打てなくて、生物学的な傍証を得たにすぎなかった。後でメタンの直接測定に結びついたから、それはそれでよかった。

藤崎　後に測定して、冷水湧出域ということがわかった？

長沼　そうだね。

＊7　バクテリアマットとは、メタンを酸化してエネルギーを得る細菌（バクテリア）などが、メタンの湧いてくる海底面に形成する白っぽいマット状のコロニー。しばしば炭酸塩鉱物が沈殿した状態とまちがわれる。

＊8　「しんかい６５００」は、２０１０年現在、世界で最も深く潜れる（水深６５００ｍ）有人潜水調査船。乗員数は３人。２００７年３月に１０００回目の潜航を達成した。

＊9　熱水噴出域が海底の温泉だとすると、冷水湧出域は海底の鉱泉のようなもの。水が湧きだす勢いは、それほど強くない。熱水が海底下から硫化水素を運んでくるのに対して、冷水はメタンを運んでくる。

＊マニピュレーターの名手

藤崎　奥尻があって、96年に小笠原諸島の水曜海山ですね。これは熱水噴出域の調査ですか。

長沼　そうだね。水曜海山は、典型的な海底火山。山があって、真ん中にクレーター、火口がある。そのクレーターの中で、お湯がボコボコ湧いてるのね。当時わかっている範囲では、そこが熱水調査には非常にいい場所だった。地理的にも父島に近かったから、横須賀のＪＡＭＳＴＥＣ本部から比較的手近で……。

藤崎　熱水がボコボコと？

長沼　湧いている。そこには、いくつか名所があるんだ。例えば高さが30ｍもあるような巨大な岩がボーンと立っているところがあるんだけれど、その岩の麓や途中からモクモクと黒い熱水が湧き出ている。まさに壮観。

藤崎　黒い熱水ですか。

長沼　うん。だけど水曜海山にはちょっと問題があって、死んだ貝殻なんかがコロコロ転がっていくような、ものすごく速い流れがある。とても潜水船で作業ができる状態じゃない。「しんかい２０００」というのは、最大でも２ノットでしか走れない。そこに２ノット以上の速い流れがあるから、どんどん流されるわけ。

藤崎　パイロットの櫻井利明さんが、補助タンクに水を入れて重たくして何とか着底したけれど、まだ引きずられたと言っていましたね。
長沼　そうそう。だけど櫻井さんはマニピュレーター操作の名手だから、船が流されたら流されるままにしながら、途中にあるものをヒョイヒョイとつまみ上げて拾っていく。
藤崎「しんかい２０００」って、腕が一本ですよね。
長沼　うん。その１本のマニピュレーターで、走りながら拾っていくんだ。例えば浮上時刻ぎりぎりのところで、たまたま素晴らしいものが見つかったときなんか、「ああ、残念だな」と思っていると、櫻井さんが着底せずにどんどん採ってくれるんだよ。
藤崎　海底から浮いたままでですか。
長沼　うん、浮いたまま。スクリューで下降をかけながらね。(＊10)
藤崎　それは、すごいテクニックですね。
長沼　すごいよ。彼はＵＦＯキャッチャーで訓練していたらしい（笑）。

＊10　「しんかい２０００」や「しんかい６５００」は、バラスト（錘り）を搭載した自重で潜り、それを捨てると浮上するようにできている。そのため本来はバラストを捨てた後に再び潜ることはできないのだが、船の左右に付いているスラスタ（スクリュー）を上へ向けて回せば、一時的には上昇を止められる。

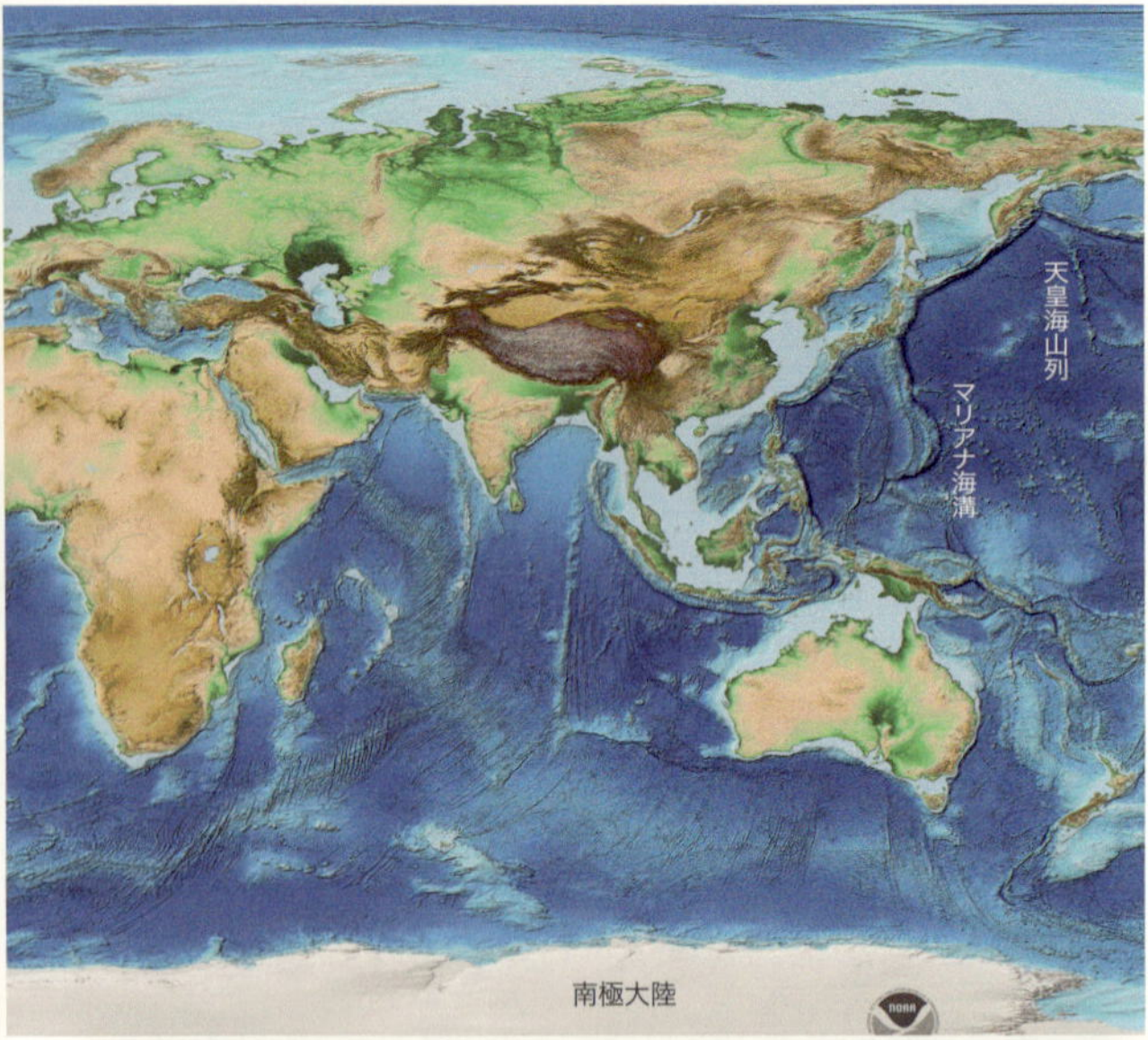

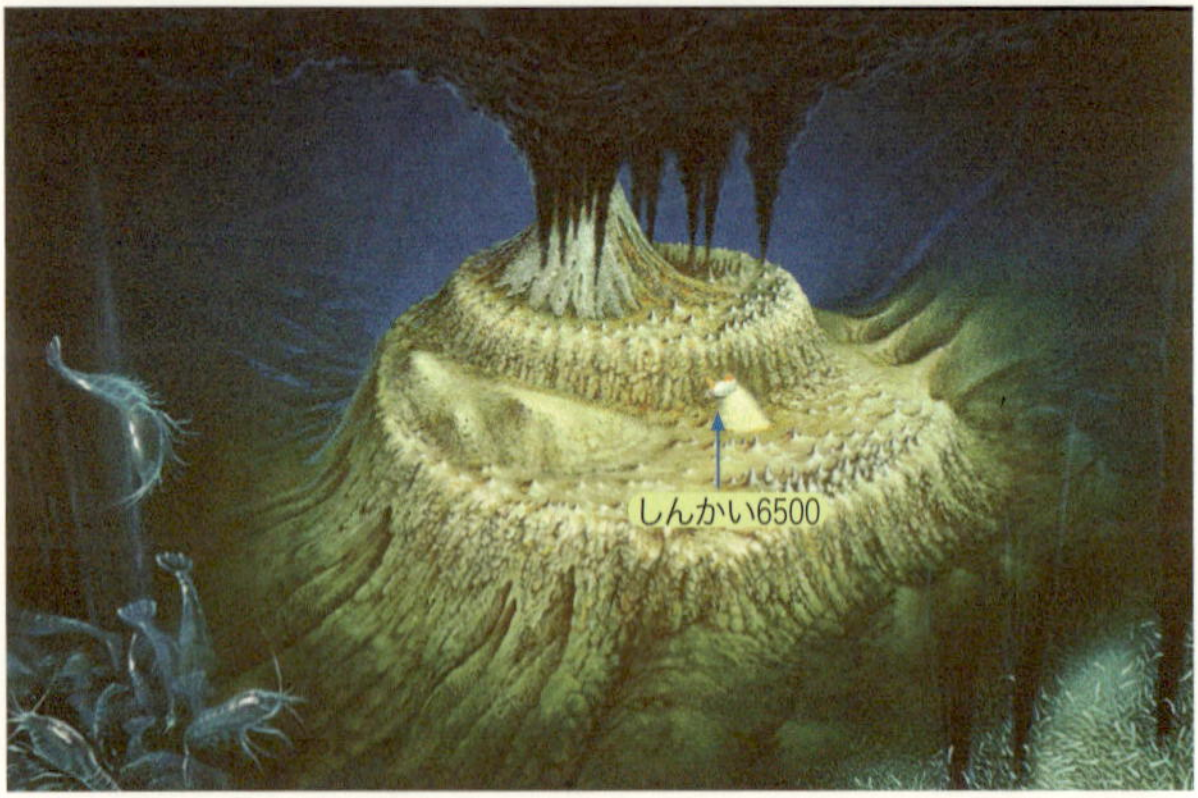

図2　TAG熱水マウンド(©JAMSTEC)

図3　海底地形図

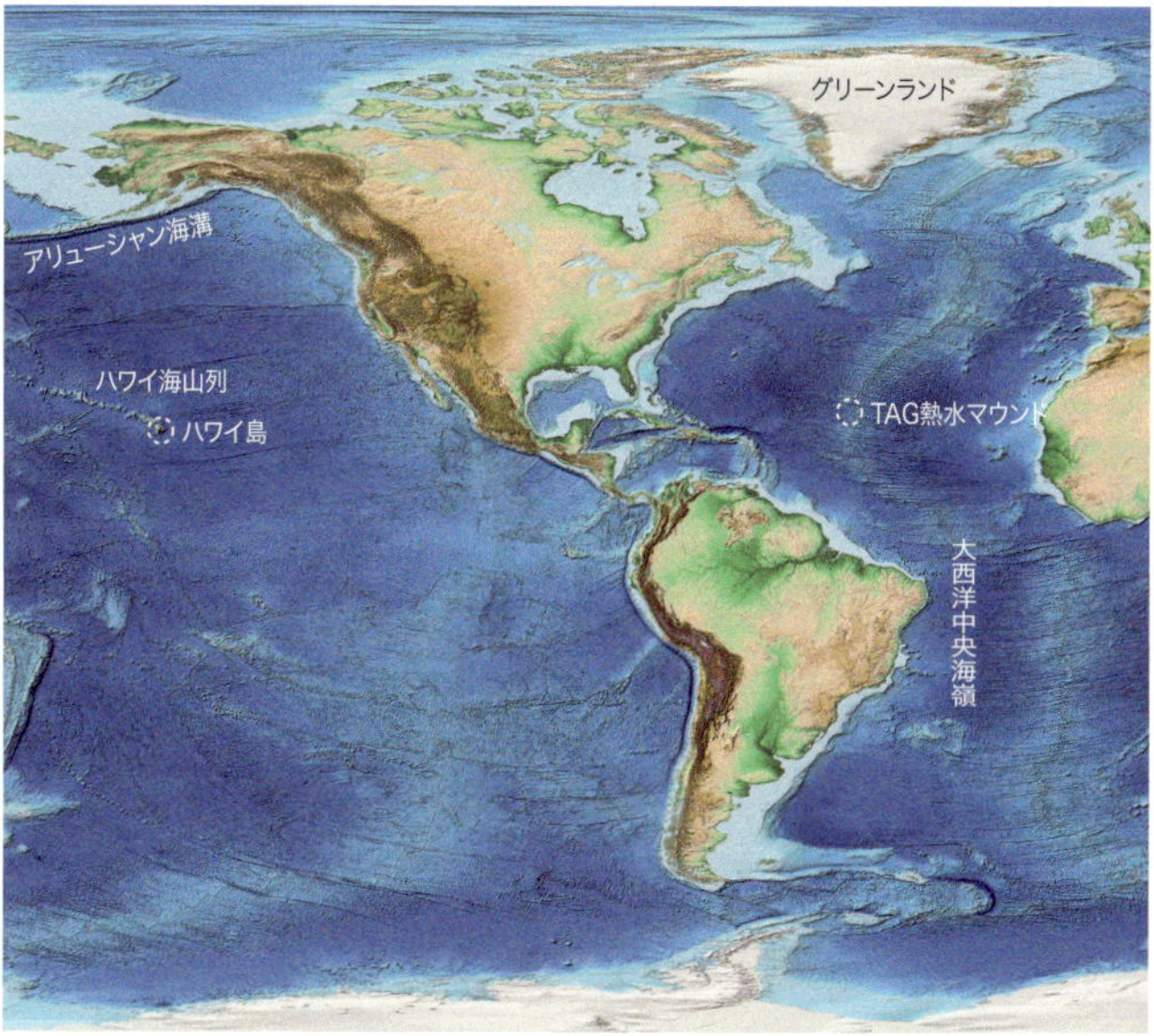

＊自殺するエビ

藤崎　その次に「しんかい6500」で潜ったのが、TAG(Trans-Atlantic Geotraverse)(図2)海域ですよね。

長沼　そう。大西洋中央海嶺(図3)の真ん中を走っている谷——中軸谷からちょっと外れた場所にあるマウンド。海底火山の小さいやつ。

藤崎　大きさはどれくらいですか。

長沼　東京ドームぐらいある。知られている範囲では、世界最大の熱水噴出孔のマウンドだね。それより、われわれの分野で大きな謎だったのは、チューブワーム(ハオリムシ）が大西洋中央海嶺で発見されていないこと。

藤崎　えっ、そうなんですか。

長沼　うん。あれだけ海底火山が連なっていて、非常に典型的な熱水性の生物群集が形成されているにもかかわらず、チューブワームがいない。そもそも大西洋でチューブワームがいるのはメキシコ湾と、あとはスペイン沖に沈んでいる船の船倉にあった小麦にくっついているのが見つかったくらい。それで、ちょっと自分の目で見てみようというのが、ＴＡＧに潜らせてもらった理由。そしたら、やっぱりいなかった。

藤崎　メキシコ湾にいたということは、種（たね）はあるんですよね。

長沼　うん。だけどチューブワームがコロニーをつくるには、まずチューブワームの子どもがそこに着地して、自分の棲み処（か）をつくる必要がある。でも多分、小さいうちにエビとかカニに食われちゃうんだろうというのが、一つの理屈になっている。

藤崎　そういえば、やたらにエビが群れていると聞きましたが……。

長沼　そうそう。リミカリスというやつ。イメージとしては後頭部に相当するところに、赤外線センサーがあるんだ。そのエビが、ドーッと熱水を噴いているチムニーのまわりに大量に群がっている（写真15）。そしてチムニーの下には、茹で上がったエビの死体がゴロゴロある。エビが熱水に向かってダイブするわけだよ。

藤崎　それ、自殺ですよ（笑）。熱水に吸い込まれているわけじゃないんですか。
長沼　吸い込まれてはいない。明らかに突入している。
藤崎　なぜなんでしょうか。
長沼　下手に赤外線センサーなんか持っているからだよ。センサーで熱水を感知して、こっちに何かいい物があるなと思って、突入して茹で上がって死ぬ……。あれを見ていると「馬鹿だよなぁ」と思うけど、オレなんかも同じだよね（笑）。
藤崎　「ああ、あそこにいい女が、旨い酒が……」って、ダイブして（笑）。
長沼　それで死ぬんだよね（笑）。
藤崎　なるほど、よくわかります（笑）。TAGについては、好塩菌ハロモナスの話（66ページ）もありましたが、他の研究者の方々も本や雑誌等で紹介しているので、(*11) ここではこれくらいにしておきましょう。

*11　例えば、堀田宏著『深海底からみた地球』（有隣堂）など。

*チムニーをぶら下げて浮上

藤崎　1998年のTAGの次が、99年のロイヒ海山。このロイヒ海山って何ですか。
長沼　これは、ハワイの沖にある海底火山。ハワイ諸島の島々は、だいたい南東から北西、地

写真15　熱水に群がるエビ（リミカリス）ⓒJAMSTEC

図で見ると右下から左上に向かって続いていて、右下にいくほど島は大きい（図3）。今は一番でかいのが、ビッグアイランドといわれているハワイ島。そこにはキラウエアっていう活火山があるよね。あれは、まさにホットスポット。つまりハワイ島の真下に、マントルがボーッと上がってきている。そのハワイ島もプレート運動で、だんだん北西の方にずれていって、やがては火山活動を終える。そしてまたホットスポットの真上に、ハワイ島のようなデカい島ができるわけ。その１万年から１００万年後に島になるところが、今はまだ海の中にあるロイヒ海山なの。そこに潜って旗を立てておけば、１万年後には「俺のもんだ」って言える（笑）。

藤崎　登山せずして、頂上に旗が立っている？

長沼　そうそう。

藤崎　そこにも、熱水が湧いているのですか。

長沼　そう。ロイヒ海山が面白いのは、熱水というと普通はプレート境界の割れ目に出るんだけれど、そこの熱水はプレートのど真ん中にある。プレート境界では、海底火山脈に沿って生き物が分布してるわけ。でもプレートのど真ん中は、他のどの熱水噴出孔からも1000km以上離れているから、生き物が寄ってこない。だから非常に貧弱な熱水生物群しかない、というか熱水生物群がいないんだよ。

藤崎　いない？

長沼　うん。バクテリアしかいない。そういった世界を見てみたいと思って潜った。

藤崎　どういう世界でしたか。

長沼　本当に生物が少ない、乏しい、まさに噴いたばかりの感じ。溶岩の固まった岩が、ゴロゴロ転がっているようなガレ場だった。僕の次に琉球大学の大森保(おおもりたもつ)先生が潜って、海底から数十センチのチムニーを見つけて採ろうとした。だけどマニピュレーターでつかんだら、下にもっと長い筒がつながっているんだよ。それをつかまえながら、潜水船が浮上した。そうしたら、どんどんチムニーが海底面から上がってくる、ニョロ、ニョロって（笑）。結局2mあったんだよ。

藤崎　それは、埋まっていたんですか。

長沼　うん、すごかった。長いチムニーということで、今でもJAMSTECに展示されていると思う。

藤崎　壊れずに、よく採れましたね。

長沼　大変だったよ。水中ではいいんだけれど、海面からは潜水船に縄を付けて母船の上に揚収しなきゃいけない。ところが、なかなか甲板に下ろせないんだよね、２ｍのチムニーがプラプラしてるからさ（笑）。チムニーをみんなで抱えながらマニピュレーターを離してもらって、大事に大事に運んで寝かしたんだよ。

藤崎　その後１９９９年に「しんかい２０００」で、また奥尻に潜っていますね。

長沼　奥尻の地震後の様子を見に行くということだったけれど、そこは地質屋さんたちに任せて、われわれは訓練潜航での印象が強烈だった後志海山へ行った。そこで面白かったのは深海サンゴ。しかも団扇（うちわ）の骨組みみたいに枝の広がった、美しいサンゴの群生。すごいんだよ。

藤崎　いわゆる宝石サンゴ？

長沼　うん。「サンゴの森」と表現してもいいほどだった。前にも言った通り、深海は生き物が少ないはずなのに、なぜ突如として大群になるのか謎なんだよ。後志海山の斜面では、サンゴが群生している水深は決まっているんだ。それが、どうやら海底の水の流れが急に百八十度入れ替わる境界面に当たるの。

藤崎　不思議ですね。

＊深海生物チューブワームの謎

藤崎　さて、深海の雰囲気が何となく想像できるようになってきたところで、生物のお話を掘り下げていきたいと思います。先ほども出てきたチューブワームについては、先生があちこちでお書きになっています。[*12] 口もないし消化管もない、でも動物であると。なぜ生きているのかというと、サンゴのように体内に共生している細菌（写真16）がいるんですね。サンゴはまだ自分で物を食えるけれど、チューブワームは共生している細菌からもらう栄養のみで生きている。つまり物を食わずに生きていける仙人のような生き物であると。このあたりの共生と栄養摂取のしくみについて、さらに詳しい研究は進んでいるんですか。

長沼　ずっと謎だったのは、チューブワームがどうやって体内に共生するバクテリア（細菌）をゲットするのかってこと。親から子に伝わるとしても、卵にも精子にもバクテリアはいない。その一方で、さっきチューブワームには口がないと言ったけれど、実は卵から孵（かえ）った幼生の最初の３日ぐらいは口が存在するの（写真17）。ただ、成長にしたがって退化する。だから退化する前に口からバクテリアを摂り込むしかない。その中で硫黄酸化バクテリアが選ばれていく[*13]んだけれど、そのプロセスがまだよくわかっていない。それから、個々の幼生が摂り込む微生物の種類も違う。

藤崎　チューブワームは、それぞれ種類の違うバクテリアを持っているのですか。

長沼　同じ種類のチューブワームでも、個体が違えば違うバクテリアを持っている可能性がある。環境の中から摂り込んだから、たまたまそのときに摂り込んだものによって決まるでしょ。でも普通は共生関係というと、宿主と共生体との間に何か特殊な関係があって、いつも決まった組合せになるという認識がわれわれにはあった。その認識が、通用しないかもしれない。おそらく同じ種類のチューブワームでも、棲んでる場所が違えば持っているバクテリアも違う。逆に同じ場所なら、違う種類のチューブワームでも持っているバクテリアは同じだろうと予想がつくわけ。さらにチューブワームの体内にいるバクテリアを調べると、1種類の場合もあるけれど、複数種の場合もある。

藤崎　同じ個体の中に複数種ですか。

長沼　そう。多分、最終的には、どれか1種類に絞られていくんだろうけれど、その途中経過を見ている可能性がある。これは、欧米の研究者の理解を超えてるの。彼らは1種類だと信じ込んできたし、実際に彼らが見てるチューブワームは、だいたい1種類しか持ってない。それに対して、われわれが調べたチューブワームは、ほとんどが複数種を持っている。

藤崎　それは、複数の種類の硫黄酸化バクテリアということですか。

長沼　硫黄酸化バクテリアじゃないのもいっぱいいる。また個体ごとに持っているものが違うということも、わかってきた。例えばチューブワームのサンプルが10あったら、10個とも全部違う。だから、サンプル数を増やせば増やすほど混乱する（笑）。そういうわけで、われわれ

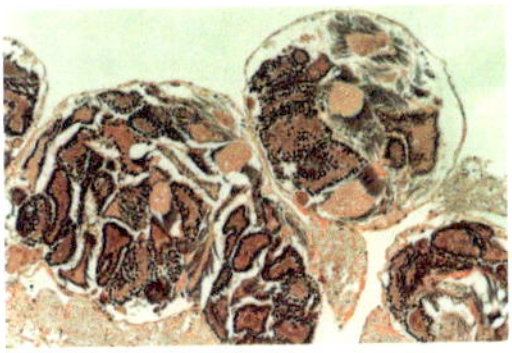

写真16　チューブワームに共生している細菌（長沼毅提供）

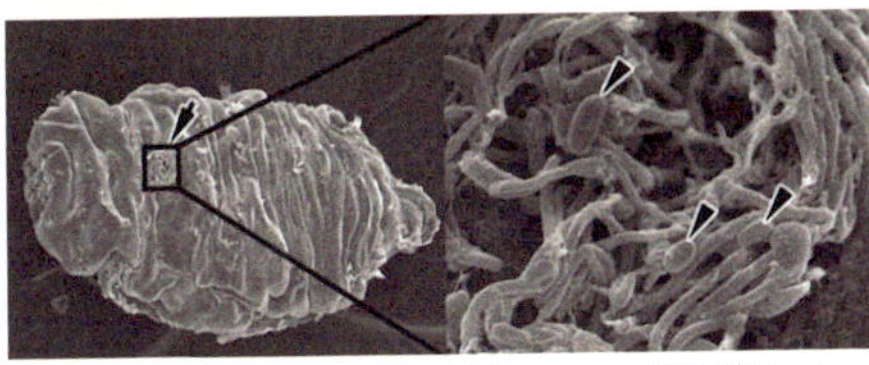

写真17　卵から孵ったばかりのチューブワームの幼生には口がある

（Miyake H, Tsukahara J, Hashimoto J, Uematsu K and Maruyama T（2006）Rearing and observation methods of vestimentiferan tubeworm and its early development at atmospheric pressure. Cah. Biol. Mar. 47 : 471-475.）

写真18　オオグチボヤ（©JAMSTEC）

写真19　ドルフィン3K（©JAMSTEC）

はチューブワームの共生バクテリアは、親から子へ遺伝しないと考えていた。世代交代するたびに共生バクテリアが全部リセットされるから、そういうことになるんだろうと……。でも遺伝する可能性もあるという論文を、ほかの国の人が書いているんで、それもありなのかなとは思う。

藤崎　後天的に摂り込みもするし、遺伝もするということですか。

長沼　そう。チューブワームとしては、どっちもあるってこと。

藤崎　そうすると細胞内共生の始まりみたいな意義というのは、あるんですか。例えば植物はいろいろな細菌を細胞内に採り込んで、藍藻は葉緑体になったし、別の菌はミトコンドリアになりましたよね。そのうちに硫黄酸化バクテリアも細胞の中のオルガネラ（細胞小器官）になるのでしょうか。

長沼　うん。オルガネラになるであろうことは間違いないと思う。チューブワームでも、共生関係は多分、進化している。硫黄酸化バクテリアも、多分チューブワームとずっと一緒にいる方がいいだろうから、種（たね）を残している。

植物の葉緑体は、もともと藍藻が原始植物細胞に入り込んだもので、ミトコンドリアも、原始真核細胞にαプロテオバクテリアが入り込んだもの。チューブワームの細胞に硫黄酸化バクテリアが入り込んで、やがてオルガネラになって……、それは何て呼ばれるんだろう。

藤崎　何でしょうね。

長沼　ただ親から子へ遺伝する可能性を留保するってことは、そういったチューブワームの進化の断面を、われわれは見ていたいという願望なんだよ。大半のチューブワームは、まだ遺伝するには至っていないけれど、少数ながらも遺伝するものがちらほら出始めていたらいいってこと。

藤崎　進化の最先端をいっている。

長沼　われわれは、非常に面白い局面にいるなと……。

藤崎　以前、チューブワームがものを食わないと聞いたときに、「もしかしたら体内に飼っている硫黄酸化バクテリアを食べちゃっているのでは」と、ちょっと意地悪な質問をしたことがありますよね。それについて、今の見解はどうでしょうか。

長沼　いろいろな説があって……。電子顕微鏡によると、確かに硫黄酸化バクテリアが崩れているような写真があるので、食われている可能性もある。でも本当のところは、いまだにわからない。これはチューブワームの七不思議の中の大きな一つ。

藤崎　整理すると、チューブワームの中にいる硫黄酸化バクテリアは、チューブワームがエラから吸い込んだ硫化水素をもらって、化学エネルギーにして、栄養となる有機物を合成する。その有機物をチューブワームが摂っているんだけれど、それは硫黄酸化バクテリアがなんらかの形で分泌した物質なのか、それともバクテリアの細胞自体なのかというところがまだよくわかっていないと……。

長沼　そうそう。

藤崎　でも遺伝するようになれば、自動的にバクテリアがつくり出したものを直接利用することになる？

長沼　そうだろうね。例えば、植物がそうだよね。

＊12　『深海生物学への招待』『生命の星・エウロパ』（いずれもＮＨＫブックス）など。

＊13　硫黄酸化バクテリアは、硫化水素などを酸化して得られる化学エネルギーを用いて栄養となる有機物を合成する細菌。陸上の温泉などでも普通に見られる。

＊富山湾のオオグチボヤの大群

藤崎　先ほど、ご自身の研究の中で「気に入っている」ものの一つと言われた富山湾のオオグチボヤ（写真18。コラム対談3も参照のこと）についてお聞きしたいと思います。なぜオオグチボヤに興味を持たれたんですか。

長沼　まず、形がユニークだよね。それから、日本海では化学合成に依存する生態系が発見されていないのね。奥尻海嶺で、われわれは生態系の始まりと言えるようなものを発見したけれど、やっぱりショボい。バクテリアと、それを食う小さな巻貝のようなものがワサワサいるだけ。もっと明確に化学合成と言えるものを発見したかった。日本海にはプレート境界があって、それに沿ってバクテリアマットが発見されてきている。そのプレート境界の端っこが富山湾に入り込んでいるという話もあるから、富山湾に行ってみたわけ。調べているうちに、偶然、「なんじゃこりゃ?」というものに遭遇した、それがオオグチボヤだった。

藤崎　名前の通り、大口を開けている生き物が並んでいた……。

長沼　まず、「ドルフィン３Ｋ」(＊14)（写真19）で事前調査したら、前方に何か白い固まりがポコポコ見えてくるんだよ。それまで日本の近海では、「しんかい」でも「ディープ・トウ」でも「ドルフィン３Ｋ」でも、オオグチボヤが発見されたことはなかった。オオグチボヤが海底に生えている様子を見た人は、一人もいないわけ。だから「不思議な生き物がいるぞ、しかもいっぱいいるぞ」と。それが最初の発見。たまたま僕たちは知識があったから、本で調べてオオグチボヤだということがわかった。なるほど本当に大口だ、形も名前もユニークでいい。それで研究テーマを変えたのよ、「これだ!」と。

藤崎　形で……（笑）。

長沼　とにかく「大群」は僕のテーマなの。何でここにオオグチボヤが大群をなしているのかを突き止めようと思ったわけ。調べてみるとオオグチボヤの大群というのは、まだ世界では知られてない。
藤崎　カリフォルニアのモントレー湾にもいるんですよね。
長沼　日本の富山湾ほど密度は高くない、「散在」という程度。富山湾は、もう「群生」だからね。
藤崎　どのくらいいるんですか。
長沼　例えば、1㎡に10個体。それはわれわれにとっては恐るべき数なの。それが100㎡くらいの広さのところにいる。富山湾でしか見つかっていないのも謎だね。しかも何回も潜っているのに、その「ドルフィン3K」の事前調査のときに、初めて見つかった。
藤崎　富山湾の一部分だけに群生しているということですか。
長沼　いや、後の調査で、その気になって探したら、富山湾全域にうじゃうじゃいることがわかった。実はオオグチボヤがいそうな場所のツボが、だんだんわかってきたのよ（笑）。まずオオグチボヤは何か硬い基物がないとくっつけない、あれはくっついて生きる生き物だから。
藤崎　泥じゃだめなんですか。
長沼　だめ。硬い基物がむき出しになっているところ。地元の人は「アイガメ」と言っているけど、富山湾には海底が急に深まっているような窪みが何カ所かある。あと、ひだひだっていうか、でこぼこしたところにいることがわかってきた。普通そんなところに「しんかい」は入りたがらないから、当然、事前調査もしない。でもそういう場所で、基物がむき出しになっているところを狙って行くと、うじゃうじゃいる。魚津の方でも、漁師さんが底引きか何かで揚げているの。

藤崎　オオグチボヤを？

長沼　うん。海底の基物というと、例えば空き缶。それからポテトチップスの袋。そういうのにオオグチボヤがくっついている。

藤崎　それらも基物になるんですか。

長沼　うん。漁師の人たちは、昔から引き揚げてはポイポイ捨てていたらしい。われわれの話を聞いて、魚津の水族館の人が漁師さんに聞き取り調査をしてくれた。それで、富山湾の中でもオオグチボヤがいそうな場所がわかってきて、大掛かりな調査をやったの。そうしたら能登半島の方から東の魚津の方まで、ずーっといるわけ。

藤崎　オオグチボヤは、何を食べているんですか。普通の微生物か何かですか。

長沼　口から水を取り込んで、ちょうど茶こしのようになっている口の奥のネットで、いろいろなものを漉(こ)し採るんだね。それを食っちゃう。

藤崎　漉し採るものは？

長沼　マリンスノーだよね。

藤崎　上から落ちてきた、微生物の死骸などを食べているということですか。

長沼　いや、口はどちらかというと下向きだから……。上を向いていると、泥が溜まっちゃう（笑）。彼らは崖を好むの。崖の斜面に生えていて、下向きに口を開いている。そこは多分、上昇流があって、上がってきたものを食う。

藤崎　いったん落ちて、ふわっと上がってきたものを食べているのですか。

長沼　多分そうだと思う。富山湾って、日本で三本の指に入る深い湾でしょ。相模湾、駿河湾、富山湾。しかも、富山湾は深くて上昇流がある。そういった変な海底地形と潮の流れの関係で、富山湾のみオオグチボヤが群生しているんだろうと想像できる。でも上昇流があるところなんて、例えば後志海山とか、いくらでもあるわけ。だけど、後志海山にはオオグチボヤは一つもいない。

藤崎　富山湾といえば、ホタルイカの大群がよく知られていますけれど、それとの関係は？

長沼　富山湾はホタルイカ、シロエビという名物があって、そこにしかいない生物もいるんだけれど、やっぱり説明がつかないんだよね。

藤崎　それを言ったら、サクラエビも何で駿河湾だけにいるのか、よくわからないですよね。

長沼　陸に近いところで、水深１０００ｍになるような非常に深い湾というのが決め手なんだろうけれど、「じゃあ、なぜ？」と言われたらわからない。ただオオグチボヤは、ここ数年、今年（２００６年12月現在）もそうなんだけども、佐渡沖でも見つかっているらしい。
藤崎　そうなんですか。意外にあちこちにいるかもしれないですね。ハオリムシとオオグチボヤ以外に、今、深海生物で特に注目しているものは何ですか。
長沼　後志海山のサンゴの森。何であそこに、あんなにいっぱいいるんだろうって。あとは、カニがどうやって餌に群がってくるのかもわかんない。分子の拡散、化学成分の拡散では説明ができない。さっき、後志海山で訓練潜航をやったと言ったでしょ。そのときに、前にも登場した田中武男さんが潜ったら、非常に珍しいことなんだけれど、「しんかい」のスクリューにノロゲンゲが巻き込まれて、体がブチッとちぎれたの。それがたまたま観察窓の前にふわっと落ちたのね。すると、ものの３分ほどでカニが食いに来た。さらに数分すると、もう１匹来て喧嘩を始めるの（笑）。
藤崎　最初に来たカニは、前からそこにいたわけじゃないんですよね。
長沼　うん。ノロゲンゲが死んでから来た。でも、それがどうやって来るのか、不思議なんだよね。
藤崎　深海での生き物の拡がり方については、海底のところどころにあるクジラの死骸がステッピングストーン（飛び石）になっている、つまり鯨骨が砂漠のオアシスのような役目を果たして、その間を生物が渡り歩いているんじゃないかという話もありますよね。まあ、それはスケールが違うかもしれないですけど、不思議な話ですよね。

長沼　深海生物は、意外と反応性が高い。例えば、初島沖にシロウリガイっているよね。あいつらはハマグリみたいなものだから、結構歩く。

藤崎　足（斧足）で？

長沼　足でかどうかわかんないけれど、ハマグリだって泥の中をずっと立って歩くでしょ。シロウリガイもすごいよ。海底に行ったら、シロウリガイの歩いた痕というか、模様がドワーッといっぱいある。

藤崎　深海生物って、暗くて冷たいところでじっとしているイメージが強いですけど、意外にそうでもない？

長沼　そうね。動けるものは結構動くんだなと……。チューブワームなんかは動けないけど。

藤崎　それでも幼生のときには、拡散するんですよね。

長沼　ホント、活発だと思うよ。

＊14　「ドルフィン３Ｋ」は、水深３３００ｍまで潜ることができる無人探査機。「しんかい２０００」とともに、すでに運航は停止している。

コラム対談3　有人潜水と無人探査

*瞬間的に端っこの方を見る

藤崎　2001年にも「しんかい2000」で後志海山に潜っているようですが、これが最後のダイブですね。富山湾では潜らなかったんですか。

写真1　ハイパードルフィン（JAMSTEC 提供）

長沼　自分の仕事の中では、相模湾・初島沖のチューブワームと、富山湾のオオグチボヤが気に入っているんだけれど、両方とも潜ったことがないの。

藤崎　そうなんですか。

長沼　富山湾に関しては、富山大学の人にやってもらおうという意思があって、自分の分を全部そっちにまわした。

藤崎　でも、カメラでは見ているんですよね、「ハイパードルフィン」(*1)（写真1）とかの無人探査機で……。

長沼　うん。「ハイパードルフィン」でも見たし、「ドルフィン3K」でも見た。僕は有人潜水の必要性は十分にわかっているけれど、無人機でもできることは、どんどん無人機でやればいいという立場でもあった。だから、できるだけ自分は無人の方にまわって、有人は潜るチャンスの少ない人に任せるというのが、一つのポリシーだった。特に若い人にはどんどん潜ってもらって……、あと、お年寄りにもね（笑）。

藤崎　ご恩返しですか。

長沼　JAMSTECの堀越弘毅（ほりこしこうき）先生も、最初の潜航は初島沖だった。本来は僕が潜ることになっていたんだけれど、母船の上で僕がなんと腹痛をおこしたわけ、予定調和的に。それで堀越先生が「オレが行くか」と……（笑）。

藤崎　気を遣っていたんですね。

長沼　まあ、「しんかい」って潜ると疲れるし……。

藤崎　有人潜水調査船は疲れる?

長沼　うん。だから調査は無人機で、自分はお茶でも飲みながら、「あれ採って」「これ採って」とやった方がいいかなと……（笑）。

藤崎　深海の調査で、他に何か印象に残っていることはありますか。

長沼　当時は「しんかい２０００」や「しんかい６５００」の画像伝送が、そろそろできるかなという時代だった。例えば10秒おきくらいに海底から音波で画像が送られてきて、母船の上で見ることができる。こういう方法でも、「ずいぶん仕事ができるものだな」という印象を持った。もちろん有人潜水の意義はあるだろうし、立場上、推進しますが……（笑）。

藤崎　全く潜ったことのない人が無人機のカメラで見るのと、潜った経験のある人が見るのとでは、やはり違うんじゃないですか。

長沼　それは、その通り。潜っているから勘がつかめる。距離感とかもね。例えば有人船の場合、「しんかい」の観察窓で見える範囲は限られているけれど、その気になれば意外と視野は広がる。目の端にとまった光景を頼りに、「こっちへ行ってみよう」というのができる。もちろん無人機でもいろいろな方向を向いているカメラがたくさんあって、それなりに視野は広い。だけど普通の人は、多分映っている画面の真ん中あたりを見てるわけ。でも、僕なんかは瞬間的に端っこの方を見る。何かがちらっと映ると、「あっ、こっちへ行ってほしい」と思うんだよね。

藤崎　メインのカメラじゃなくて、サブの横を向いてるやつとかもちらちら見ながら……。

長沼　そう。いろいろなところに注意を払えるのは、潜った人ならではという気がする。

＊1　「ハイパードルフィン」は、水深３０００ｍまで潜ることができる無人探査機。

コラム対談4　生命の起源を探す

*アーキアンパーク計画

藤崎　深海の熱水噴出域に生命の起源を探る「アーキアンパーク（Archaean Park）計画」(*1) というのがありますよね。先生も関わっていらしたんですけれど、どんな研究か、かいつまんで教えていただけませんか。

長沼　例えば最高で三百数十度にもなるという熱水の中から微生物の細胞が見つかったら、これはどこから来たんだろうということになるよね。三百数十度の中で生きているはずはないから、多分、熱水噴出孔の下に微生物の巣（１００ページ参照）があるんだろうということになる。熱水のできるところは、海底下の奥深くの方だよね。海底火山は、海底の岩盤に割れ目が多い。その割れ目から海水が浸入していって、深いところにある熱い岩盤と接触して熱水になる。そこで、例えば熱水の温度が４００℃だとする。普通の深海の水は２〜３℃なんで、４００℃の熱水との間には必ず温度勾配があって、中温帯がある。30〜40℃という生物にとっての適温帯もあるはずで、そこに微生物がはびこっている可能性がある。つまり、そこに巣があって、はびこったものの一部が勢いよく噴出する熱水に巻き込まれて上がってくるという前提で、海底火山を掘って、その巣を探そうというわけ。

藤崎　掘るというのは、ボーリングですか。

長沼　そう。

藤崎　でも、掘ると上の海水が入っちゃうんじゃないですか。

長沼　うん。だから掘り方も工夫して、例えば掘削流体という液体を噴射して、掘り屑を吹き飛ばしながら掘る。その液体は何回もフィルターを通して、完全に無菌化しておくわけ。そうすると周囲の海水も入るかもしれないけれど、掘削流体がそれを押しのけるから、きれいな熱水や岩石のサンプルが採れる。でも採るだけじゃなくて、いろいろなことをやった。海底を掘って円筒状のコアサンプルを回収して、その中からいろいろな微生物を取り出す。さらに掘った穴からユラーッと湧いてくるお湯を採取したり、そこに培養装置を

写真1　ブラックスモーカー（© JAMSTEC）

ぶち込んで1年後に回収すると か……現場培養だね。

藤崎　何を培養するんですか。

長沼　その場所に棲んでいたものを、実験的に増やす。あとマリアナの背弧海盆（バックアーク）にある熱水噴出孔で掘ったときには、何かを突き破って、ボワーッと人工のブラックスモーカー[*2]ができた。今まで海底下の何かに塞がれて溜まっていた熱いお湯が、初めて出たわけだよ。その水から微生物を採って調べた。

藤崎　普通の海中にいるやつとは違うものがいましたか。

長沼　そうだね。いろいろなものがいた。最初に水曜海山でやったときには、実は「アーキア」と呼ばれている生き物が少なくて、バクテリアが多かった。

藤崎　アーキアは古細菌ですね。

長沼　うん。これじゃあ「バクテリアパーク」で、「アーキアンパーク」じゃないよと……。

藤崎　アーキアンパークというのは、古細菌を見つけることが主な目的だったのですね。

長沼　水曜海山というのは若い海底火山で、歴史を経ていないから、たいして微生物相も発達していないのね。そこでは、ちっちゃい細胞、それまでは0・2ミクロンより小さな細胞はないと思われていたんだけれど、われわれはそれ以下の細胞を、わざわざターゲットにして探した。普通の人からはおかしいと言われるんだけれど、実際にはいるわけよ。まだ培養には成功していないけれど、遺伝子だけを見ると、何か進化の系統樹の根元付近から分かれてくるようなものが見つかった。なるほど、確かに熱水噴出孔には古いものがいそうだなと……。

写真2　熱を帯びる対話

藤崎　逆に言うと、最初の生物はちっこかったという前提に立っているのですか。

長沼　それはわからないんだけれど……。とにかく0・2ミクロンよりもちっこい細胞はいないと思われているから、多くの人は0・2ミクロンのフィルターで水を漉すわけ。それで漉しとった後の水は要らないから、その水をもらって、さらに目の小さいフィルターで漉すと、意外と引っかかってくる。そこに変わったものがいっぱいいることを、もう知っていたんだよ。

藤崎　それはアーキアですか。

長沼　アーキアとバクテリア、両方いる。

藤崎　ナノバクテリアまではいかない？

長沼　ナノバクテリアと呼んでいいだろうね、アーキアもいるんで……。

藤崎　ナノアーキア？

長沼　ナノアーキアというのは、一つの属として分類群の名前になっているんだ。これは寄生性なの。ナノアーキアは、超高熱アーキアの寄生菌として存在するの。

藤崎　アーキアにアーキアが寄生している？

長沼　そうそう。そういった寄生性のちっこいアーキアじゃなくて、われわれのは多分フリーリビング、つまり自立生活を営んでいるやつ。面白いのは、例えば細胞サイズでいうと、大腸菌の体積の1000分の1くらいしかないわけ。そんなちっちゃいスペースに、大腸菌と同じようなゲノムとかリボゾームとか、たんぱく質が入っているとは思えない。きっと、もっとはるかに少ない数の、もっと小さいものしか入っていない。だから、ゲノムも多分とってもちっちゃいはずなの。

＊1　正式名称は「海底熱水系における生物・地質相互作用の解明に関する国際共同研究」。

＊2　ブラックスモーカーとは、黒っぽい煙のように見える熱水を噴出するチムニーのこと。白い熱水の場合はホワイトスモーカー、透明な熱水の場合はクリアスモーカーなどとも言う。

＊「LUCA（ルカ）」はミトコンドリアの先祖？

藤崎　ゲノムも調べてみたんですか。

長沼　それを、まさに今やっている。これまでに知られている一番ちっこいゲノムというのは、例えば「マイコプラズマ」とか「リケッツィア」と呼ばれているものなんだけれど、だいたい0・5メガベースペア。1メガベースペアというのは100万塩基対。0・5メガというのは、50万塩基対。だから50万文字くらいの情報しかない。そういった1メガを切るようなゲノムは、たいてい寄生性か病原性、共生性で、自立生活を営んでいない。われわれが持っているちっこい細胞は自立生活を営んでいるらしいから、多分、自立生活を営むのに最低限必要な最小ゲノム、ミニマムゲノムを持っているはずだよね。そうすると、生きるのに必要な最低限のゲノムってどれくらいだろうと……。大腸菌の4メガというのは、明らかに贅沢。単に独立して生きるだけなら、そんなにいらない。でも0・4メガまで小さくなってしまうと、きっと寄生性か共生性になる。

藤崎　その間ぐらいということは、0・4から4の間？

長沼　うん。直感的に1メガあたりが境目だと思う。今、世の中では大腸菌のゲノムをどんどん削っている。どこまで削ったら大腸菌が死ぬだろうかと。そうやってミニマムゲノムを探している。[＊3] われわれはそうじゃなくて、ちっこい細胞を培養して自立生活を営めることを確認した上で、そいつのゲノムを調べる。その中で一番ちっこいゲノムサイズを探していく方法を採っている。

藤崎　実際、まだ何メガかはわかっていないのですか。

長沼　今、やっているところなんだけれど、１メガ近辺のものが見つかっているんで、そろそろ全ゲノム解析をしてみようかと思ってるところ。

藤崎　それは、すごく面白いですね。

長沼　でも実はこれはアーキアンパーク計画の中の話じゃなくて、アーキアンパークに便乗してやっちゃえというものなのね。

藤崎　アーキアンパークは、あくまでも巣を見つけるということなんですね。

長沼　うん。それは、概ね成功した。微生物の巣というのは、つまり、お家（うち）だよね。お家を探すときには、まず立地条件を調べる。海底地形探査をして、あたりをつけて掘る。お家なんだから、そこには電気やガス、水道があるよね。だから水や化学物質、硫化水素といったものの流れを確認する。それから今度は、お家に住んでいる人たちの家族構成ということで、微生物の種類を調べる。それぞれの微生物が、お父さん役、お母さん役といった役割を持っているはずだから、それも調べる。それぞれの結果がパズルのピースになって、多くの人がそれをはめていくことで全体像が描かれていく。東京大学の浦辺徹郎（うらべてつろう）さんという人がリーダーだったんだけれど、あれは非常に成功した例ですよ。

藤崎　先生は、その住人の中から「ＬＵＣＡ（ルカ）」を探している。これは何の略なんでしたっけ。

長沼　「ラスト・ユニバーサル・コモン・アンセスター（Last Universal Common Ancestor）」。「一番最近の共通祖先」だね。(＊4)

藤崎　その一つの候補が、アーキアというか、ナノバクテリアなんですね。

長沼　そう、ちっこい生き物ね。最初から自信があったわけじゃないんだけれど、調べているうちに、それを進めるための根拠になることが少しずつわかってきた。例えば、まだ完全ではないけれど培養に成功しかかっているものがあって、その遺伝子を見ると、何とそれはαプロテオバクテリア（１２４ページも参照）に近いのよ。αプロテオバクテリアというと、ミトコンドリアの祖先。

藤崎　近いというのは、どういうところが？

長沼　ミトコンドリアもある種の遺伝子を持ってるわけ。そのゲノムの中のリボゾームRNA遺伝子[*5]とかを見ると、われわれの持っているナノバクテリアのものと、とても近い。

藤崎　じゃあ、ミトコンドリアの元かもしれない生き物？

長沼　あるいはシスターか、ブラザーか……。つまりミトコンドリアは、もともとはナノであったと。ちっちゃいが故に、他の細胞の中に入り込めた……なんてことを今、うっすらと考えている。

藤崎　そういう生命の起源の話は、また後々、宇宙関係のところで出てくると思うので、そのときに続けてやりましょう。

＊3　大腸菌のゲノム（染色体）から一部の領域を取り除いて生育するかどうかを調べ、もし生育に問題がなければ、さらに別の領域を取り除いて試すということをくり返し、最終的に生物にとって必要最低限なゲノムを得ようとする研究。

＊4　現在のところ地球上の全生命の祖先は、40億年ほど前に海底の熱水噴出域で誕生したとする説が有力。その祖先の直系の子孫（に近いもの）がLUCAと考えられる。

＊5　細胞内でタンパク質の生産を担うリボゾームを形作るRNA（リボ核酸）。ミトコンドリアのリボゾームは細菌のリボゾームに似ているとされる。

第3幕

原始地球は温泉三昧

大分県由布市湯布院町塚原1235番地
塚原温泉より徒歩
tel. 0977－85－4101

伽藍岳火口にて

*陸上の火山と海底火山

藤崎　今、私たちがいるのは、伽藍岳（標高１０４５ｍ）山頂直下の火口付近です。

長沼　「付近」というか、まさに火口だね（笑）。

藤崎　近くでは、水蒸気がごうごうと音をたてて噴出しています。こんなところで対談なんて、まず他ではあり得ません（笑）。早速ですが、こんなところに生き物はいるんですか。

長沼　もちろん、いるよ。こういう火山の火口部から、これまでいくつもの微生物を採ってきたからね。当然、ここにもいる。この山が海底にあったら海底火山で、あの水蒸気が噴き出しているところは、新江ノ島水族館でも話した海底熱水噴出孔と同じだね。熱水噴出孔にはたくさんの生き物や微生物が群がっている。ということは、陸上バージョンのここにも生き物がいておかしくない。

藤崎　なるほど、ここが海の底なら熱水噴出域になるんですね。

長沼　そう。最近、海底熱水噴出孔は生命が生育できる最高温度記録を出したとか、生命の起源は海底火山であるとか、そういうことが言われている。だけど海の底に潜って対談するわけにもいかないので、その陸上バージョンであり、われわれがアクセスし得る海底火山の代わりってことで、ここに来ているわけだね。

藤崎　そういえば鹿児島の薩摩硫黄島だったと思いますが、以前ご一緒したときに、こういった水蒸気が噴き出しているところの近くの岩の中に、何か緑色の線が入っていたことがありましたよね（42ページも参照）。ここでも同じようなことが……。

長沼　うん。あのときは硫黄島の山頂。こういった噴気孔帯で石を採ってきて、石をかち割ったら、中に微生物（藻類）が棲んでいる兆候が明らかに見られたね。緑色のバンドだったり、ピンクのバンドだったり。そういったものは、おそらくここの石でも出るだろうけど、ここはちょっと若過ぎるのね。表面の変動が非常に激しいと言うか。簡単に言うと、岩がガサガサと崩れて表面がどんどん更新されている。時間がたっていない面があって、そんなに簡単には見つからないかもしれないけど、まあ探せばきっといるでしょう。

藤崎　微生物は、やはり熱いから岩の中に入っちゃうんですか。

長沼　必ずしもそうじゃなくて、地球上どこにでもいる。ただ、こういうところは、ほかに生物が見当たらないんで、石の中の生命が目立つという感じ。それに石の中は紫外線から保護されているし、意外と水分もあったりしてね。乾燥からも保護されるから。

藤崎　光も、そこそこ通るし……。

長沼　そうそう。白っぽい石の中は、だいたい2～3㎜までは光が入るからね。

藤崎　硫黄の黄色い部分には、バクテリアみたいなものは付いているんですか。

長沼　あそこの黄色いところね。できれば微生物を採ってみたいところだけど、あの硫黄、す

写真１　硫黄の結晶をサンプリングする長沼

ごく若い硫黄でしょ。

藤崎　ええ。できたてみたいな……。

長沼　だから、微生物はまだくっついていないと思う。あの上で増殖するのは、ちょっと難しいかな。硫黄の結晶の上で増殖するものを探しているんだけどね。まだ採れていない。

藤崎　ドロドロのあぶくが噴き出ているようなところにも、生き物はいるんですか。

長沼　数は少ないけど、いる。でも、それは外から入って高温に耐えられるものが、そこで生き残っている程度。繁殖しているかというと、ちょっと難しいね。餌が少ないんで、活発な繁殖はないだろうと思う。まあ死なないで頑張っているものは、いくつか採れている。だけど本当にほしいのは、こういった極限的な環境でもガンガン生きているやつ。それから、ここは本当に火山の火口帯なんで、表面の更新が激しすぎて、微生物の生態系が発展・進化するには荒々しすぎると思う。

＊幅広い条件に耐えるのも極限環境生物

藤崎　かつて先生は海底熱水噴出孔の下を掘って調べていましたよね（アーキアンパーク計画のこと。135ページ、コラム対談4参照）。こういうところの下を掘って、微生物を採ったりはしないんですか。
長沼　この場所は、多分、地下の方が環境的には安定しているから、微生物の巣があるだろうなとは思う。

写真2　立ち昇る噴煙、ギラギラ照りつける太陽の下での対談

藤崎　そこをボーリングしてやろうとか……。
長沼　ここをボーリング？　怖いよ（笑）。
藤崎　怖い？
長沼　だって、そのへんの石ころをどかすだけで、もうシューっと噴いてくるじゃん。
藤崎　あ、そうか。海底の場合は、潜水調査船に乗っているから……。
長沼　それに、水圧がかかっているからね。
藤崎　噴き出てこないんですか。
長沼　ボーンと噴くことはないね。
藤崎　ああ、そうなんですか。いや、海底であれだけ掘っているのに、何で陸上でやらないのかなと思っていました。危険なんですね（笑）。

長沼　水という重しがない分、下からバーンと噴いてくるからね。

藤崎　熱水噴出孔にいる生物の特徴としては、どういったことが挙げられるんですか。

長沼　びっくりするようなものは、まだ採れてない。びっくりするというのは、例えば本当に「これこそ生命の起源に近い」もののこと。それでも一般的な地底微生物、それから高温で生きる好熱微生物の仲間は、わさわさ採っている。好熱菌の多くはアーキア（古細菌）というグループなんだけど、そのアーキアの類の巣がある。それをアーキアンパークと言うんだけれどね。実際に、海底下のアーキアンパークは発見した。また意外なことに、アーキアがいないバクテリアばかりの世界、バクテリアパークも発見した。

藤崎　バクテリアの好熱菌と、アーキアの好熱菌がいるわけですか。

長沼　そうそう。で、バクテリアパークというのは、意外な発見だった。言い換えれば、同じ海底火山であっても、場所によって、そこにつくられている微生物の巣も違うんだなということがわかった。同じように、まさにこういう陸上の火山も、山一個一個に違った生態、微生物生態系があるに違いないと思っている。

藤崎　あるんでしょうね、きっと。

長沼　特にこの場所は表面の更新が非常に激しいから、一番最初に定着するものたち、つまりファースト・ファウンダー（first founder：始祖）とか、ファースト・セトラー（first settler：最初の移住者）とかが見られると考えている。

藤崎　そういうものは、どこから飛んでくるのですか。

長沼　どこからかやって来るとしか言えないけれど、まぁ、地下の水脈でつながっているのかもしれない。

藤崎　ところで好熱菌について、何度から何度まで生息可能という定義はあるのですか。

長沼　増殖の最適温度が45℃から80℃くらいのものを好熱菌というね。さらに最適温度が80℃以上のものは、超好熱菌と呼ばれている。

藤崎　増殖じゃなくて生息可能だったら、大雑把にどれくらいの範囲なんですか。

長沼　どのぐらいだったかなあ。牛乳とかを50～60℃あたりで殺菌する、いわゆるパスチャライゼーション（低温殺菌）で死なないものあたりから、好熱菌と言われている。で、好熱菌の中でも、例えば75℃とか80℃とね、さらに上の方で生きるものが超好熱菌と呼ばれている。最近は超好熱菌も数多く見つかっているから、もうちょっと境界線が上がっているかもしれないね。

藤崎　最高は１２１℃でしたっけ。

長沼　１２１℃説と１１４℃説で揉めてたけど、最近、日本の海洋研究開発機構（ＪＡＭＳＴ

ＥＣ）のグループが１２２℃の最高記録を出したね。(*1)
藤崎　上は１２０℃前後で、下は50℃、60℃くらい？
長沼　そうそう。それで、１個の菌の生える温度の範囲の幅はだいたい30度。
藤崎　そんなに広くはないんですね。
長沼　面白いことに好熱菌であれ、中温菌であれ、低温菌であれ、生える温度範囲はだいたい30度なのね。
藤崎　そうなんですか。その30度がシフトしていくんですか。
長沼　そうそう。逆に言うと、生きていける温度範囲が広い菌、例えば50度とか60度とかのものを見つけると、とても面白いことになるんだけどね。好熱菌だろうが中温菌だろうが、そういったものを探したいというのも、こういうところに来て生物をハンティングする目的の一つ。今までは生きている温度が高いとか低いとかということに、みんな注目してたけれども、これからは生きられる温度範囲、塩分でいえば塩分範囲とか、そういった幅の広さの極限性も追いたいわけよ。
藤崎　極地研の回（第１幕）に出てきたハロモナスは、好塩菌であるだけでなく広い範囲の塩分濃度に適応する「広塩菌」でもあるとお話しいただきましたが、同じように「広温菌」ということですね。

長沼　そうそう。
藤崎　それは、まだ見つかっていないんですか。
長沼　まだ。一生懸命、努力はしているんだけれど、どれも30度くらいなんだね。
藤崎　人間が生きられる温度の範囲も、だいたい30度くらいですよね。
長沼　だよね、裸だったら。

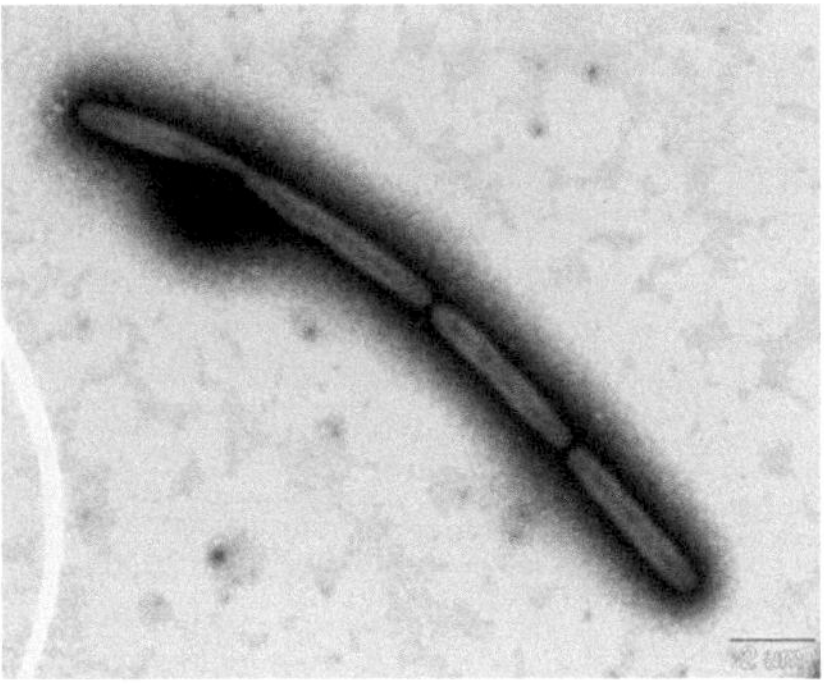

写真3　122℃にも耐える超好熱メタン菌（ⓒJAMSTEC）

藤崎　そうすると生き物というのは、どれもだいたい30度くらいの範囲で生きているということなんですね。
長沼　そう、そんな感じだね。そこにどういう生物学的な意味があるのか、理由があるのかは、まだわからないけれどもね。
藤崎　何で、30度くらいなんだろう？
長沼　それを知るためには、そうじゃないもの、幅が広い生き物を探すことが大事なんだね。だから今、それを探そうとしている。
　ところで、極限環境生物のことを、英語で「エクストリーモファイル（extremophile）」というんだけど、今までは温度だったら温度の記録としての極限だったのね。だけど生息範囲、つまり温度範囲とか塩分範囲という意味での極限を考えるときには、ちょっと違ったワードが必要なわけ。それをわれわれはどう呼ぶか。日本語だったら、好熱菌、好塩菌の「好」の字を「広」にすればいいんだけどね。

藤崎 なるほど。英語では「ブロード（broad）」でしょうか。

長沼 英語でも「ユーリー（eury）」を付けると「広い」という意味になるから、「ユーリーハロファイル（広塩菌）」とか「ユーリーサーモファイル（広温菌）」と言えばいいんだろうね。

藤崎 なるほど。

長沼 でも、それじゃ面白くないから「ニューエクストリーモファイル」で、「ニュー」を「N」にして、あるいは「長沼」の「N」にして、「ネクストリーモファイル」、つまり「次世代極限環境生物」というのがいいんじゃないかな（笑）。

＊1　インド洋の熱水噴出域で発見された超好熱メタン菌（写真3）を、高圧条件下で培養したところ、122℃でも増殖できることが確認された。詳細は以下のHPを参照。
http://www.jamstec.go.jp/j/about/press_release/20080729/index.html

＊原始地球の環境と生命

藤崎　先ほどの温度の幅の話ですが、例えば今でこそ地球の温度はマイナス90℃くらいから高い方は60℃近くまで１４０度以上の範囲がありますけれど、地球が生まれたてのころの温度の範囲って、高い方にもっと狭かったんじゃないでしょうか。それが、もしかして30度くらいの範囲だったとか……。

長沼　なるほど。

藤崎　そういうことは、影響しないですか？

長沼　生命誕生時におけるハビタット（生息環境）の温度範囲が30度くらいで、「それに耐えられればいいや」と。

藤崎　あり得ますかね？

長沼　うん、あり得るかもしれない。それで、地球がどんどん違う温度に変化しても、それを継承してきたと……。

藤崎　はい。

長沼　そうすると現在の地球では、温度の変化はすごく低い方から高い方まで幅広いんだけど、昔のまま約40億年近くもそれを継承してきたことになる。「いい加減、学習しろよ」って突っ込まれそうだなぁ（笑）。

藤崎　もし学習しているやつがいたら、それがまさに進化した極限環境生物ということになる。

長沼　うーん、いいんじゃないでしょうか（笑）。本当にそういうものを探したいんだよね。今のところ、塩分とpH（水素イオン濃度）では見つけている。どんなpHでも生えるとか、そんなものは見つかりそうだけれど、温度はまだ見つかっていない。

藤崎　基本的に高温に耐えられる菌は、塩とか酸にも強かったりするんですか。

長沼　好温で好酸というのは、生命の誕生的にはすごく面白いんだけど、意外なことに、本当の意味で高温が大好きで酸も好きという生き物はあまり見つかっていない。というか、そういうハビタットもあまり調べられていない。

藤崎　そもそも、こういう火山の火口みたいなところで生き物が誕生したらそうかもしれないけれど、別にそうじゃないお湯（温泉）もあるわけで、そこで誕生していれば関係ない。

長沼　原始地球を考えたら、間違いなく高温であっただろう。それから酸性が強かっただろうということは、まあ、だいたい多くの人がそう思っているだろうね。

藤崎　やはり、酸性は強かったでしょうね。

長沼　生き物のルーツを訪ねるとしたら、そこを狙うことに間違いはない。わざわざアルカリの温泉へ行く理由はあまりないと思う。ただ多様性を見る意味では、どこでもいいんだよ。

藤崎　生命の起源をたどる上では、やはりこういう酸性の温泉地帯がいいと。

長沼　そうだね。アルカリの温泉入ったら、ヌルヌルしちゃって嫌だもんね（笑）。

藤崎　溶けちゃいます。
長沼　まあ、酸性もちょっとピリピリして痛いんだけどさ（笑）。
藤崎　それじゃ、どっちもダメじゃないですか（笑）。
長沼　まあ、どっちも嫌だね（笑）。特にこの火口のちょっと下にある温泉は酸性。pHがとても低い。pH１前後。日本でも有数の超酸性温泉だね。それがもう一つ、薩摩硫黄島なんかにもある。薩摩硫黄島の東温泉というところもそうなんだ。
藤崎　何でここは酸性が強いんですか？
長沼　ここは硫酸酸性。硫酸酸性である理由は、海水の影響だろうね。意外と海に近いから、地下にしみ込んでいる海水の影響を受けているんだろうと思う。
藤崎　海水が影響すると、酸性になるのですか。
長沼　海水が地下の深部で熱せられて、熱いお湯になって、それが湧き上がっているところなんだろうな。
藤崎　そうすると、途中で酸性になっていくんですか。
長沼　よくわからないけれど、多分、いったん硫化水素が発生して、その硫化水素がどこかで酸化されて、また硫酸に戻るんじゃないかな。
藤崎　地球の初めのころも、そういうことがおきていた？

長沼　どうだろうね。
藤崎　なぜ酸性だったと考えられているのでしょうか。
長沼　原始地球の大気には硫化水素が結構あって、それがいろんな理由で発生してくる酸素をどんどん食っちゃった。どんどん食って硫酸になっていく。そういうメカニズムがあったから硫酸酸性だったという説。ほかにもいくつか説があって、塩酸酸性だったという説もある。
藤崎　塩酸酸性？
長沼　うん。原始地球には塩酸の雨が降って、それがどんどん大陸――といってもまだ小さいんだけど――を侵食して溶かす。で、大陸中の岩石にあったナトリウムだのカルシウムだのをどんどん溶かし出す。だから原始地球はHClの塩酸酸性で、大陸の誕生とともにだんだん中性化していったという説もある。あと、過酸化水素という話もある。水蒸気が紫外線で分解し、いくつかの反応を経て過酸化水素ができるんだ。
藤崎　過酸化水素ですか？
長沼　うん。H_2O_2。
藤崎　結構危ないですね、それ（笑）。あちこちで爆発していた？
長沼　過酸化水素を分解・解毒するカタラーゼという酵素があるんだけれど、そのカタラーゼは生物界でも最も古い酵素群の一つなんだ。昔は、そういったカタラーゼを使って、何とか耐え忍んでいたんだろうというイメージは描ける。
藤崎　どっちにしても、あまり長居したくない場所ですね（笑）。
長沼　まあ、最初は厳しかったんだよ。熱いし、酸性だし。
藤崎　それなのに、何でこんなに弱い人間になってしまったんでしょうね（笑）。
長沼　いや、俺は弱くないぞ！
藤崎　先生は別です。先生の場合は、エクストリーモファイルで言うなら、好アルコール菌（笑）。でも、さすがに熱は無理でしょう。
長沼　ああ、熱いのはね、辛いもんね。

＊高温でも生きられる理由

藤崎　実際のところ、なぜあいつらは熱いところで生きていけるんですか。
長沼　熱いところで生きていける理由？
藤崎　そう。例えばなぜタンパク質が固まらないのか。
長沼　そういうタンパク質なんだよね。タンパク質は温度によってとる構造、その形が変わってきて、どの温度でその形が最もよく機能するかは、タンパク質ごとに決まっている。だから、そういうタンパク質を持った集合体なのであろうと……。逆に彼らから見たら、「お前ら、どうしてそんな寒いところで生きていけるんだよ。それじゃ、タンパク質が機能しないじゃねえか」と言われちゃうような存在でしょ、われわれは。

藤崎　そういうことなんですね。

長沼　ある意味、どの温度でどのタンパク質が一番よく機能するかというだけの問題。だから、何も彼らにとって不都合はない。ただ不都合なのは、タンパク質そのものの上限温度ね。120℃とかを超えると、ほとんどのタンパク質が固まっちゃうとか、DNAの2本のらせんが離れちゃうとか、もはや生き物の力ではどうしようもない部分がある。

藤崎　高温でも機能するタンパク質自体は、何度まで耐えられるのですか。

長沼　まあ120℃は大丈夫だろうね、明らかに。

藤崎　大丈夫だってことがわかっているんですね。

長沼　まあ、いろんな実験をやるんだけれど……。例えばタンパク質の単体では140℃、150℃でも、そこにある種の保護物質を加えると、もうちょっと頑張れる。より高い温度で固まるようになる。

藤崎　何百度とか1000度とか。

長沼　いくら何でも何百度まではいかないと思うよ。でも例えば深海の熱水噴出孔だと、だいたい300〜400℃が上限値だよね。それだと熱いかもしれないけれど、200℃くらいなら何とかなるかな。

藤崎　２００℃ですか。ところでＤＮＡは何度まで耐えられるんですか。確か、保護されていると聞きますが。

長沼　保護されているというか、細胞内ではある種の構造をつくっていて、いわゆるＰＣＲ(polymerase chain reaction：ポリメラーゼ連鎖反応）法という方法では、95℃くらいで二本鎖は離れちゃうんだけれど、細胞内ではそんなことはおきない。そうはいっても１５０℃とか２００℃とかまでいったら、いくらなんでも離れるだろうね。

藤崎　ＤＮＡは、われわれも好熱菌も一緒ですよね。

長沼　一緒。だけどある種の構造をつくって離れにくくするというか、安定化させる構造をつくるものがある。

藤崎　二重らせんが、さらに構造をつくる？

長沼　そうそう。だから、スーパーコイルみたいなやつね。二重らせんがさらにらせんをつくっている。

藤崎　そうすると、より強くなる？

長沼　強くなる。というか、離れにくくなる。

藤崎　実際にそうなっているんですか、好熱菌みたいなやつらは。

長沼　好熱菌のDNAゲノムがどういう形をとっているかは、まだわからないけれども、多分そういった高い次元の構造をとっているだろうね。実際に高次構造に関係する酵素を持っているからね。

*海底ではチムニーから温泉が噴出する

藤崎　原始の地球には、こういう火山の火口のような荒々しい風景が広がっていたと考えていいんでしょうか。

長沼　海底にね。

藤崎　海底。ああ、そうですね。

長沼　すでに何度か話に出ているけれど、海底には、われわれが熱水噴出孔と呼んでいる場所がある。深海に潜ると太陽の光が届かないので、潜水船で見える範囲は10m程度。あとはソナーで概略的なところを見るんだけれど、こういうふうには目で見えないわけ。だけど海底火山、あるいは熱水噴出孔の全容をイメージすると、こんな感じだと思うね。こういう感じの場所が海底に沈めば、熱水噴出孔、海底火山になると考えていいと思う。そして原始の地球というのは、海底火山が今よりももっといっぱいあって、今よりももっと活発だったはずだから、こういう荒々しい風景が海底のいたるところに広がっていたに違いない。実際、今も溶岩が噴いているキラウエア火山があるハワイ島、あのビッグアイランドの南東側には、もう次のビッグアイランドが海底にあるわけ。あそこの海に潜ったことがあるんだけれど、まさにこんな感じ。ガレ場。

藤崎　ガレ場ですか。

長沼　その海の中に、ロイヒという名前の海山がある（１１７ページ参照）。ハワイ島の南東約30㎞、水深約４５００ｍの海底からそびえていて、高さはだいたい３５００ｍくらい。これがあと何万年か何百万年かすると、海上に顔を出して新しいビッグアイランドになる。[＊2]で、そこに潜ったんだけれど、深い海の中に、まさにこんな風景があった。ホント、こんな感じ。

藤崎　実際に、海底に細かい蒸気の噴き出し口がありますよね。そういうところにはチムニーと呼ばれるまさに煙突のようなものがポコポコと立って、何か林みたいになる、という感じですよね。

長沼　そうね。藤崎さんが実際に潜水船で潜って見たチムニー[＊3]は、陸上では、まさに火口近くのああいう蒸気の噴き出し口に相当する。

藤崎　陸上では空中だからチムニーはできにくいけれど、水中だとそういうものがいっぱいできるわけですね。

長沼　水中だと重力の影響が弱いから、もろい構造物でも残るというか、育つからね。

写真４　口永良部島の火口付近で見られたチムニーのようなもの（藤崎慎吾提供）

藤崎　いやホント、よくわかります。ただ、ここでは結晶というか、きれいな硫黄が出ていますけど、海底だと硫化物というか、いろいろ混ざってしまうんですね。

長沼　うんうん。実際にここでも、もし水が出てくれば同じようなことがおきると思うけど、ここは出ているのが水じゃなくて蒸気だからね。

藤崎　そうですね。

長沼　水が出てくるところだったら、多分水に溶け込んでいるいろいろな元素が周りに沈殿してくると思う。温泉が湧くところには、チムニーのようなものができる（写真４）場合もあるんじゃないかな。高温の源泉ならね。あと面白いのは、低温でも炭酸カルシウムを大量に溶かし込んだ水が出てくるところには、炭酸カルシウムのチムニーができる。これをトラバーチン（写真５）と言うんだけどね。

藤崎　トラバーチンですか。

長沼　うん、トラバーチンね。炭酸カルシウムの場合が多いけど、稀にシリカでできたものもトラバーチンと呼ぶようだね。溶かし込まれたものがどんどん沈殿して、煙突状の構造、タワー状の構造をつくることはよく知られている。
藤崎　陸上にもそういうものはあるんですね。
長沼　熱水噴出孔あるいは海底火山周辺では、水のおかげで、弱い構造でもどんどん伸びる。大きいチムニーになると、高さ30ｍくらいあるでしょ。
藤崎　大西洋にもありましたよね。ＴＡＧ海域でしたか。あれはもっとでかいんでしょ?

写真５　米イエローストーン国立公園のトラバーチン（ⓒ 2006 David Monnaix）

長沼　大西洋中央海嶺の近く、ＴＡＧ（Trans-Atlantic Geotraverse）海域で、１９８５年に発見された熱水噴出域のことだね。ここはチムニーそのものは、意外と低い。
藤崎　全体が丘状の巨大なチムニーになっているんでしたね。日本の研究者が、宮崎アニメ『天空の城ラピュタ』に似ているから「ラピュタ」と呼んだという……（１１４ページ参照）。
長沼　一般的にはＴＡＧマウンドと呼ばれているね、直径が約２００ｍ、高さが50ｍくらい。中央の熱水噴出孔はブラックスモーカーコンプレックス（ＢＳＣ：Black Smoker Complex）という名前が付いていて、その周辺にも熱水噴出孔がたくさんある。まあ、集合体だね。でもそこではなくて、一本のチムニーで高いものがあって、それが30mに達する場合もあるのよ。電信柱みたいに。

藤崎　30mですか。風呂屋の煙突だって20mないよね。ゴミ処理場の煙突くらいかな。

＊2　ハワイ諸島付近にはマントルが上昇する「ホットスポット」があると考えられている。プレート運動によって海底が動いていくと、現在のハワイ島はホットスポットから外れて、活火山のないオアフ島やカウアイ島のようになる。逆に現在、海面下にある火山は成長して、新しい島になる可能性がある。第2幕の「チムニーをぶら下げて浮上」の項も参照。

＊3　沖縄県・石垣島の北北西約50kmの海域にある、鳩間海丘という海底火山のカルデラ内で見られたチムニー（水深約１５００ｍ）。詳細は下記ＨＰを参照。
http://www.bunshun.co.jp/pickup/daimakkou/daimakkou01.htm

＊南極や北極、砂漠の温泉も比較したい

藤崎　海底温泉の話が出てきたところでちょっとうかがいますが、先生は温泉が「あまり好きじゃない」と言っていませんでしたか？

長沼　いや、好きだよ。そのへんのスーパー銭湯は好きじゃないけれど、こういう環境の中にあるナチュラルな本当の温泉はいいよね。

藤崎　先生は世界中のいろいろなところで調査や研究をされているわけですが、こういう暑い

ところと、南極みたいに寒いところ、砂漠みたいに乾燥しているところなどを比べて、特に「どこが好き」というのはありますか。

長沼　ま、基本的には乾燥がいいね。

藤崎　火山地帯というか、温泉はあまり乾燥してはいませんね（笑）。

長沼　いや、温泉は温泉でいいんだけどね（笑）。

藤崎　なるほど。

長沼　ところで、南極にも温泉はあるわけ。日本は本当に温泉地帯だから、そこいらじゅうに温泉がある。そういうところでは多分、微生物なんかもお互いに交流があったりして、同じような進化、適応を遂げたりするのね。一方、南極にある温泉はどうかというと、よそから孤立しちゃうわけ。そこはそこで独自の生態系があって、独自の進化を遂げているかもしれないよね。実は北極圏にも温泉はあるのよ。同じ寒冷圏でも、北極の温泉（写真6）と南極の温泉にはそれぞれどういう微生物が棲んでいるのか。そういった生物地理というか、進化を絡めた地理——それは系統地理というんだけれど——系統地理的な話をどんどんしていきたいなと思っている。

藤崎　もう結構調べられているんですか。

長沼　いやいや、まだこれから（この対談後に、長沼は北極スピッツベルゲン島の温泉へ行った）。さっきから話に出ている熱水噴出孔のようなところ、つまり温泉こそ地球生命誕生の場ではないかとみんなが注目している中で「じゃあ温泉をやろうよ」というのは当然でしょ。だけど実際に調べられているのは、アクセスしやすい温泉ばかり。最近でこそ「しんかい６５００」のような潜水船で潜れるところも調べられているけれどね。でも、そうじゃなくて、地球上にはもっとたくさん温泉があるんだよね。砂漠にも温泉はあるんだよ。

藤崎　え、砂漠にも温泉があるの？

長沼　あるある。だってオアシスとかもあるわけでしょ。

藤崎　ああ、そうですね。

写真６　北極の温泉に浸かる長沼

長沼　オアシスなんかでも、地底の深いところを通ってきた水は結構、温かいのよ。

藤崎　そういえば、サハラにも温泉が出ていましたね。

長沼　いろんな温泉に行って、そこの高温環境に棲んでいる生き物を調べまくると面白いだろうね。

藤崎　いやあ、いいなあ。「世界温泉めぐり」ですね。

長沼　そういうふうに言わないでよ。「高温環境」と言ってほしい（笑）。
藤崎　世界の高温環境めぐり（笑）。地下にも温泉がありますよね。
長沼　洞窟温泉というのがあるね。有名なのがルーマニアにある。そこには深海の熱水噴出孔と同じような生態系が存在しているんだ。
藤崎　へぇ。そこ、入ったんですか。
長沼　僕自身は、まだ行っていない。行きたいなと思うけどね。
藤崎　行ってみたいですよね。でもその前に、まずはここの温泉を調べてみますか（笑）。
長沼　ああ、そうだね。まず自らの身をもって、高温、低pHの環境に浸かってみることにしますか（笑）。
藤崎　要するに、温泉に入ろうってことですね（笑）。

コラム鼎談5　塚原温泉（大分県由布市）にて

*「本物の温泉」とは

長沼　お、これは緑色だね。ピリピリしそう。
藤崎　あ〜、気持ちいいですね。私たちが今いるのは伽藍岳の火口のすぐ近く、西側山腹にある塚原温泉(*1)です。
長沼　ウィークデーの午前中から温泉なんて、普通はあり得ないね。
藤崎　これも仕事ですから。
長沼　そうそう。仕事、仕事。さあ入ろう。で、どんな感じでやるの?
藤崎　ここでは、温泉名人の斉藤雅樹(さいとうまさき)さん(*2)にも加わっていただきます。よろしくお願いします（写真1）。
斉藤　よろしくお願いします。ところで、普通に風呂に入るモードになっちゃっていますけど（笑）。中で話していたら、多分10分ぐらいが限界ですよね。
長沼　10分でしょうね（笑）。
藤崎　まあ、耐えられるところまでやってみるということで……（笑）。
斉藤　まずは、この湯を飲んでみてください。
藤崎　お、マイカップ持参ですね。
斉藤　はい、マイカップ。これでね、ぜひ味わってください。
藤崎　酸っぱいわ、ホントに。
長沼　うん、酸っぱい。
藤崎　じゃあ、まずここの温泉の特徴を、斉藤さんから簡単に説明してください。
斉藤　酸性です。
長沼　それだけ?　僕でも言えるよ（笑）。
斉藤　酸性の強さは日本で2番目、鉄分の含有量が日本一ですね。アルミニウムは2位。つまり、酸性、鉄分、アルミニウムが、いずれも日本でベスト2に入っているという非常に特殊な温泉ですね。
藤崎　火口での話に出ましたけど、長沼先生はナチュラルな温泉を求めて、あちこちに行かれているんですよね。
斉藤　ナチュラルな温泉って何ですか。

長沼　いわゆるスーパー銭湯じゃなくて、いわゆる本物の温泉。

斉藤　確かに、今は偽物の温泉も多いからね。

長沼　ほう。では本物の温泉とはどんな温泉ですか、斉藤温泉名人！

斉藤　偽物でなければ本物です（笑）。

藤崎　その偽物とはどういう……。

斉藤　地面から湧いた湯を、そのまま使ってない温泉が多いからね。だから本当は温泉という言葉だけで済むはずなんだけど、今は偽物がすごく多いから、わざわざ「本物の温泉」と言わなければならなくなった。

長沼　よく地中深くまでボーリングで穴掘って温泉を探していますが、あれは本物じゃない？

斉藤　「本物度」もいろいろあって、本当に地表から自噴しているのが、やっぱりベストですよね。

長沼　それこそナチュラルだね。

斉藤　多少穴を掘っているけれど、自分の力で湧いてくるのが次に続く。ポンプアップしているのが、その次ぐらいですかね。ものすごい距離を引っ張ってくるというのは、やっぱりちょっとランクが落ちるし、湯温の調整で水を混ぜたりすると、さらにランクが落ちる。あるいは「噴気造成」といって、本当は蒸気しか出ていないんだけれど、そこに水を供給してやって地下でつくった温泉を出すみたいなタイプもあります。箱根大涌谷などがそうですが、これもあまり「本物度」が高くないっていう人もいるわけです。ただ法律上はどれもちゃんとした温泉で、別に嘘じゃない。全部本物の温泉なんだけど、「本物度」がいろいろあるということですね。

長沼　なるほどね。

斉藤　偽物っていうのは、例えば温泉とは名ばかりで源泉はほんの一滴しか入ってない、あとはみんな水道水とかね。それに近いケースは、結構あるんです。特に公的な、自治体とかがやっている温泉の中には、「温泉が湧いた」と言うと「それ！」って、市民のために巨大な施設をつくっちゃうわけですよ。だけど湧いている量は毎分3リットルとかいうのが、よくあるんです（笑）。

写真１　塚原温泉で、温泉名人の斉藤氏（中央）を交えての鼎談

藤崎　毎分たったの３リットル？

斉藤　そうそう。ちょろちょろの湧き水みたいなやつです。そういうのがあるんですよ。結局、水道水を大量に加えて、加熱して、ポンプでグルグル循環させながら塩素入れて……みたいな。何か家庭の風呂より悪い湯に入っている感じ。そういうのは偽物温泉ですよね、やっぱり。

長沼　それも法的には温泉なんですか。

斉藤　法的には、今はそういう表示をすれば、温泉と名乗っていいんです。「加水あり。加熱あり。循環あり。投薬あり」みたいに。それさえ表示すればいい。

＊1　下記にホームページがある。
http://www.tukaharaonsen.jp/

＊2　プロフィール：1966年生まれ。東京大学工学部卒。別府転居を機に本格的に温泉に傾倒。「別府八湯温泉道」の制作、「温泉本」の監修など。大分を中心に日々、湯の道に励む（以上、著書『大分の極上名湯』より引用）。

＊成分の数値でなくどう感じるかが重要

長沼　最近、温泉法が変わったって話、聞きましたけど……。

斉藤　２００５年に変わりました。それまでは源泉の分析だけが義務だったんです。でもこの年から「加水あり。加熱あり。循環あり。投薬あり」という4項目の「あり・なし」を表示し、ある場合は理由を書かなきゃいけなくなった。さらにその後に再改正があり、10年ごとに分析書の更新が義務付けられています。(＊3) 今までは下手したら大正時代とかの分析書を、そのまま貼っている施設もあったわけです。

藤崎　それはあんまり（笑）。つまり成分が現状と全然かけ離れていることもあるので、それはやめましょう、現状をちゃんと表示しましょうという話ですね。

長沼　なるほどね。成分表示っていうと、例えば別府においては源泉の成分表示および湯船の中の湯の成分表示を両方とも表示している、われわれからするととても良心的なことをやっているところが多いけれど、それは斉藤名人のご指導ですか。

斉藤　うん。何年か前に、白骨温泉はじめいろいろなところでスキャンダルがおきて、「実は薬を入れていましたとか」とか「実は温泉じゃないのに、温泉と言っていました」みたいな話があった。結局、それを契機に2005年の法改正が行われたのですが、別府はそれと並行して自主的な取り組みを進めたんです。自分たちが正しい温泉を正しく使っているということを、やっぱりちゃんと表示しなきゃいけないということでね。温泉旅館の経営者をはじめ、私とか県や市の役人も加わって、「温泉カルテ」というものをつくったんですよ。[*4]これは、ちゃんと特許出願も済ませたんですけどね（笑）。

藤崎　特許ですか（笑）。

斉藤　「温泉カルテ」では、源泉のみならず「浴槽」の湯の成分も表示しましょうと……。まあ考えてみれば当たり前の話ですよね。オレンジジュースを売るときだって、そのオレンジジュースの中身が大事で、原料となったオレンジの果実の分析表を一生懸命書いたところで、あまり意味がないわけです。利用者が実際に使うところの成分が分析されていれば、一番安心ということです。

長沼　そうですね。

斉藤　だけど実際にはそれができないところが多くて、この温泉カルテ、残念ながらあまり広がっていないんです。

長沼　斉藤名人が「温泉Gメン」を名乗っていたこともありましたよね。

斉藤　今も、そうです。

長沼　今も？　その温泉Gメンとは、いかなるものでしょうか。

斉藤　要するにウソ、ホントの話とか、表示義務がある、なしの話とは別に、「このお湯はどんなお湯なのか」という表現をしましょうという話です。今は数値でしか表現されていませんから、カルシウムイオン何グラムとか、pHいくつとかね。もちろん見る人が見ればわかりますけれど、一般人にはほとんどわからない。ただの数字の羅列でしかないからね。それを「どういうふうに感じますか」という感覚で、温泉に詳しい人たちが寄り集まって文章化しましょう、さらに五段階評価で表しましょうということをやっているわけです。例えばこの塚原温泉は、酸味が五段階評価の「5」です。カレーの辛口が「辛さ：5」というのと同じ。こうすれば「ここはすごく酸っぱい温泉なんだ」とわかると……。

長沼　なるほど。温泉ソムリエっぽい面もあるね。

斉藤　分析書の日本語訳みたいなイメージですね。

長沼　いいね。温泉Gメン、温泉ソムリエ、利き湯師……。

斉藤　あ、利き湯師っていいですね。使わせてもらおう（笑）。

＊3　2007年11月30日の改正で、そのように義務付けられた。詳しくは下記を参照。
http://www.env.go.jp/nature/onsen/outline/index.html

＊4　下記に温泉カルテの見かたなど詳しい情報がある。
http://www.beppu-navi.jp/karte/karte01.html

＊温泉で生きる微生物

藤崎　ちなみに温泉成分っていうのは化学成分ですよね、表示されているのは。

斉藤　ええ。

藤崎　いろんな生き物が、きっとこの中で生きていると思うんですけど、どういう菌がどれぐらいとか、そういうことは別に気にしなくてもいいんですかね。

斉藤　レジオネラ（＊5）を除けば、入浴の安全性の面ではあまり気にしなくていいと思いますが、長沼先生のような研究の世界から見ると、こういうpH１・４という中にも、ちゃんと生きている微生物がいるっていうのは、すごく不思議な話でね。例えばこうした酸性の温泉でも、このあたりの木（浴槽の縁）には濃い緑色の藻類が付いていますよね。もちろん別にここだけでなく、蔵王をはじめいろいろな強酸性の温泉でも、こうした藻類が付いています。強い酸性のところでも生きている。

長沼　そうですな。

斉藤　こうした話は別の意味で、すごく興味がありますす。ほかでも生きられるのかどうかとか、なぜここで生きられるのかとかね。そういう話を、長沼先生にいろいろとうかがいたいですね。

藤崎　こうした細菌がいることによる効能って、あるんでしょうか。

長沼　そう、実はあるんだよね。例えば温泉泥による健康法というか、美容法ね。

藤崎　泥ですか。

長沼　うん。泥の中の微生物、特に珪藻類がよい働きをするというデータが、イタリアのパドヴァ大学から出てるしね。

藤崎　そうなんですか。

長沼　うん。別府においても、そういうものはどんどん出していけばいいと思っているんだけどね。

藤崎　それは先生がどんどん分析しないと……（笑）。

長沼　実は、いい結果が出る分析っていうのは可能なんだけどね（笑）。

藤崎　正直でよろしい（笑）。まあ、レジオネラ菌とかが出てこなきゃいい……。

長沼　とにかく、そこにいる菌がどういう働きをしているのかが大事。

藤崎　うん。

長沼　ここにどんな微生物がいるかは、簡単に言える。でも必要なのは、もうワンランク上ね。微生物が存在することによって、こういった物質が生産されているとか、何かの症状が和らぐということを含めた、定量的な評価が欲しい。そこに結びつけるのが、なかなか難しい。

藤崎　そうでしょうね。

長沼　主観的な結果だけでなくて、定量的な評価が大事。だけど万人が認める客観的な定量評価って、ちょっと難しいよね。今、それを斉藤名人の方でやってる最中なんでしょうけど……。

藤崎　温泉の効能って、誰が決めるのですか。

斉藤　効能は、基本的に役所が決めています。環境省が「この性質ならこういう効能がありますよ」という一対一の対照表をつくっています。

長沼　あ、つくっているんですか。

斉藤　全国の温泉は、それに当てはめて効能をうたっているだけなんですよ。だけど、その効能というのがやたらとたくさんあって、温泉に行くと10個も20個も病名が書かれていて、「いったいどれに効くんだろう?」みたいな……。何だか「万病に効きます」という世界で、逆に信用を失っている。

藤崎　その対照表だって、本当に根拠があるのかわかんないですよね。

斉藤　確かに、その根拠が怪しいんじゃないかという話は、ここ数年、いろいろなところで言われています。それで逆に、それをちゃんと取り直しましょうという動きもある。うちのグループも含めて、全国あちこちでトライされていますね。少しずつデータも集まっています。

長沼　見直し、怖いんじゃない(笑)。

斉藤　う~ん。

長沼　大半が無効能なんてことも……。

斉藤　ただ原則的には、お湯に入れば疲労回復するみたいなことはある(笑)。

長沼　最低でもね。

藤崎　でも、別に温泉でなくても……。

長沼　普通のお風呂でいい。

斉藤　確かに「温泉ならでは」っていわれると、ちゃんとデータを取らないと正確にはわからない。

長沼　まさに、その主観的な部分をいかに客観的に数値化するかってことが、サイエンスすることでもある。

藤崎　ただ温泉の場合は食品分析などと違って、お湯だけでなく景色や空気とかも含めた、まとめての効能ですからね。

長沼　まさにその通り、そこが難しい。

＊5　肺炎などの感染症を引き起こす種を含む真性細菌の総称。

＊「お湯のよさ」で温泉を選ぶ時代へ

長沼　ところで、もうずいぶん温泉に浸かっているけど、そろそろ熱くない？

斉藤　もう、倒れそう……（笑）。

藤崎　そうですね。

長沼　効能に「のぼせ」を加えないと（笑）。

斉藤　確かに、のぼせました（笑）。

藤崎　強酸性のお湯には、ショック療法的な部分もあるんでしょうか。心臓病の人は注意しなければいけないって言いませんか。

斉藤　泉質はともかく、入浴中の事故で亡くなる人は結構多いんですよ。

藤崎　やはり、お年寄りですか。

斉藤　そうそう。やっぱり風呂って入ると低血圧になって、出ると急に血圧が元に戻って高血圧になるから、血圧の変動とか、血流の変化とか、体にとってショックなことは間違いないでしょう。温泉のみならず入浴そのものが、その瞬間だけ見ると危険なんです。

藤崎　成分の話に戻りますが、大分県竹田市の長湯温泉は「日本一の炭酸泉」と言われていましたが、今は「日本一」という表示は使わないそうですね。いろいろと厳しくなっているのですか。

長沼　長湯温泉については詳しいよ、名人は（笑）。

斉藤　あれは一つの面白い社会現象で、「日本一ではない」と言い出したのは役所ではなく、温泉好きの素人さんなんですよ。

藤崎　ホームページか何かで？

長沼　そうそう。

斉藤　そこで長湯温泉はどうしたかというと、まず「日本一」という言葉は使わないことにしたんです。確かに「日本一」という定量的な根拠が、あまりなかったものですから。それから再分析を行って、「ちゃんとした炭酸泉ですよ」ということを立証したんですね。それまではデータが古かったりして、そもそも炭酸泉かどうかということですら、説明不足の面がありましたから。

藤崎　パチパチと泡が付いて主観的に感じるだけじゃ、炭酸泉とはいえない？

斉藤　実はね、日本一パチパチする温泉があるんです。それは長湯温泉の奥にある七里田温泉なんですけど、そこですら実は炭酸泉の基準を満たしていません。

長沼　そうなんだ。

斉藤　逆にいうと日本の炭酸泉の基準は厳し過ぎる。日本一泡が付くと言われている温泉ですら、法律上は炭酸泉と呼べないという状況なんです。それは分析技術というか、分析のやり方にも問題があります。オペレーターのさじ加減で、左右されちゃうんですよ。

藤崎　精度が高くない？

斉藤　分析機器の精度は高いんだけれど、やっぱり人間がやっている話なので……。それから炭酸泉って脈動していることが多いんですよ。ボコン、ボコンって。言ってみれば非常にサイクルの短い、間欠泉みたいな状態で出る。だからお湯を湯口から採るときに、ボコンの出始めで採るか、出終わった瞬間に採るかで、全然違うんじゃないかと思うんです。まあ、いろいろな問題点があるわけです。ですからわれわれが言いたいのは、分析書はあくまでも目安であって、入浴した人が浴槽の中でどう感じるかが一番大事だということです。

藤崎　そもそも効能を求めて温泉に入っている人って、そうはいないですよね。

斉藤　そうそう。日本ではね。でもフランスやイタリアは、また別なんですけどね。本当に効能を求めて温泉に行って、医者が処方箋書いて、それに基づいて温泉療法をしています。でも日本では、そういう人はほとんどいない。確かに温泉療法医はちょっといますが、定着しているかというとそれほどでもない。むしろ楽しみという面が強いですね。

長沼　そうだね。

斉藤　ですから「効くかどうか」でなく、入浴して「どう感じるか」の方が重要だと思うんです。温泉G

メンというのも、そういう考え方なんですよ。どう感じるかを、相場観として示すということ。普通はわからないじゃないですか、「つるつるする」と感じる温泉でも、ここの温泉がいったい全国レベルでどのくらい「つるつる」なのかってことは。ですから、それを5段階で表そうということで……。

藤崎　今、温泉Gメンがめざすような、「お湯のよさ」で温泉を選ぶ人は、増えているんですか。

斉藤　ここ5年ぐらいで、劇的に増えました。それまでは温泉って「入れ物商売」だったんです。露天風呂があるとか、岩風呂があるとか、家族湯があるとかね。レストランで言ったら、テーブルがいいとか、BGMがいいとか、テラスがあるとか、そういう世界。でもレストランで重要なのは、何といっても料理の味じゃないですか。温泉も同じように、お湯の質が一番大事なわけです。そこに気付き始めた人が、だんだん増えつつあります。

藤崎　やはり、そういう流れになっているんですね。

斉藤　原点に返りつつある。

長沼　別府みたいなところは、これから非常に有利だね。

斉藤　そうそう。ちゃんと温泉の質の高さで勝負できるようになれば、別府はどんどん有利になっていきます。だって、もともと横綱なんだから。

藤崎　集中管理[*6]でなく、旅館やホテルにちゃんと一つの源泉があるところもすごいですね。

斉藤　二つ、三つ持っているところもあります。もちろん集中管理が悪いわけではありません、資源保護の面からもね。だけど別府はもう、その前に掘っちゃったから（笑）。

藤崎　源泉が違うと、湯めぐりする楽しみにもつながりますね。

斉藤　集中管理のところって、どこに行っても同じお湯だからね。温泉めぐりしても、ただ入れ物めぐりするだけで（笑）。

長沼　それだけじゃ面白くないね。

藤崎　さて、本当にのぼせてしまう前に、そろそろ出ましょうか。

長沼　おお、それがいい（笑）。

藤崎　いろいろと楽しいお話をありがとうございました。

斉藤　いやいや、こちらこそ。

＊6　複数の源泉のお湯を一括で管理し、各旅館やホテルに配湯するシステム。

第4幕
乾燥と「高イオン強度」に耐える生物

鳥取県鳥取市福部町湯山2083－17
鳥取砂丘情報館サンドパルとっとり
tel. 0857－20－2231

鳥取砂丘にて

＊地球にある陸地の大半は「デザート」

藤崎　辺境対談、今回はサハラ砂漠ならぬ、鳥取砂丘（写真1）に来ています。日本の代表的な海岸砂丘であり、日本三大砂丘の（＊1）一つにも数えられています。ところで砂丘は砂漠といっていいいんでしょうか。
長沼　厳密には、ここは砂漠じゃないけれど、まあ、砂漠っぽいからいいんじゃない（笑）。
藤崎　定義の違いはない？
長沼　いや、あるよ、クリアにある。でも、鳥取砂丘も砂漠っぽいからいいよ。（笑）。
藤崎　印象をお聞きしたいんですが、砂漠とどのくらい違うのか、あるいは結構、近いのか。
長沼　見た目では、場所によっては砂漠だなぁと思えるところもある。でも全体に緑が多いからね。
藤崎　スケールとかも違うでしょうね。
長沼　スケールは、全然違う。
藤崎　どのくらいですか。10倍くらい？
長沼　そうね。個々の砂丘だけ見れば10倍といってもいいかもしれない。
藤崎　起伏もこんなもんじゃない？
長沼　全然違う。だって疲れかたが違うよ（笑）。

藤崎　砂の質などは？

長沼　まあ砂の質はこんなもんでいいんだけど、ここのは全体に固いでしょ。

藤崎　締まっていますね、割と。

長沼　そうそう。結構、湿っているんだよ。

藤崎　いつも、こんな感じですか。

長沼　何回か来たことあるけど、たいがいこんな感じだね。

藤崎　最後に来たのは？

長沼　最後、いつだったかなあ。２年か、３年前かな。

藤崎　そのときと比べて変化は？

長沼　だいぶ緑が増えているね。

藤崎　ところで最近、砂漠に行かれたそうですが、中国・敦煌（とんこう）の莫高窟（ばっこうくつ）でしたっけ？　世界遺産になっていますよね。

長沼　莫高窟。よくご存知で。莫高窟の裏がすぐ砂漠なの。ゴビ砂漠。

藤崎　ゴビ砂漠のはずれにある？

長沼　そうそう、ゴビ砂漠とタクラマカン砂漠の間といってもいい。

藤崎　どんな感じでしたか。

長沼　いわゆる砂の砂漠が広がっていて、いい感じだった。そのまわりが岩石砂漠。
藤崎　岩石砂漠？
長沼　うん、だから砂がない。「砂漠」って英語で「デザート（desert）」だけれど、デザートは単に荒れ地というか、不毛の地をさすわけね。だから不毛の地に砂があったら砂砂漠で、岩

写真１　鳥取砂丘に佇む長沼と藤崎。サハラ砂漠に見えないこともない？

写真２　本物のサハラ砂漠（ⓒ Joadl〈all honors to DOSTA〉）

石だったら岩石砂漠。

藤崎　そういうことですか。その敦煌の周辺で、サンプリングをしてきたのですか。

長沼　まあ、そうだね（笑）。

藤崎　本当に仕事だったんですか（笑）。

写真３　サハラの岩石砂漠（ⓒ Luca Galuzzi）

写真４　サハラの塩湖・ジェリド湖（ⓒ Jaume Ollé）

長沼　仕事だよ（笑）。

藤崎　ほかにはどういう砂漠へ行かれましたか。

長沼　砂漠はゴビとサハラしか知らない（この対談の後、長沼は南米のアタカマ砂漠とアラビア半島のオマーンの岩石砂漠に行った）。あとは南極の荒れ地ね。いわゆる極地砂漠。

藤崎　極地砂漠ですか。ところでサハラ砂漠とゴビ砂漠は、似ていますか。

長沼　うーん、違うね。まあ、サハラもいろいろあるんだけれど、典型的な砂砂漠（写真2）。砂砂漠の代表例といえばサハラだね。やっぱり砂丘の規模もデカいし……。

藤崎　ゴビよりも大きい？

長沼　規模としては相当に大きいよ。アフリカのほぼ3分の1を占める、世界最大の砂漠だからね。ゴビは本当のど真ん中には行ったことがないけれど、砂砂漠だけでなくて、岩石砂漠とか礫（れき）、つまり石ころの砂漠もある。

藤崎　サハラは、砂だけですか。

長沼　サハラ砂漠も、巨大な砂の広がりのまわりには岩石砂漠（写真3）や礫砂漠があるけれど、サハラといえば第一印象としてまず砂を思い出すよね。あとは塩湖（写真4）もある。塩の湖ね。これはゴビにもあるけれど、サハラの塩湖は大きかった。

藤崎　大きな塩湖って、どのくらいですか。琵琶湖ぐらい？

長沼　チュニジアで最大の塩湖（ジェリド湖）だと琵琶湖の7倍以上も大きい。
藤崎　サハラは、砂漠自体が大きいわけですからね。
長沼　でも考えてみると、地球の陸地の70％か80％が、荒地という意味でのデザートなんだよね。そのデザートの何割かが、われわれがイメージするような砂砂漠。そういう意味では、陸地の大半はデザートなんだ。

＊1　鳥取砂丘のほかに鹿児島県の吹上浜や静岡県の遠州浜、千葉県の九十九里浜などを挙げることが多い。

＊砂漠とは不毛の荒れ地

藤崎　そもそも砂漠の一般的定義というのは？
長沼　「不毛の地」ということになるかな。
藤崎　不毛の地。
長沼　うん。和辻哲郎（わつじてつろう）(＊2)の『風土』なんかを読んでも、砂漠は「広漠、不毛の地」であると書いてある。これが一番いい定義。荒れ地が広がっていて不毛であると。不毛ということは、植物が生えないわけ。植物が生える条件は、年間降水量が２００㎜とか２５０㎜と言われている。それくらい雨が降らないと樹木が生えない。そうした樹木が生えないところを砂漠、デザートと言う。つまり荒れ地だね。

藤崎　それは、和辻哲郎の定義？
長沼　ほかの学者の定義でも、樹木の生えない場所という……。
藤崎　サイエンティフィックな定義ということですか？
長沼　そうそう。それしかないんだね、定義としては。
藤崎　先ほど、お話が出ましたけれど、砂漠にも種類があるんですよね。砂砂漠、岩石砂漠、礫砂漠というように。極地砂漠というのも……。
長沼　あるね。
藤崎　場所も海岸にあったり、大陸の中央にあったり、いろいろですね。
長沼　それは砂漠のできかたにもよる。
藤崎　砂漠は、そもそもどうやってできるんでしょう。この鳥取砂丘の砂は、川から来ているんですよね。
長沼　鳥取砂丘は川によって運ばれてきた砂が河口から沿岸に堆積して、さらに潮流や季節風の影響でここに溜まった。
藤崎　これがこのまま広がって広大になれば、海岸砂漠になるんですか。
長沼　ちょっと違うね。ここは基本的に雨が多いでしょ。たまたま砂が集中的に溜まっているのが鳥取砂丘。

藤崎　本当の砂漠は、どうやってできるのですか。
長沼　それは簡単。雨が降らなきゃいいんだよ。
藤崎　そうか、雨が降らなければ砂漠になる（笑）。
長沼　それから海岸砂漠っていうのは、どれも大陸の西岸にできるわけ。
藤崎　西側ですか。
長沼　大陸の西岸は寒流が流れているから、あまり雨が降らない。
藤崎　南米の西側とか……。
長沼　そうそう。南米の西側とか、アフリカの西側とかね。それからカリフォルニアもこれに近いかな。
藤崎　なるほど。雨が降らないから、岩石砂漠がだんだん礫砂漠になり、砂砂漠になる……。
長沼　そうなるよね。風化して、ぼろぼろになってってね。
藤崎　さらに進んで土砂漠になる？
長沼　そうねえ。土砂漠は、どうやってできるのかな。でも多分、時間の問題だろうね。
藤崎　あっ、砂漠っぽい虫が飛んで来た！
長沼　おお、来た、来た。
藤崎　足が長いですね。

長沼　そうだ。この足の長いのはよく見かけるね。

藤崎　何か似た昆虫を見たことがありますね、ナミブ砂漠でしたっけ。濃霧で体に付いた水滴を、逆立ちするようにして口元に集める昆虫。(＊3)

長沼　そうそう。サハラ砂漠に行ったとき、明け方は濃霧に包まれたよ。

藤崎　砂漠というとオアシスがあったり、塩湖があったりしますが、ほかにどういう特徴がありますか。

長沼　特徴としては、たまに雨が降ると水がどどっと一気に流れる。枯れ川、アラビア語では「ワジ」と呼ばれている。一気に水が流れて川になって、それが乾いた跡には、いろいろなものが濃縮されて析出してくる。一般的には塩(えん)(＊4)なんだけれど、いろいろなタイプの塩ができる。

藤崎　どこを流れたか、見てわかるんですか。

長沼　流れた跡があるから地形的にわかるし、見た目も確かにまわりと色が違う。白っぽかったり、黒っぽかったり。

＊2　兵庫県生まれの哲学者（1889〜1960）。代表作の一つ『風土』（1935年）では、アジアからヨーロッパにわたる地域で、風土的特質と人間の世界観や生き方などとの関係を考察している。

＊3　キリアツメゴミムシダマシの仲間。日本にはいない。
http://www.affis.or.jp/konchu/mushi/mushi93.htm などを参照。

＊4　酸と塩基とが中和して生じる化合物の総称。いわゆる塩(しお)（塩化ナトリウム）は、塩酸（酸）と水酸化ナトリウ

ム（塩基）との化合物。

＊塩に強い生き物は乾燥にも強い

藤崎　枯れ川の塩（えん）の話が出ましたけれど、砂漠の環境ではどういうところに興味をもっていますか。

長沼　極限環境とか辺境という意味においては、砂漠の特徴は間違いなく乾燥だね。本当に水分が少ない。水分の少ないところでは、生命活動はなかなか進まない。だけど水分があるんだけれど、事実上ないという環境もあるのよ。

藤崎　そういえば、南極の露岩域のお話をうかがったときにも……。

長沼　うん、南極もそう。乾燥していて、寒くてしょっぱいところという話をしたよね。

藤崎　砂漠の塩湖と同じということですか。

長沼　そう、その塩湖ね。そこも事実上、水がないのと同じなんだけれど。まあ、そういったことを考えると、砂漠のような乾燥地帯にも塩に強い生き物がいるだろうと予想がつく。探してみると、実際にいっぱいいるわけ。砂漠もたまに雨が降ると、それなりに水が流れるからね。そして砂の中からいろいろな成分が出てくる。川の流れには砂の中に溜まっているものが溶け込んでいるから、水があっという間に蒸発して川が乾燥すると、その跡には濃縮された塩が残る。そこに適応というか、耐性を持った生き物が集まってくるだろうと思うわけね。

藤崎　で、実際にいたと。

長沼　そうそう。でも集まってくる理由が塩といっていいのか、乾燥といっていいのかわからない。あるいは、浸透圧(*5)の問題かもしれない。

藤崎　どれが一番重要なファクターなんでしょう。

長沼　どの切り口でいけばいいかわかんないけれど、極限環境の研究者たちは僕自身も含めて、塩というものを中心にすると何となくいろんなものが結びつくことに気付き始めた。

藤崎　それはどういう意味で？

長沼　塩分に強いものをスクリーニングするわけ、つまり探すのね。そうすると、こいつら何にでも強いのよ。

藤崎　乾燥に強いものをスクリーニングしても、同じ結果が出るわけではない？

長沼　乾燥に強いものをスクリーニングするのは、意外と難しいんだ。乾燥させると生えないからね。生えたものを乾燥させるんだけれど、水分が少ないところから生えさせようと思っても生えてこないでしょ。

藤崎　塩分の場合は、濃い塩のところからでも生えるのですか。

長沼　うん、そこそこは生える。そういう意味では、塩でスクリーニングするのが一番簡単かなど。

藤崎　当然、浸透圧の変化にも強いと言えるわけですね。

長沼　強いね。

藤崎　それは、体外と体内のイオン濃度を調節する機構が発達しているということですか。

長沼　発達しているんだろうけれど、そんなもの、どこかで限界がくる。その限界がきた後、こいつら何をしているんだろうと。普通の細胞だったら、細胞内浸透圧がそんなに上がったら死んでしまうというところでも、何とかやっていっちゃうんだ。

藤崎　そのへんのメカニズムは、まだ……。

長沼　まだわからない。細胞内に関すること、オレは弱いんだよ（笑）。

藤崎　そういうところを研究しているんじゃないんですか（笑）。

長沼　やっているつもりなんだけどね（笑）。

＊5　浸透とは、ある物質が溶けた水溶液と溶媒である水が半透膜で接しているとき、溶液の濃度を薄めようとして溶媒が半透膜を通って溶液の方に入り込むこと。浸透圧とは、その浸透する傾向を圧力で測ったもの。浸透圧は溶液の濃度に比例するが、ここで言う濃度とはパーセント濃度ではなく、溶けている物質の粒子の数に関係する濃度（モル濃度）。粒子の数とは、糖（ショ糖）のように分子からできている物質では分子の数、塩のようにナトリウムイオン（Na^+）と塩化物イオン（Cl^-）からできている物質は、イオンの数の合計となる。

＊乾燥に耐える微生物を発見

藤崎　以前、先生に「高イオン強度」に関する話をうかがったことがありますが、そのへんと砂漠のつながりは？

長沼　乾燥や塩分に強いとか、いろんなことを考えたとき、切り口を変えた方がいいのかなと思っているのね。イオン強度がどんどん高まっていく中でもやっていけるものとか……。

藤崎　イオン強度が高いというのは、どういうことですか。

長沼　例えば塩（しお）（NaCl）は、水の中に溶けているとイオンであるNa^+とCl^-になっているでしょ。そのイオン濃度がどんどん高まると高イオン強度。つまり狭い空間に、たくさんの電荷があるわけ、プラス電荷、マイナス電荷がね。それで蛋白質が変性したりする。

藤崎　電気がたくさん流れているというイメージとは違う？

長沼　電気がいっぱい流れることはない。流れる必要はないんだけれど、あちこちに電位差が生じてるわけね。そのために、あちこちで何か変な化学反応がおきてしまう。

藤崎　電位差がたくさんあるということは、代謝にはよさそうな気もしますが。

長沼　代謝に使える電位差というのは電子のやり取り、つまり酸化還元反応で出てくる電位差なの。Na^+とCl^-というのは単なるイオンであって、いわゆる酸化還元にあずかるものじゃないからね。

藤崎　そういうところでは、蛋白質がどんどん変性していく？

長沼　そうそう。だから逆にいうと電離しないもの、電荷を帯びないもので浸透圧を高めることができる。例えばショ糖とかね。ショ糖などは電荷がないと思っていいので、浸透圧を上げていくことができる。それは純粋に浸透圧の研究になるわけ。ところが塩を加えるということは、浸透圧と高イオン強度の二つになってしまう。今まではよくわからなかったんだけれど、よく考えたら高イオン強度の方が大事だなと思うようになってきて……。それで今はイオン強度の方を切り口にしている。例えば鍾乳洞で鍾乳石ができる先端部（写真５）。あそこはまさにイオン強度が限界まで高まっていて、限界を超えた部分が析出して鍾乳石になる。

藤崎　同様に砂漠も雨が降って、塩が濃縮されて析出する直前あたりが絶好のチャンスというわけですね。

長沼　そうそう。だから同じような生き物がいるだろうなと。

藤崎　実際に、いたと。

長沼　うん。実際にいるんだね。

藤崎　それは、よく出てくるハロモナス（第１幕を参照）ですか。

長沼　ハロモナスは弱くて、ハロバチルス（*Halobacillus*）（写真６）というやつ。これは強いね。あとは普通のバチルス。(＊6) 普通といっても、バチルスはたくさんいて、その中のバチルス・

リケニフォルミス（*Bacillus licheniformis*）（写真7）。通称「リケ」。これは結構、世界中で見つかっている。

藤崎　砂漠とかそういうところでも？

長沼　うん。僕がリケを最初に見つけたのが、この鳥取砂丘。

写真5　風連鍾乳洞（大分）の鍾乳石

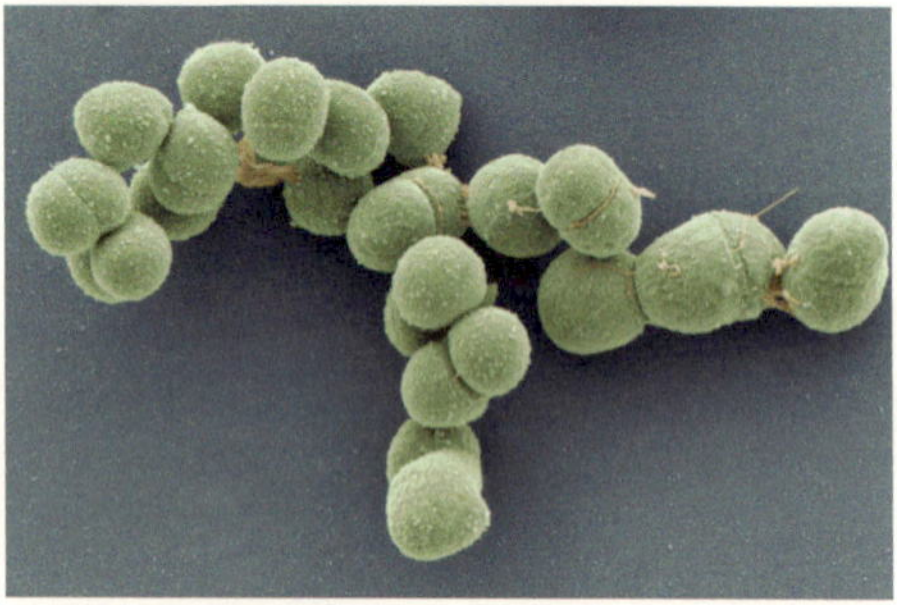

写真6　ハロバチルス（PPS通信社）

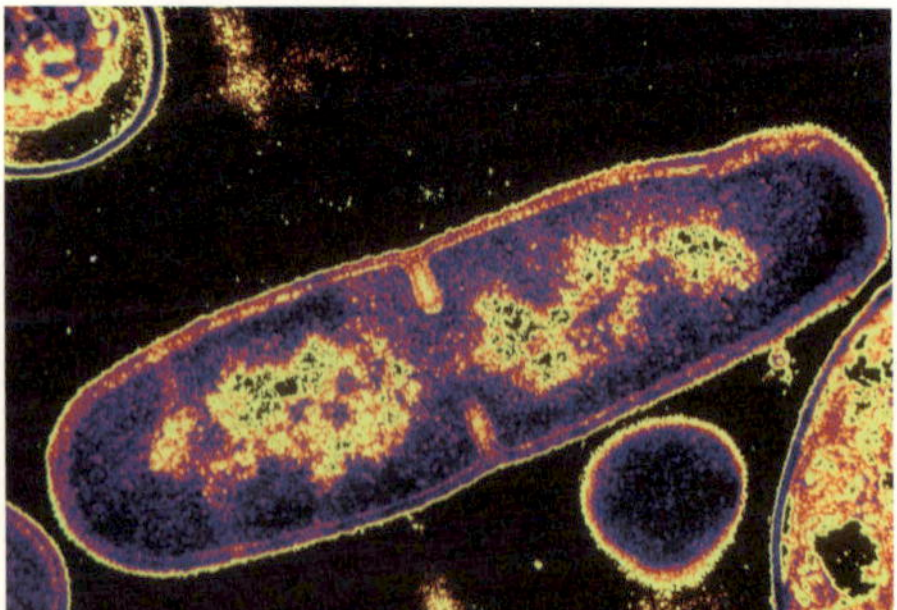

写真7　バチルス・リケニフォルミス（PPS通信社）

藤崎　そうなんですか。
長沼　何がいるのかなと思っていたら、そいつだった。その後いろいろなところでやったら、いつもリケ。
藤崎　サハラもそう？
長沼　そうそう。ゴビ砂漠もそう。あとは鍾乳洞もね。
藤崎　またまた辺境の住人を、新たに発見したということですね。
長沼　そうだね。
藤崎　南極にも当然いる？
長沼　いるね。
藤崎　南極にも、高イオン強度になる場所があるのですか。
長沼　あるよ。南極はしょっぱい大地だからね。
藤崎　そういえば以前にお話が出たＩＰＹ（国際極年）の「ＭＥＲＧＥ」（76ページ、コラム対談２参照）でも、バチルスが発見されたとか。
長沼　２００７年７月のグリーンランドの調査ね。
藤崎　あそこも、南極のような砂漠っぽい環境？
長沼　いや、基本的に氷河。しかも夏の氷河って、表面の氷が溶けて、氷河の上を川のように水がごうごうと流れていた。このときは、バチルスを狙っていて、やはりリケが捕まった。けれどリケじゃないものも捕まえて、これは塩分にも高イオン強度にも弱かった。

藤崎　それらは、どのようにしてそこに来たんですか。

長沼　多分、空から来たんだろうと。空から来たやつというのは、紫外線にも強いはずだし乾燥にも強いはずだから、リケが採れるかなと思っていたんだけれど、違うものも採れちゃってね。

藤崎　弱いというのは……。

長沼　海水塩分くらいで、もう生えなくなっちゃう。こうなると今までの仮説が崩れそうな気がしてね。

藤崎　ヤバい（笑）。

長沼　発見しなければよかった。

藤崎　じゃあ、抹殺しますか（笑）。

＊6　真正細菌目バチルス科バチルス属の細菌。空気中や水中、土壌中などに広く分布している。納豆菌や炭疽菌などは、その仲間。

＊砂漠から日本に運ばれる微生物

藤崎　砂漠に話を戻しましょうか。毎年春になると黄砂が日本にも飛んできますが、この黄砂に乗って微生物をはじめ、いろいろなものが運ばれてきているんじゃないでしょうか。
長沼　そうそう。ゴビ砂漠の東のはずれの方が黄土高原。黄河の上流だね。その黄土高原やゴビ砂漠で巻き上げられた砂ぼこりが風に乗って、日本に黄砂として飛んでくる。その黄砂を、うちの大学の屋上で集めて培養すると、やっぱりリケをはじめ、いろいろと出てくる。
藤崎　日本に居ながらにして、砂漠の微生物研究ができる？
長沼　その通り。それを証明するためにも、ゴビ砂漠へ行ってサンプリングをしてきた。
藤崎　そういうことですか。
長沼　ゴビで採った生き物と学校の屋上で採った生き物は、その表現形で比較すると事実上１００％一緒だね。実は遺伝子的にも、微生物の系統分類でよく使われる16ＳｒＲＮＡ遺伝子ってのが１００％一致してるんだよね。遺伝子型が同じでも表現形が違う、あるいはその逆の場合もあるんだけど、今回はばっちり一致した。
藤崎　表現形とは、見た目が同じということですか。
長沼　まあ、性質だね。それが、ほぼ１００％一致するるんじゃないか。そのあたりのエビデンス（証拠）を得ようと思ってやったら、実際そうだった。これがリケだったからいいけど、おっかないやつだったら嫌だね（笑）。

藤崎　そういうのは、いないんですかね（笑）。だって、ほかにもいろいろな微生物を見つけておられるわけでしょ。

長沼　うん。ほかにもいるよ。

藤崎　デイノコッカス・ラジオデュランス(＊7)（*Deinococcus radiodurans*）みたいに、放射線耐性がやたらに高いやつとかが黄砂に混ざっていたら、ちょっと怖いですね。

長沼　今のところ、そういうものは見つけていない。というより見つける意志がない（笑）。その気になって探せば、必ずそういったものもいるだろうし、今後はどんどん展開していくべき部分だと思う。大陸から風に乗って、いろいろなものが流れてくるわけだからね。

藤崎　微生物だけでなく、中国の環境問題も気になります。

長沼　そうそう。それはヨーロッパ、東欧の国などはもちろん、アメリカ大陸の環境問題も同様だね。北半球の中緯度域で急速に発展している国々は、みんな日本の西方にある。

藤崎　そうですね。

長沼　偏西風によって、東側が迷惑を被ることになるからね。今後、21世紀の大きな問題として出てくるだろうなと思っている。

藤崎　今後の研究として、その点にもアプローチしていかれるお考えですか。

長沼　そうね。われわれは純粋にエコロジーとしてやっているけど、データは、そのままほかにも適用できるからね。必要に応じて広がっていけばいいと思っている。

＊7　第6幕「デイノコッカスはDNAを修復できる」の項（288ページ）を参照。

＊深海底からも見つかった砂漠の微生物

藤崎　地上に限らず、もっと広い範囲で考えてみたいんですが、例えば深海底なども砂漠みたいなものと言われていますけれど、どうでしょうか。やはり全然違うものですか。

長沼　いやいや、荒漠不毛という意味では同じでしょう。植物が生えないし。

藤崎　そうですよね。それは栄養がないから？

長沼　いや、栄養はあるんだ。

藤崎　栄養はある？

長沼　ある。けれど陸地の砂漠は、光はあっても水がない。深海砂漠は、水はあっても光がない。どっちにしても植物は生えないから砂漠だね。

藤崎　水があるといっても塩水だから、やはり塩に強いものでないと……。

長沼　数パーセント程度の塩分なら、そんな中でも生える菌がいる。

藤崎　深海底でも生きている？

長沼　そうだね。

藤崎　そうした深海底の微生物と砂漠の微生物とを比較すると、どうですか。

長沼　砂漠の特徴は乾燥だよね。この乾燥に強いという特徴は、水だらけの深海底では意味がないはずだよね。ところがいるんだよ。

藤崎　乾燥に強いやつがいる？

長沼　うん。これがワケわからない。「おまえら、耐乾燥性能力いらんやろ」と思ったもん。

藤崎　「何を考えとるんや」って。でも、確かに深海底にいると……。

長沼　海底に降り積もって堆積したものかもしれないし、まったく別の理由があるのかもしれない。深海底にも塩分の高い場所があるから、そういうところに適応したのかもしれない。高塩分適応と乾燥適応はパラレルであるとか、似たようなものだということもわかっているからね。

藤崎　深海底から、塩分にも乾燥にも強いものが見つかったんですか。

長沼　塩に強いバチルスは、さっきも出たハロバチルス。これまで深海からハロバチルスを見つけた例はなかったんだけれど、とうとう見つけた。

藤崎　どこで採取したんですか。

長沼　石垣島の黒島海丘のメタンシープ（海底からメタンガスが噴出している場所。写真8）で。あそこには炭酸塩がダーッとあるでしょ。

写真8　黒島海丘のメタンシープ（©JAMSTEC）

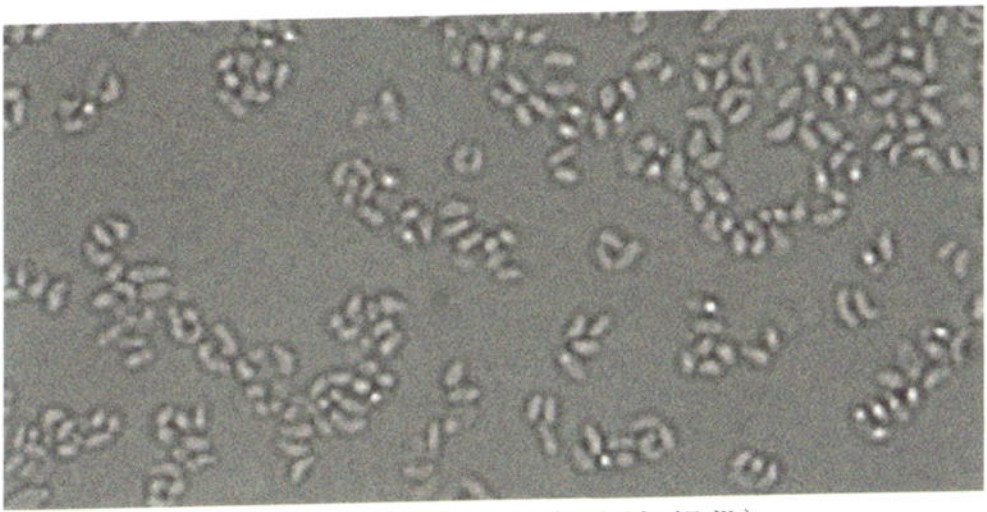

写真9　ハロバチルス・クロシメンシス（長沼毅提供）

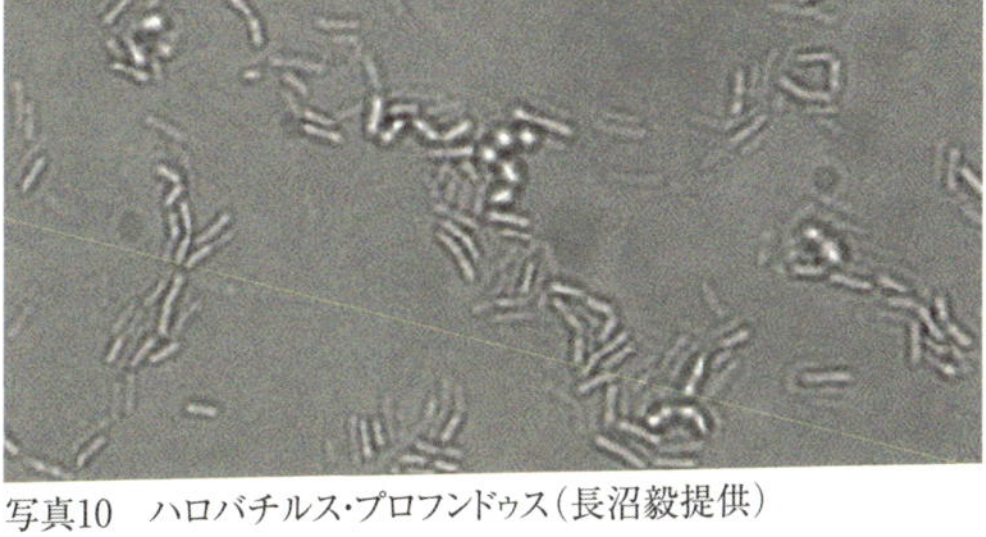

写真10　ハロバチルス・プロフンドゥス（長沼毅提供）

藤崎　鍾乳石みたいなものですよね。
長沼　そうそう。あそこの炭酸塩から拾ったら、ハロバチルスが出た。
藤崎　高イオン強度は、そこでも通用するんですね。
長沼　そうなんだ。ハロバチルス・クロシメンシス（*Halobacillus kuroshimensis*）（写真9）。新種記載した。
藤崎　先生がしたんですか。
長沼　うん。ベトナムから来た留学生がやった。
藤崎　クロシメンシスって、「黒島」ですね。
長沼　それからもう一つ、ハロバチルス・プロフンドゥス（*Halobacillus profundus*）（写真10）。「プロフンドゥス」は「深い」、「深海」という意味。

＊月の砂漠、火星の砂漠

藤崎　深海から、さらに枠を広げて、月の砂漠はどうでしょうか。月の砂漠や火星の赤い砂漠などは、地球の砂漠とはまったく違うものなんですか。
長沼　月も火星も、砂漠をつくっている物質は地球と同じ。地球の岩石が風化してぼろぼろになったら、同じようなものだろうね。月の場合は、できかたに違いがある。水や大気がないから、地球と同じようには風化しない。

藤崎　宇宙線が……。

長沼　そうそう、宇宙線ね。一番多いのがプロトン（陽子）だね。水素の原子核なんだけど、このプロトンがバンバン当たって、それによって削れる。

藤崎　月の砂はレゴリスと呼ばれていますけれど、非常に細かいですよね。実際は砂というより粉。ということは、土砂漠に近いのでしょうか。

長沼　非常に微細な粉末らしいねぇ。鳥取砂丘の砂は０・１㎜とか０・０１㎜とかで、結構、粒は大きい。月はどうなんだろう。土砂漠ねぇ、まあ、そう言っていいかもしれないね。月の砂って舞い上がるイメージがあるけれど、あれは重力が弱いだけじゃなくて、砂がとても細かいせいもあるんだろうね。

藤崎　火星に送り込まれたＮＡＳＡ（アメリカ航空宇宙局）の探査車「スピリット」と「オポチュニティ」の画像を見ると、火星もまさに砂漠で砂も結構、細かいようですね。探査車が砂嵐で、身動きがとれなくなっているんじゃないかという話も出たりします。

長沼　やはり火星も地球に比べれば重力が小さいからね。大気が希薄な分、外から降ってくるものもたくさんあるし。昔は火星にも水があったというから、まずそれで風化が生じて、今は宇宙線によって風化が進んでいるんじゃないかな。

写真11　赤茶けた火星の大地（NASA／JPL）

藤崎　地球も年をとっていくと、やがて火星のようになるんでしょうか。

長沼　なっちゃうだろうね。

藤崎　火星のように赤茶けた大地（写真11）に……。

長沼　火星の場合、水がおそらく光で分解して水素と酸素になって、火星は重力が小さいから水素は宇宙へ出て行ってしまう。それで酸素が残って、薄いながらも非常に酸化的な大気になって……。

藤崎　サビちゃうんですね。

長沼　そうそう。それで表面がサビて赤っぽくなる。でも地球の場合は重力がそこそこあるから、水素もそれほど簡単には出ていかないと思うけど、実際はどうだろう。

藤崎　砂漠化しても、火星のように赤茶けるかどうかはわからない？

長沼　プロセスとしては、火星より時間がかかるだろうなと……。

藤崎　宇宙と生命の話は、もっと後にとっておこうと思いますが、宇宙の話が出たので、ここでもちょっとお聞きしておきましょう。火星はグレーとして、月には生き物はいないんですよね。

長沼　うーん、多分いないだろうねぇ。

藤崎　日本の月周回衛星「かぐや」が、月の起源とその進化を明らかにすることを主な目的として様々な調査を行っていますが、生命という視点で何かデータは出てこないんでしょうか。

写真12　月面のサーベイヤー3号（NASA）

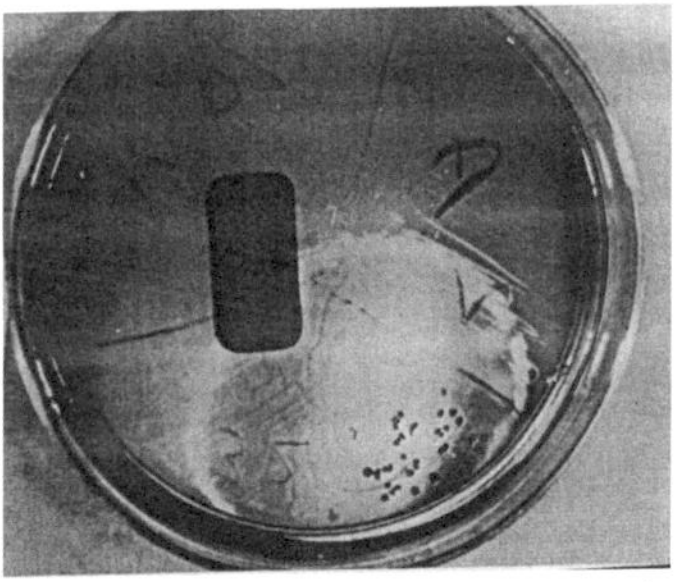

写真13　サーベイヤー3号のカメラから発見された連鎖球菌（NASA）

長沼　ガンマ線のスペクトロメーター(＊8)を積んでいるので、あれで水の存在が明らかになれば、非常にユニークなシグナルになると思う（対談後、「かぐや」は否定的なデータを出したが、さらにその後、他の探査機から水の存在を示唆するデータが得られたと報告されている）。

藤崎　もし水が発見されれば、生き物が……。

長沼　液体の水があるかどうかわからないけれど、水が非常に濃集している場所があれば、そのことの意味も考えなきゃいけない。水が濃集してなくて均一に分布していたら、それは非常に薄い濃度なので、生命が存在する可能性も低くなるだろうね。

藤崎　確かアポロ12号が月面で月探査機サーベイヤー3号(＊9)（写真12）のカメラを回収した際に、中を調べたら地球から運ばれた微生物（写真13）が見つかって、2年半の間、月面で生きていたことがわかったということがありましたよね。

長沼　そうね。あれは連鎖球菌(＊10)だった。

藤崎　今までに幾つもの探査機が月に送り込まれ、月面活動も行われています。その際に飛び散った微生物が、今も生きている可能性はありますか。

長沼　うん。でも生きているというより、死んでいないという程度だろうね。

藤崎　それは、休眠ということ？

長沼　それも、いつかは死ぬ。ゆっくり死んでいくんだろうね。ただ月の砂の中には、水をつくる素材はあるからね。だから月で生活をしようと思えば、何とかして人間が水をつくってい けばいい。月には太陽から飛んでくるヘリウム3がたくさん存在するから、これを使って核融合でエネルギーが得られる。そうすれば砂から水を手に入れることもできるからね。

藤崎　そうすると月の砂漠は、住むには意外と適している？

長沼　意外とね。

藤崎　ただ生き物を探すには、適当な場所とはいえない。

長沼　でも、宇宙から飛んできた生き物が存在するかもしれない。

藤崎　そうですよね。例えば彗星のかけらとか隕石はたくさん月に落ちてますから、その中に生き物がいるかもしれないですね、死んでいるか休眠しているかは別にして。

長沼　もしかしたら存在するかもしれない地球外生命を、月で探すことは意味のあることだと思うよ。

藤崎　先生が取り組んでいる、生命の種が宇宙から運ばれてきたという「パンスペルミア仮説」(＊11)の話にも通じるところがありますね。

長沼　通じるね。

藤崎　生命起源物質を運ぶ、いわゆる「パンスペルミアの方舟」となっている石が、月にボコンと落ちていたら、すぐにでも見つかりそうですね。

長沼　そうだね。欲しいね、そういう石（笑）。

藤崎　まあ、宇宙と生命については後の機会にあらためてお話をうかがうということで、今回はこのくらいにしておきましょうか。だいぶ暑くなってきましたし。

＊8　月面で発生する様々な種類のガンマ線を識別し、そこから10種類以上の元素に関して存在量を測定することができる。もし水素が多ければ、水も存在している可能性が高い。詳しくは下記のサイトなどを参照。
http://www.kaguya.jaxa.jp/ja/equipment/grs_j.htm
http://www.isas.jaxa.jp/j/column/kaguya/02.shtml

＊9　1967年に打ち上げられたアメリカの月探査機。サーベイヤーは1号から7号まであるが、当初はアポロ計画に反映するための技術開発と実証、月面のデータ収集などを目的としていた。3号は「嵐の海」に軟着陸して、初のカラー写真を6300枚撮影、月の土壌をその場で分析するなどした。

＊10　グラム陽性の真正細菌で、球形ないしは卵形をしており、連鎖状になる傾向が強い。

＊11　第6幕の「地球生命の起源は宇宙?!」の項を参照。

コラム対談6　日本では絶対に見られない景色

*砂漠には天井がない

藤崎　砂漠で、今までで一番美しかった場所、あるいは感動したところってどこですか。
長沼　やはりサハラの赤茶けた砂丘だね。
藤崎　赤茶けた砂丘とは？
長沼　うん。砂漠に夕陽が当たって、赤く染まるんだ。
藤崎　夕陽ですか。
長沼　燃え上がるように染まる。
藤崎　日本では絶対に見られない景色ですね。
長沼　そうだね。砂漠は水蒸気が少ないので、光がそのまま通ってくるんだ。
藤崎　日本だと、ブワーっと広がってしまう。
長沼　そうそう、水蒸気があるから。そして真っ赤な太陽が沈むや否や、一気に寒くなる。砂漠の夜は寒いんだ。
藤崎　急に寒くなる？
長沼　普通は地面に水分があり、大気中に水蒸気があるから、昼間暑くなると水が蒸発して気化熱を奪う。夜は、冷えると水蒸気が露になって潜熱を出す。つまり急激に温度変化しにくい。気温の安定化作用が働くわけ。
藤崎　安定化ですか。
長沼　うん。だけど砂漠はそれがないから、太陽が昇ったらパッと暑くなるし、沈んだらサッと寒くなる。1日の間に夏と冬が来るようなもの。
藤崎　気温差は何度くらいになるんですか。
長沼　場所にもよるけれど、30度以上になるだろうね。
藤崎　夜は零下ですか。
長沼　そういう日もあると思う。
藤崎　なるほど。先生の今日の服装は、まさにそんな砂漠仕様ですね（笑）。
長沼　そうそう。この服、サハラで買ったんだよね。
藤崎　サハラで買った（笑）。何民族の服なんでしょう。サハラではみんなそういう格好ですか。
長沼　まあ、こんな格好。多分アラブ人だと思うけど。
藤崎　他にもいろいろな民族の人がいるんでしょうね。

長沼　そうだね、ベドウィンとかベルベル人とか。

藤崎　どういう人たちですか。あんまり砂漠で人に会うということはないと思いますが。

長沼　まあ、ほかに会うのは観光客ぐらい（笑）。

藤崎　やっぱり。内陸というか、奥地の方では？

長沼　奥地は、なかなか用心深い人たちが多いみたいだね。それは政治の状態もあるし、歴史の問題もあるよね、侵略を受けたり……。そういう民族的な歴史は、いろいろあって大変なところだと思う。

藤崎　サハラは、まさに激動の地だったようですね。キリスト教やイスラム教、ユダヤ教もそうだけど、砂漠で生まれた宗教だから一神教になったとよく言われます。実際に、砂漠のような空と砂と自分だけの何もない茫漠としたところにいると、やっぱり唯一神に見下ろされているみたいな、そんな感覚になりますか。

長沼　うーん、どうだろうね。だけど実際には、その砂漠っていうのは英語のデザートであって、別に砂砂漠じゃないわけよ。人が住んでいるんだからね。せいぜい礫砂漠とか岩石砂漠。

藤崎　エルサレムは結構、雨が降るみたいなんで（年間降水量500㎜）砂漠じゃなさそうですが、イエスが生まれ育ったナザレから教えを広め始めたヨルダン川あたりまではどうなんですかね。

長沼　おそらく岩石砂漠でしょう。砂砂漠のど真ん中とは違うね。それでも一応デザートなので、決して自然は人間に対して優しくない。人間に厳しい自然の中で暮らしていると、やはり一神教に行きつく。日本みたいに雨がたくさん降る豊かな土地とは、どうしたって考え方も違ってくるよね。

藤崎　原罪のような、より罪みたいなものを感じる、そういうこともあるのでしょうか。

長沼　原罪のことまでは、よくわからない。キリスト教の特徴ではあるけれどね。でも、イスラム教などには無垢だった人間が穢れてくるという意識があるんだけど、反・原罪意識という意味では、原罪と無縁ではないかもしれない。

藤崎　砂漠という環境・風土の中で、いろいろな人たちが、いろいろなことを感じてきたんでしょうね。

長沼　うん、そうだろうね。水蒸気の話に戻るけれど、大気中に水蒸気がほとんどない分、空が突き抜けているんだよ。日本だと、空を見ても水蒸気が多いから……。

藤崎　もわーっとしてる。

長沼　そうそう。何となく天井があるように感じる。でも砂漠に行くと、天井がない感じがするのね。

藤崎　そのまま宇宙まで突き抜けちゃっているような……。

長沼　そうそう。そうやって空を見上げているから、宇宙から誰かが見ているような気になるのもわかるね。

藤崎　それ、すごく納得できます。夜なんか、余計にそう感じるでしょうね。

長沼　夜は、もう星が……。

藤崎　星、すごいでしょうね。

長沼　瞬かないからね、星が。

藤崎　チカチカしないで、貼り付いている感じなんでしょうね。

第5幕　「スローな生物学」への挑戦

瑞浪超深地層研究所
（独立行政法人日本原子力機構東濃地科学センター）
岐阜県瑞浪市明世町山野内1－64
tel. 0572－66－2244（見学申し込み）

瑞浪超深地層研究所（地下200m）にて

*穴を掘ることの影響を調べる穴

藤崎　今、私たちは地下２００ｍの穴の中にいます。今回やってきたのは、瑞浪（みずなみ）超深地層研究所(*1)で掘削が進められている研究坑道。この研究所は、日本原子力研究開発機構が高レベル放射性廃棄物の地層処分(*2)研究開発の基盤として、深地層の科学研究を行う目的のために設置した研究施設です（写真1〜3）。ここでは実際に立坑や水平坑道を掘削しながら、岩盤の強さや断層の分布、地下水などについて調べています。計画では、深さ１０００ｍ程度まで立坑を掘る予定だそうです。

長沼　ついに、地下まで来たね。

藤崎　もし地震がおきたらと思うと、怖いですね（笑）。

長沼　いや、地下はほとんど揺れないんだってさ。ここの職員の中に、かつて「三陸はるか沖地震」がおきたときに岩手の釜石鉱山の坑道にいた人がいるんだって。でも地下は「あれ、何か今揺れた?」っていう程度だったそうだよ。もっとも、直下型地震だったら別だろうけどね。

藤崎　ここはまだひんやりしていますけど、下に行けば当然、熱くなるんでしょうね。

長沼　１００ｍで約３℃ずつ上がっていくそうだよ。

藤崎　地下水も温泉になる?

長沼　１０００ｍで40℃くらいになるらしい。

藤崎　立派な温泉ですね。温泉といえば、大分県へご一緒したとき、風連鍾乳洞（写真４）に入りましたよね。あそこは「日本一美しい鍾乳洞」というふれ込みで、入ってみたら本当にきれいで、いろいろな鍾乳石のバラエティに富んだショールームみたいな感じでした。今回も同じ地中ですが、ここはまさに地下の坑道。一般的な鉱山の坑道もこんな感じなんでしょうか。

長沼　まあ、地下に穴を掘って道を造れば、それは坑道ってことになるわけだからね。もちろん、これは研究用として掘られているので、たくさんの目的を持った穴というか、坑道ということになる。もともとは地球の内部がどうなっているのか、実際に穴を掘って調べようという狙いがある。それを調べるためにはどういう穴を、どういうふうに掘ったらいいかを考えて掘削が行われている。

藤崎　地球の内部を研究するための穴ということですね。その研究とは？

長沼　地球の中にこんな大きな穴を掘ったら、いったい何がおきるんだろうかということね。岩盤はどう変形するんだろうとか。例えば、この穴そのものも、周りの岩盤の力を受けて変形しちゃうはずなんだ。今はまん丸の円柱状に掘り進めているけれど、長い時間がたつと多分、楕円になっていく。そして、やがては潰れてしまうというか、崩れちゃうと思う。あとは水の出方ね。今、この坑道の内部にも水がジャバジャバ溢れているけれど、その分どこかで水が涸れてしまうわけ。つまり穴を掘ることによって、穴そのものも外部からの力が加わったり、水が出たりして、いろいろな影響を受けるし、穴の周りにもいろいろな影響が出てくる。そもそも地下に穴を掘るとはどういうことなのか、まずはそれを調べようというのが一つの目的。同時に、穴を掘って初めてわかることもたくさんある。地中深くに存在する岩石の様子やその分布、地下水が出てくる様子、そしてそこに棲んでいる生き物たちの様子もわかってくる。とにかく、たくさんの意味や目的があって、何を研究する穴かと聞かれても「多目的」としか答えようがない。

藤崎　穴を掘ることについては、今までさんざん鉱山とかを掘ってきて、おおむねわかっているのではないんですか。

長沼　鉱山を掘る場合は、目的がはっきりしている。鉱物資源を採るため、利益を出すために

写真１　地下200 mに降りるエレベータ

写真２　地下の様子をモニターする機器

穴を掘る。もちろん人命優先で、そのために坑道が崩れないようにする技術開発などはとても進んできている。

藤崎　穴が変形しないようにするにはどうすればいいかということも、多分わかっているわけですよね。

写真３　エレベータの立坑を上から覗く

写真４　風連鍾乳洞の様子

長沼　もちろんわかっている。ただし、これだけでかい穴を、研究のために縦に１０００ｍ掘った例は世界でもない。

藤崎　それこそが新しい試み？

長沼　そうそう。もちろん、掘り方もいろいろ工夫している。周りの環境にダメージを与えないようにするとかね。われわれも地下に棲んでいる微生物の研究をするから、その点は注意している。もちろん穴を掘ることによって地下環境は変わってしまうんだけれど、どういうふうに変わっていくかということもモニタリングしながら進めている。影響は絶対あるけれど、その影響が、どこまで、何年くらいかかって及んでいくのか。さらに、その後何年くらいで、もとの環境に戻ってくるのかということもモニタリングしている。

藤崎　水が出たらその水を調べるとか……。

長沼　もちろん、調べる。

藤崎　穴を掘って水が出ても、すぐには土留めしないで……。

長沼　した方がいいと思うけど（笑）。

藤崎　必要なことを調べて、どういう影響が及ぶかを見ながら安全策をとる？

長沼　つまり、ここは穴を掘るというエンジニアリング的な基礎研究の場であり、過去の工学的な経験を活かした応用の場でもある。そして同時に、サイエンスの面でも調べることがたくさんあるのよ。だから本当にこのミッションは複雑なんだ。それぞれのミッションを遂行しながら掘っていくので、普通の掘削に比べると、やっぱり掘り進む時間も長くかかる。

＊1　詳しくは下記を参照。http://www.jaea.go.jp/04/tono/shisetsu/miu.html

＊2　地下数百メートルより深い（日本の法律では300m以深の）安定した地層中に隔離する処分方法。人間やその生活環境に対する放射性廃棄物の影響が、長期にわたって及ばないようにすることを目的としている。

＊地球内部の実験室

藤崎　いろいろな工学的・科学的な目的を持って、この穴は掘られているわけですが、究極の狙いは、特定放射性廃棄物(＊3)を地下に入れたらどうなるかということの前段階の研究ということですよね。

長沼　2000年5月に「特定放射性廃棄物の最終処分に関する法律」が制定された。それに従って粛々とその準備を進めるにあたり、現在、地層処分の基礎的な技術開発が進められている。やがては実際にどこかで地層処分が行われるんだけれど、そのときに出てくるであろう問題を検討し、解決する場として、ここでいろいろな研究が行われているわけだね。

藤崎　それがそもそもの理由だけれど、それだけにとどまらず、いろいろな研究も……。

長沼　もちろんそうだね。これは、ある意味で地球の内部に実験室をつくるようなものだから

写真５　土岐の花崗岩（東濃地科学センター提供）

ね。主たる目的は地層処分の技術開発に関することだけれど、ほかにも今までできなかったいろいろなことができる。それから、もちろん岐阜県の瑞浪という場所に穴を掘っているわけだから、わかることは瑞浪の地質だったり、瑞浪の地下水だったりという非常にローカルな話だけれど、研究内容としてはユニバーサルでジェネラルな——われわれの業界では「ジェネリック」って言うんだけれど——方向を目指している。

藤崎　何でここが選ばれたのか、科学的な理由はあるんですか。

長沼　地層処分をするに当たっては、まずどういうところにものを置けば安全だろうかということがあるよね。地下にある岩にもいろいろな種類があるけれども、大きく分けて堆積して固まった堆積岩とマグマが冷えて固まった火成岩がある（堆積岩や火成岩ができたあとさらに高温高圧で変質した「変成岩」という岩石もある）。堆積岩の方は、北海道の幌延町に幌延深地層研究センター[＊4]という、ここと同じような研究施設がつくられて、掘削が行われている。もう一つは、やはり花崗岩[＊5]（写真

５）の中に深い穴を掘りたいという願望があって、ここが選ばれた。このあたりは花崗岩が比較的地表近くに存在しているからね。露出はしていないけれど、近いところに存在しているっていうところがいい。土岐の花崗岩と呼ばれていて、昔から非常に有名なんだ。
藤崎　ああ、そうなんですか。
長沼　しかも、ここには先行研究としてたくさんの研究用の穴がボーリングされていて、すでに地質学的、地下水学的なデータがあるからね。もうこれ以上のベストな場所はない。
藤崎　日本のほかの場所で、これくらい花崗岩が浅いところまできているところはないのですか。
長沼　まあ、あることはあるけれど、とにかくここはいろいろなことがよくわかっているからね。花崗岩は断層が入ったり亀裂が入ったりして、複雑な構造を成している。それは日本中どこもそうなんだけれど、ここではそういった花崗岩の中の構造も、比較的わかっている。つまり、これまでの知見、経験が豊富ということだね。
藤崎　ところで、ここで行われている研究の中で、生物研究についてはあまり紹介されていないようですけれど、何か理由があるんですか。
長沼　ちゃんと行われているんだけれど、日本原子力研究開発機構のミッションとして、特に瑞浪超深地層研究所のミッションとしては、微生物研究はまだ高らかに謳（うた）う段階に達していないということだね。確かに微生物は存在するし、重要な役割を担っているらしいことはわかりつつあるけれど、まだ時機尚早であると。したがって、それは大学やその他の研究機関の研究者との連携において進めていくという考え方。

藤崎　これから成果がどんどん積み重なっていけば、紹介されることもあるということですね。

長沼　そうそう。とにかく、研究はこれからだからね。

＊3　発電用原子炉から出る使用済み燃料の再処理後に生じた残存物を固形化したもの。詳しくは下記などを参照。
http://law.e-gov.go.jp/htmldata/H12/H12HO117.html

＊4　詳しくは下記を参照。http://www.jaea.go.jp/04/horonobe/index.html

＊5　結晶が粗く粒のそろった白っぽい岩石で「御影石」とも呼ばれる。一般に地下深部でマグマがゆっくり冷えて固まったもの（深成岩）とされるが、浅い場所でもできることがある。土岐の花崗岩は、そのいい例である。

＊不透水層の下が本当の地下？

藤崎　瑞浪超深地層研究所で、この立坑を掘り始めたのはいつからですか。

長沼　２００３年７月に掘削工事が始まった。

藤崎　１０００ｍに到達すれば、日本で一番深い科学用の立坑になるのですか。

長沼　そうだね。

藤崎　世界には、もっとすごいところがあるのですか。

長沼　1000mまでいけば、世界でも最高の研究施設だろうね。
藤崎　ドイツには、9000mまで掘った穴があると聞いていますけれど。[*6]
長沼　ああ、それは人間が入れない、調査用のボーリング坑だよ。
藤崎　ロシアの1万mというのも……。[*7]
長沼　あれもボーリング坑。
藤崎　人間が入れるくらいの大きさで1000mというのは、世界にもない？
長沼　研究用で縦に掘ったものはね。
藤崎　研究用でないものだと存在するのですか。
長沼　商業用の鉱山などではあるね。
藤崎　なるほど。海洋では深度200m以深を深海と呼んでいますが、地下の場合、何かそういう定義はあるんですか。
長沼　地面の下はすべて地下。つまり海面の下を海中と言うのと同じように、地面の下はみんな地中だね。「地中」と「地下」は、言葉上はあいまいに使われているけれども、まあ、同じようなものだね。一般に地下鉄とか地下街といった地下の空間利用は、概ね30mぐらいまでと言われている。ただ最近はもうちょっと深いところまで、さらに利用拡大しようとしているようだね。それでも人間の生活圏に入ってくる地下は、せいぜい100mいくかどうかという印象はあるね。東京に造られた大雨のときに地下に水を溜めておく施設とか、沖縄や鹿児島の離島に造られている地下ダムも１００ｍ以内だよね。[*8]

藤崎　地下ダム？

長沼　地下水の流れを地下でせき止めて、その水を汲み上げて利用しようというのが地下ダム。かなり深いところにもあるけれど、そうはいっても、やっぱり１００ｍぐらいかなという印象がある。

藤崎「地底」という言葉もありますけれど、これは科学的には意味を持ちますか。

長沼　ないね。イメージだろうね。

藤崎　地の底っていわれてもねぇ（笑）。

長沼　確かに地下というのは人によって言葉遣いがあいまいで、目的によって地中と言ってみたり、いろんな呼び方がある。けれど、いわゆる海洋の「浅海」と「深海」の境界ほどはっきりした区分はないと思った方がいい。

藤崎　山の中腹に掘った穴とか、洞窟も地下に含まれるのでしょうか。

長沼　まあ「地面の中」という意味だから、そういうことなんだろうけどね（笑）。

藤崎　要するに、土を掘って入ったところが地下ということになる？

長沼　厳密にいえば、トンネルみたいな横穴を掘った先は山の内部。地下という感じはしないけれど、地中という感じはするね。だけど、その横穴からさらに横穴や縦穴を掘って、またそこから横穴や縦穴を掘って迷路みたいになったら、もう区別がつかない（笑）。

藤崎　あと深海との比較で言うと、海底の地下である「海底下」という言葉と、陸上の地面の下の「地下」は、何か違うんですか。

長沼　どうだろう。まあ、びちゃびちゃと水があるかどうかの違いじゃない？

藤崎　それだけですか。

長沼　海底だって、ずっと深くまで行けば、それは陸上の深いところとそれほど変わらないはずだからね。正直なところ、マントルの深い方なんかは、ほとんど変わらないんじゃないかな。

藤崎　プレートの種類は違いますよね。

長沼　海洋プレートと地上プレートは確かに違うね。

藤崎　そこまでいけばの話で、上部の堆積層はあまり関係ないですか。

長沼　何が違うかというと、海底下であれば海水がずーっと浸透しているから、ある意味では地下水の流動が非常にゆっくりしているか、もしくはほとんどない。でも陸上であれば、地下水流動がかなり問題になる場合が多い。陸上や地下の上部は水がなくて乾燥しているところで、専門的には不飽和帯と呼ばれるんだけれど、そこには空気が入り込んでいるから、一種の酸化的な場になっている。酸化帯と思っていい。さらに地下に進むと、途中でもちろん酸素は消えて、その下に水が出始める。つまり飽和帯が出てくる。まあ、そういう構造があるんだね。でも、海底には不飽和帯はまずないと思った方がいい。

藤崎　全部飽和している？

長沼　ガスハイドレート[*9]の下の方などにはあるんだけれど、それはちょっと例外的な存在だね。つまり陸上地下の場合は不飽和帯、飽和帯があって、そういう不均一なところを地下水が流れるという現象がある。

藤崎　海底下では流れない？

長沼　非常に緩慢なのか、ほとんどないと言っていいのか、まだちょっとわからない部分があるけれど。海底下における水の流れに関する研究は、これからもっとやった方がいいと思うね。

藤崎　一般的な定義はかなりあやふやですが、長沼先生としては、ここが地下だという思いはありますか。自分的な定義というか……。

長沼　一般的に、降った雨は地中に浸透して、それがどこかで出てくる。例えば河川を流れる水の大半は、一度地中に浸透して再び出てきた水でしょ。そういう降った雨が地中に浸透してから比較的すぐに出てくるような深さまでは、表層っぽいなと思う。

藤崎　なるほど。逆に言うと、その水が地下水として溜まるところあたりが境目？

長沼　うん。溜まるというか、降った雨は普通は土の中をどんどん深くまで浸透していく。つまり下に向かって移動するんだけれど、場合によっては地表にまた出てくる。山に降った雨が、山の麓で湧き出てくることってあるでしょ。

藤崎　出てきますね。

長沼　伏流水のようにね。そういった範囲の深さの地下は、表層っぽいという感じ。何となく、研究の対象としては違うものかなと思う。

藤崎　逆に、堆積岩でも地下として考えてよいところもある？

長沼　降った雨が、地表に出てこなければいい。ここの堆積岩もそうだよね。

藤崎　花崗岩から先が地下だということでもないわけですね。

長沼　うん。そういうことでもない。本当は途中に水を通しにくい不透水層があって、不透水層の上側が、だいたい降った雨がすぐに溜まって人間に利用されたり、あるいはどこかで湧き水になって出てくる。そして不透水層の下側には、ちょっと違った水の循環がある。循環と言っていいかわかんないけど、とにかく水の流れがある。その不透水層もいくつか層があって、第一不透水層、第二不透水層って言われるけれど、そのうちの二つ目か三つ目か、下の方を研究対象にしたいと考えている。

藤崎　不透水層って、何でできているんですか。

長沼　主に粘土質。

＊6　ドイツのバイエルン州で1990年から掘削され、1994年に9101ｍで掘り止めされた。
＊7　ロシアのコラ半島で1992年に1万2261ｍまで掘削された。
＊8　首都圏外郭放水路のことで埼玉県東部の地下に建設された。立坑の深さは約60ｍである。詳しくは下記を参照。
http://www.ktr.mlit.go.jp/edogawa/project/g-cans/index.html
＊9　ガスハイドレートとは、水分子の〝カゴ〟の中に他の物質の分子が入りこんだもの。海底など低温、高圧力下で生成される。

＊地下生命圏研究のはじまり

藤崎　先生は、こうした地下で主に生命を探していらっしゃると思うんですが、最初に地下に生き物がいると言い出した人、あるいは発見した人って誰なんですか。

長沼　言い出しっぺは、ずいぶん古くからいる。もう神話の世界から言われている。

藤崎　いや、科学者として……。

長沼　1920年代には、そういうことを言った人がいる。もちろん畑とか土の中にも微生物はいるけど、そうじゃなくて、もうちょっと深いところにもいると言い出した。

藤崎　それまでは、例えば穴を2～3ｍ掘ると、もうそこには生き物はいないという概念だったんですか。

長沼　ミミズやモグラがいる範囲までは、普通に微生物もいるだろうと思われていた。それより深い世界になるとミミズもいないし、モグラもそこまで穴を掘らないから、土もしまって固くなっている。そういうところには生き物はいないだろうというのが、普通の人の考え。ただ、しまってない土なら微生物はいるだろう、という考えはあったようだね。例えば海底であれば、かなりの深さまで柔らかい泥が堆積しているから、そこを掘った人はいくらでもいる。１９００年代の半ばころにも、そうした研究が行われている。

藤崎　ボーリングで？

長沼　ボーリングというか、ピストンコアという方法で。

藤崎　ピストンコアって、パイプを海底に突き刺すようにして泥を採ってくるやつですね。

長沼　海洋微生物学の父と言われているクロード・ゾベル（１９０４〜１９８９）という先生がいる。スクリップス海洋研究所にいたゾベル先生と、当時、その弟子だったリチャード・モリタという人が、海底下数メートルの泥から微生物を採ったという研究がある。

藤崎　それが、地下生物についての研究としては最初ですか。

長沼　最初と言ってよいかどうかはわからないけれど、僕がはっきりわかっている中では相当古いね。ちなみにリチャード・モリタっていうのは、日系人で初めてアメリカの大学教授になった人。

藤崎　陸上の地下で、微生物を最初に発見した人は誰ですか。

長沼　最初かどうかわからないけれど、僕が知っている中ではスウェーデンのカーステン・ペダーセンという研究者がいる。彼はもう30年前からやっていて、草分け的な存在と言ってよい。ただ彼が言う地下は、それこそ数百メートルレベルのとても深い地下で、地下数十メートルだったらどうかというと、ちょっと記憶が定かでない。

藤崎　数百メートルで、実際に発見した？

長沼　そう。実際に発見していて、彼らの調査の舞台であるエスポ鉱山にちなんだ名前をつけたりしてる。デスルフォビブリオ・エスポエンシス（*Desulfovibrio äspöensis*）とか。

藤崎　その後は誰がリードしてきたとか、どこの国がリードしてきたということはありますか。

長沼　特にリードということはなくて、あちこちで同時多発的に行われている。

藤崎　どこが進んでいるということはない？

長沼　この分野は、まだ人数が少ないので競争にならないね。みんながチャンピオンデータを持っているから。特に国や研究財団が力を入れているという点では、スウェーデンが一つ。それからアメリカ、イギリス、カナダ、フランス、そして日本。

藤崎　ドイツとかロシアは？

長沼　ああ、もちろんドイツもやっている。確かにドイツは深い穴を掘っているけれど、意外と微生物は着目されていなかったね。ロシアもやたらに深い穴をいっぱい掘っているのね。例えば地球上で一番深い穴は、さっきも出てきたけれどロシアのコラ半島にある穴で、これは1万ｍを超えている。でも、そこからはあまり科学的な成果は上がってないし、まして微生物についてのレポートはない。

藤崎　地下生命圏というと、必ずトーマス・ゴールド(*10)（1920〜2004）の名前が挙がりますが、やはり一番有名なのですか。

長沼　彼の最大の業績は、地下に生物がたくさん存在し得ると提唱したこと。その「たくさん」というのが、半端な量じゃない。われわれが今まで知っている普通の生物圏の全部の微生物の100倍から200倍はいる、いてもおかしくないということを言っちゃった。

藤崎　予想として言ったわけですね。

長沼　そうそう。彼は突拍子もないことをいっぱい言うんだけれど、いろいろなデータに基づいて、ちゃんと綿密に考えてるのね。「これには反論できんだろう」という形で言ってくる。

藤崎　なるほど。

長沼　「確かに、一理あるなぁ」という面もある。それを真に受けると「地下生物圏ってすごいよね」ということになる。そうやってみんなの関心を集めて、調べてみようという研究者の数を増やしたことは、大きな業績だと思う。

藤崎　ちなみに、日本では先生が最初ですか。

長沼　いや、別に誰が最初かなんてわからない（笑）。ただ１００mを超える地下からサンプルを採ってくるというのは、それなりの道具も必要だし、まず何より穴が必要だよね。

藤崎　ええ。

長沼　サンプルがきちんと採れる穴ね。われわれは微生物を採るので、汚染された穴は使いたくない。その穴がきれいな穴じゃないと困る。最初からきれいに採るつもりで掘った穴というのは、当時はこの東濃地域の東濃地科学センターで掘った穴しかなかった。そこで、われわれが初めてやったから、多分われわれが初めてなんだろうなと。まあ、日本の中で一番乗りといっても大して威張れたもんじゃない。

＊10　オーストリア生まれの天体物理学者。１９５９年から１９８７年まで米コーネル大学の天文学教授だった。フレッド・ホイルらとともに「定常宇宙論」を唱えたこと、および石油の無機起源説を唱えたことで有名。著書に『未知なる地底高熱生物圏』（大月書店）などがある。

＊地上に匹敵するバイオマスが地下に存在

藤崎　トーマス・ゴールドが「半端な量じゃない」と言っている地下には、実際のところ、どのぐらい生き物がいるとお考えですか、今のところの先生の予想としては。

長沼　いろいろな人の研究論文のデータを集めると、妥当な線としては、地下には10の30乗個の微生物細胞がある。
藤崎　数を聞いてもピンとこないですね（笑）。例えば、重さだとどれくらい？
長沼　重さといってもね……。まあ、大雑把に言えば「ウン兆トン」かな。
藤崎　およそ1兆トンの桁ですか。ところで地上にいる生き物の全バイオマス（生物量）って、どのくらいでしたっけ。
長沼　動物とか人間はたいしたことない。事実上、植物だけで決まるといっていいんだけれど、地球上の全植物を合わせると、やはり1～2兆トンぐらいかな。
藤崎　ということは、量的に地上の生き物とほぼ匹敵する？
長沼　匹敵する。ただし植物の場合、木の幹とかはセルロースが主体で、バイオマスといっていいのかよくわからない。
藤崎　ああ、生物的じゃない部分が多いと（笑）。
長沼　セルロースは確かに生物である植物の細胞壁なんだけれど、いわゆるリビングバイオマスといっていいのか、もう半分はデッドバイオマスになっているのか、わからない部分がいっぱいあって、そのままでは微生物と比べられない。例えば植物の場合、死んだ後も木材として使ったりする。それはデッドバイオマスでしょ。でも、よく考えたら今そこに生えている木だって、デッドバイオマスの塊のような気がする。

藤崎　外側は多分死んでいるでしょうね。
長沼　そうすると植物のバイオマスの1兆トンという値のうち、本当にリビングなのがどれくらいか、ちょっとわからないよね。それに対して、地下微生物というか地下生物のバイオマスは、1兆トンだったらそのまま1兆トンのリビングバイオマスといっていいと思うのね。

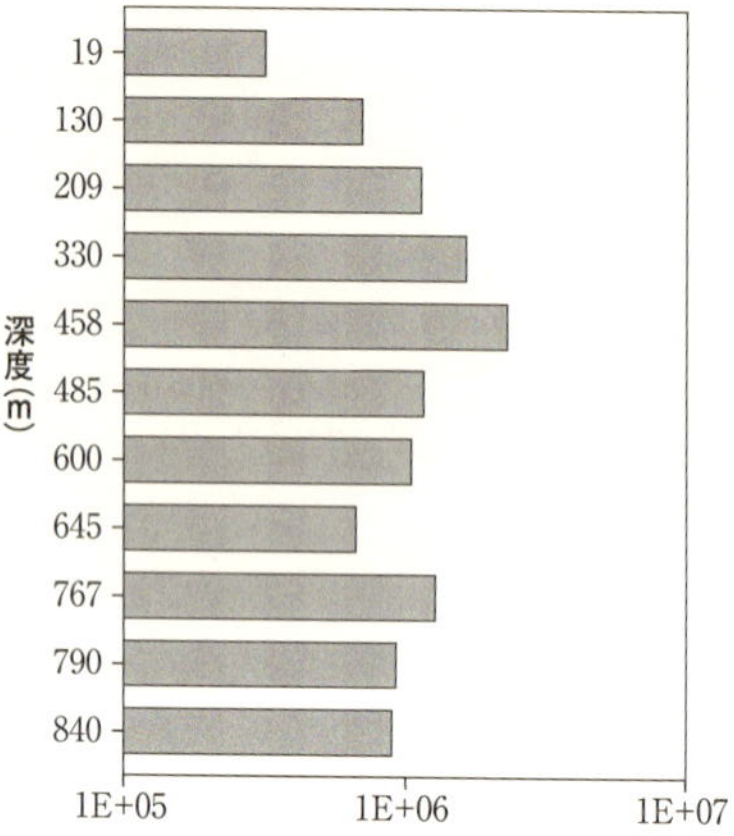

図1　東濃地科学センターの試錐孔における微生物全菌数(細胞数/ml)

＊地下生命の分布は不均一で複雑

藤崎　ところで地下世界ってすごく広大ですが、そこにいる1兆トンくらいの生命は、どのように分布しているのですか。あるいは、どのように棲み分けているというか。どういうやつが、どういうところにいて、どんな暮らしをしているのですか。
長沼　それは、まだまだ研究途上なんだけどね。当初は、地下の浅いところにいっぱいいて、深くなるにしたがってだんだん減っていき、どこかの深さでゼロになるという考え方もあった。確かに、そういう傾向性が見られなくはないし、そういう場所もあるけれど、深いところまで数がほとんど変わらない場所もある（図1）。そうなってくると多い少ないのばらつきはあるものの、概ね同じような数量で散らばっているのかなと……。もちろん存在深度の下限はあったけれど。

藤崎　下限までは、ほぼ均一？

長沼　うん。東濃でも、多い少ないのモザイク様のパターンはあると思うけれどね。

藤崎　パッチ状に分布しているわけですね。あと、下限というのは何で決まるのでしょうか。

長沼　分布の重要なパラメータとして考えられるのは温度。分布の下限はおそらく温度で決まっている。現在知られている生物の最高生育温度については122℃という記録があって（148ページ参照）、記録更新されたとしても、まあそんなもん。

藤崎　その温度でも増えることができる？

長沼　増えるというか、まあ、耐えられる。増えるのは、もうちょっと低めの温度ね。そうはいっても110℃ぐらいかな。そのあたりが多分、温度の限界だろうね。地中の温度は深くなればなるほど上がるから、110℃とか120℃に達したところが、地下生物圏の下限を縁取ると思われるのね。

藤崎　深さにすると、どれくらいですか。

長沼　平均すると5㎞くらいかな。だから、およそ5㎞までは、パッチ状に多い少ないの不均一性を示しながらも、概ね同じような感じで分布しているだろうと。では、その中でどんな生き物がどこに棲んでいるのかというと、もちろん深い方には好熱菌という高い温度で生えるものが棲んでいるに違いないだろうね。好熱菌がいったいどんな性質を持っているかというと、例えば普通に有機物を食うものもいるし、あるいは化学合成独立栄養生物、つまり二酸化炭素と水素から自分の体をつくるものもいる。

ただ、そのあたりは能力によって必然的に棲み分けているのか、あるいは、たまたまそういう能力を持ったものが偶然いるかいないかは明らかではない。つまり考え方としては両面あるわけ。理論的にこういう生き物が必然的に存在し得るという話と、現実には偶然の結果としてこういうグループしかいないんだからという話とね。

藤崎　どこに何がいるかを安易に決めることはできない？

長沼　理論的な面から言えば、堆積岩の中には有機物が多い岩もあるから、有機物が多ければ、従属栄養微生物が有機物を食うだろうなと。一方の火成岩、つまり花崗岩のようなマグマが固まった岩の中には有機物は少ないから、自分自身で有機物をつくり出すような化学合成独立栄養微生物が目立つだろうなということは想像できる。けれど多分、現実は違っているだろうね。というのは、花崗岩の中にも割れ目を通って水が入ってくる。その水が有機物を含んでいれば、もちろん有機物を食う微生物も入るでしょ。

藤崎　ああ、なるほど。

長沼　あるいは火成岩である花崗岩の中で独立栄養微生物が栄養をつくり出せば、今度はそれを食うやつも生きることができる。

藤崎　そうですね。

長沼　今まで無機物の世界だと思われていたところに、有機物がどんどん蓄積してくるのが地下生物圏だからね。ある程度の時間がたてば、いろいろな生き物がいてもいいんじゃないということになる。

藤崎　なるほどね。結果的にはどこも同じような感じで、植物のような独立栄養のやつがいて、それを食うやつがいて、という関係が時間がたてば成立し得るわけですね。

長沼　だけど、どれだけの時間がたっているのか、あとどれだけ時間が必要なのかは、ちょっとわからない。

藤崎　今現在の状況しか見えないと……。

長沼　そう。今いる微生物の種類と分布を見ることはできる。浅い方に酸素に強いものがいて、ちょっと深場に入ると酸素にやや強いものとやや弱いもの、つまり微好気性生物がいる。その下には酸素に弱い嫌気的なものが出てきて、その中にも硝酸還元するとか、硫酸還元するとか、あるいはメタンをつくるとか、いろんな能力を持ったものが順繰りに存在する……。こういうモデルが一番考えやすい。

藤崎　理論的には、非常にわかりやすいですね。

長沼　これは、地下における酸化還元状態の勾配(*11)があるからだよね。ただし実際の土の中はそれほど一本調子じゃない。すごく不均一性があるわけ。「こんな環境が、こんな浅い場所にあっていいの?」とか「こんな深い場所なのに、意外と酸化的なんだ」とかね。

藤崎　そんなところもあるんですか。

長沼　うん。結構モザイク状というか、不均一なのよ。

藤崎　意外に複雑なんですね。

長沼　そうそう。だから今現在の微生物の存在――「この種類が、ここにこれだけいる」ということはわかるけれど、それを解釈するに当たっては、まだちょっとデータが足りないと思う。もちろん、まずマクロな視点から地下環境の環境勾配、酸化還元の勾配をイメージすることは大事。それに基づいて研究の方針を立てることも大事だけれど、実際にはミクロのレベルで不均一性があることをよく認識しないと、得られた結果の解釈に困ると思う。

藤崎　マクロの環境にあまりこだわりすぎるとよくない?

長沼　実際にわれわれが地下に穴を掘る場合、せいぜい直径10㎝くらいの穴を掘って、そこからコアと呼ばれる円筒状の岩石サンプルを得たり、あるいは地下水を採るんだけれど、それは地下の環境から見たら非常に狭い範囲のスポットでしかないわけ。
藤崎　そうですよね。
長沼　スポット的なデータをたくさん集めて、何か大きな絵を描こうと思っても、本当は無理なの。まだまだ足りない。
藤崎　もっといっぱい開けるしかない？
長沼　そうそう。だけど普通のボーリングに比べて、研究用のボーリングには10倍くらいのお金がかかるわけね。
藤崎　そうなんですか。
長沼　だから、そんなにたくさんは掘れない。１年に１本とか２本を掘るのが精一杯なの。そんなことを20年やったって、20〜40本でしょ。それで地下がわかるかといったら、わかるわけがないよね。
藤崎　わかんないですね。
長沼　だからこそ今回われわれが入ったような大きな穴を掘って、そこにラボをつくって、いつでも研究者が地下にアクセスできる、定点観測もできる、実験もできるようにするということが大事なのかなと。今までは、こういった大きな施設がなかったから、なかなか地下の様子がわからなかった。

藤崎　有機物も食べるし、自分で栄養もつくり出せる、そういう生き物が地中の浅いところから深いところまで、満遍なくいたりするかもしれませんね。

長沼　メタン生成菌というとても面白い微生物がいる。二酸化炭素と水素からメタンをつくる生き物で、これは普通に考えたら地底の結構深いところにいるはずなんだけれど、浅い方からも採れる。

藤崎　そいつは有機物も食う？

長沼　有機物を取り込んでメタンもつくりながら、自分の体もつくっちゃうのね。独立栄養なんだ。メタンの生成は、普通は有機物を腐敗・分解して行う。そうでなくて、二酸化炭素と水素をくっつけるんだ。

藤崎　なるほど。

長沼　それが、探してみると意外に浅い方からも採れるということは、地下の深い方の環境と似たような環境が、実は浅い方にも存在しているわけ。

藤崎　ミクロに見ると、そういうところもあると……。

長沼　大局的には、浅い方は酸素が結構あって好気的に思えるんだけれど、ミクロに見ていくと嫌気的で深い方の環境に似た場所もあり得る。地下生物研究においては、そういった視点、われわれも経験によって初めて知り得たんだけれど、そういったことが大事だろうなと思う。

その一方で、もちろん大局的な見方も大事なんだけれどね。

＊11　酸化還元電位差と言い換えることもできる。水は高いところから低いところへ流れるが、その位置の差（勾配）が大きいほど勢いよく流れて、多くのエネルギーを生み出す。同様に電子は還元力の強い物質（燃えやすい）から酸化力の強い物質（燃えにくい）へと流れる。その差が大きいほど、多くのエネルギーが生じる。

＊長い時間スケールで生きる地下生命

藤崎　どこに何がいるのかもまだわからない状態で、さらに難しい質問をさせてもらいますが（笑）、いったい地下で微生物たちは何をやっていると考えられるんですか。つまり地球環境に対してどういう役目を果たしているのか、どういう影響を及ぼしているのかということです。

長沼　地球の表層環境に対して？　それとも地下環境も含めて？

藤崎　表層環境もあるでしょうし、地下環境も含めて。

長沼　そうだねぇ。まず最初に言っておきたいのは、とにかく地下の微生物は数が多くて、マスとしてもすごく大きいんだけれど、多分、働きは遅い。われわれが知っている普通の微生物学に比べると、とても長い時間スケール、ゆっくりとしたペースでことを運んでいるはずなんだ。それを踏まえた上で、長い時間をかけて彼らがいったい何をしてるかという話をしないといけないね。さて、何をしているんだろう。まあ、いろいろあると思うけれど……。

藤崎　数の上では、地上にいるやつと同じくらいの勢力があるんですよね。

長沼　地球全部の微生物が、地下生物を含めて10の30乗。そのうち今まで調べられてきた伝統的な生物圏、つまり陸上とか、海洋とか、畑の土とか、そのあたりにいるのは全部ひっくるめても10の28乗から29乗なの。つまり１００分の１から10分の１なのよ。ここに微生物が１００匹いたら、残りの99匹とか90匹は地下微生物ということ。

藤崎　ものすごい勢力ですね。

長沼　すごい数なんだけれど、鈍（のろ）い（笑）。鈍いから一見、何もしてないように見える。ただし長い時間をかけて見た場合、非常に数が多いので、ゆっくりしたペースであっても、それなりの働きをしているはずだよね。で、どういう働きがあるかっていうと……何があるんだろうねぇ（笑）。

藤崎　先生！

長沼　実際のところ、われわれは遅いバイオロジーを知らないので、よくわからない。まあ、一つには地下でメタンをつくっているだろうと。メタンハイドレートのメタンね。それから実は、今日、来ている東濃地域の東濃花崗岩帯というのは、日本でも有数のウラン鉱山なんだ。ウランの埋蔵量は、とにかく日本一。そのウランが何でここにいっぱいあるのか、それがよくわかっていない。ウラン鉱山がどうしてできるのかは、ずっと長い間、地質学界で謎なんだ。

ただ、われわれのここでの経験によると、どうやら微生物が一枚かんでいるらしい。

藤崎　本当ですか。

長沼　ウランとか、そのほかいろいろな鉱物資源が鉱床をつくる、貯まってくる、集まってくるという現象が、どうも微生物によってなされる可能性が高いんだ。

藤崎　つまり、もともとウランは広く薄く拡散していて、それが凝集して鉱床をつくるのに微生物が関わっているということですか。

長沼　まあ、そういったこと。もちろん、微生物がいなくてもおき得る反応なのね。微生物は奇跡をおこすわけではない。けれども微生物は、非常にゆっくりした鈍いペースの化学反応を加速することができる。この東濃花崗岩帯においても、すごく長い時間をかければ微生物抜きでウラン鉱山ができたかもしれない。でも、それには地球の年齢よりも長い時間が必要だったに違いないの。

藤崎　なるほど。メタンもそうですよね。別に生物が関わらなくてもメタンができるという話を聞いたことがあります。でも、それだと時間がかかると……。

長沼　地球の年齢よりも長い時間がかかる。

藤崎　結局、今これだけ地下からメタンが見つかっているのも、生物が関わっているとしか考えられない？

長沼　そうだね。その方が説明しやすい。

藤崎　そのメタンが、例えば大気中に吹き出て気候に影響を与えれば、それは非常にスケールの大きな地下生命の表層環境への影響と言えますね。

長沼　大気中へのメタンの放出源としては、例えば沼地、あとは水田だよね。メタンがモワーっとわいてくる。

藤崎　悪い空気、いわゆる瘴気（しょうき）というやつですね。

長沼　そうそう。それから牛のゲップやシロアリのおなら。「しょうき」といえば、メタンの別名も沼気（しょうき）だし。そういったものが、大気へのメタンの供給源としてとても重要だと言われているよね。それは、すべて微生物の働きによるわけ。特に沼地の下や水田の下というのは、これはある意味、地中といって構わないよね。とにかく、そういったところからメタンが大気に出てくる。じゃあ地下のもっと奥深くでつくられたメタンは、地表に出てくるかというと、ちょっとわからないんだけれど、もちろん可能性がなくはない。ただし地下の奥深くのメタンは、地表に到達する前に、多分途中でメタンを食う微生物に食われちゃう。

藤崎　ああ、消費されてしまうのですか。

長沼　実際にはね。地中でも海底下でもいいんだけれど、メタンができて、それが大気まで出てくる間に、微生物によって消費される部分も結構ある。そして消費されなかった分が大気に出てくる。消費される量は、その発生源から大気までの距離に依存すると思っていい。距離が長ければ、どんどん消費されてしまう。逆に距離の短い水田とか沼、そういったところでつくられたメタンは、そのままいっぱい出ちゃうわけ。つまり地下生物圏には、メタンを生成するものもいるし、途中でメタンを食ってくれるものもいる。それは重要なことで、ちゃんと理解しておかないといけない。

＊微生物がウラン鉱床をつくる

藤崎　先生がこれまでやってこられたことについて、もう少し細かくお聞かせください。ここの近くにある東濃鉱山に、かつて地下ラボというものをつくられましたよね。地下125mの「日本で最も深い研究室」。もう閉鎖されてしまいましたが、そこで行われた研究とその成果について……。

長沼　ラボは地下125mだけれど、そこからさらに下、実際には地下200mあたりから水を汲んで、そこに棲む微生物の生態などを調べた。これがまず第一ね。これは日本で最初に手がけた、地下微生物に関する真面目で本格的な仕事。地下にラボを置くことのメリットは、好きなときに、好きなだけサンプルが採れること。しかも、すぐにその場で処理ができるからね。そこで1年以上にわたって、地下水中の微生物の数を数えまくった。変動があるかないかを調べるためにね。「地下環境は変動がない」というのがわれわれの認識でしょ。

藤崎　はい。

長沼　ところがあるんだよ、変動が。思った以上にね。でも、あまりそれを言っちゃうと困るのよ。自分で自分の首を絞めちゃうことになるから。

藤崎　なぜですか。

長沼　例えば、それまでわれわれは穴を掘って水を汲んで、微生物が何匹いたということを言ってきたわけね。それはワンタイムでしょ。写真でいうとスナップショットだよね。そういうスナップショットのデータをいっぱい出して、今まで論文を書いてきた。それに対して、地下ラボでビデオテープのように連続的にレコードしちゃうと、変動があるわけよ。いったい、われわれが今まで撮ってきたスナップショットって、どんな状態のデータなんだろうということになるでしょ。いろんなことを言ってきたわけよ、微生物の数と有機物濃度の間に相関関係があるとかないとかね。ところが変動があるということは、これまで言ってきたことが嘘っぱちになっちゃう(笑)。

藤崎　過去の研究は、捨てなければいけない？

長沼　まあ、見直しが必要というくらいで勘弁してよ(笑)。でも、そうはいっても、今さらどう見直しても仕方がないしね(笑)。論理的に、もうどうしようもない。

藤崎　その変動には、周期とかはあるんですか。
長沼　ない。
藤崎　えっ、ない？　ランダムなんですか。
長沼　ランダム。有り体に言っちゃうと、雨が降ったとか、近い場所で穴を掘ったとか、そのくらいしか変動の要因として考えられるイベントが思いつかないのよ。強いて言うとそんなことぐらいかなという程度で、真の変動要因はまだつかめていない。つまり、よくわからない。
藤崎　予想できないわけですね。
長沼　うん。まずそうしたベーシックな部分で、よくわかんないってことがわかった（笑）。
藤崎　そうですか。
長沼　反対に、非常によい成果もあった。例えば、東濃のウラン鉱山ね。ここでどうやってウランができるのかというときに、微生物が関与しているというモデルを、美しい形で一つ提示することができた。
藤崎　そういえば、この近くでウランが出ていたんですよね。
長沼　うん。埋蔵量としては日本最大。だけど濃度が低いので、商業用の採掘はできない。
藤崎　そうなんですか。
長沼　とはいえ、確かにウランは存在する。もともと花崗岩の中にウランがあるのね。さらに、このあたりの花崗岩は、若干亀裂がある。その亀裂の中を雨水が通るときに、花崗岩からウランの成分が溶け出す。地下水の中に溶け出すわけ。それから、ここの花崗岩が面白いのは、洗面器のような形をしているの。その洗面器のへこんだ部分に、かつての海底の泥がある。それは堆積岩ね。それで、ちょうど洗面器の壁の部分から中にしみ出してくる地下水がある。その花崗岩と堆積岩の隙間、境界のところにウランが沈殿する。そのことから、われわれは考えたのね。堆積岩は、かつてのある時期は海底だったわけだから、海水も残っている。これを、われわれは「化石海水」と呼んでいる。そして、そこには花崗岩の洗面器があって、ウランを巻き込んだ地下水が花崗岩側から堆積岩側に入ってくる。このときに、化石海水と出合うわけ。化石海水には硫酸イオンがある。硫酸イオンは海水中に多いからね。

藤崎　そうなんですか。

長沼　実際、この地下水にも硫酸イオンが含まれていた。それから東濃の堆積岩の中には、炭があったのね。リグナイト。褐炭とか亜炭とも言われる、要はあまり質のよくない石炭ね。つまり、有機物のかたまり。硫酸があって有機物のかたまりがあると、そこでは必ず硫酸還元がおきる、微生物学的にはね。硫酸還元がおきて、硫化水素が出てくる。非常に還元的な雰囲気になるのよ。それからウランっていうのは面白い元素で、酸化的だと地下水に溶け出すんだ。花崗岩の中に入ってきた雨水は、まだ酸素を持っているから酸化的でしょ。それが花崗岩からウランを溶かし出す、酸化して。

藤崎　ウランが酸化されるんですか。

長沼　そう。それで酸化ウランが溶け出してくる。これが堆積岩側に来ると、そこでは硫酸還元がおきていて、還元的な雰囲気でしょ。ウランは還元型だと沈殿するのね。

藤崎　還元されちゃう。

長沼　だから花崗岩から堆積岩側に出てきた瞬間に還元されて、そこでバタバタ落ちて沈殿する。そうして、境界面にどんどんウランが溜まっていくであろうという理屈を考えた。

藤崎　予測した？

長沼　そこで、今度は実際に東濃の地下水を採ってきて、硫酸還元微生物を培養したり、あるいは硫酸還元活性を測ってみたりした。さらには、ここのリグナイトを使って微生物が硫酸還元できるんだろうかと実際に試してみた。普通、硫酸還元菌というのは酢酸を使うとか、あるいは酪酸を使うとか、そういった特定の有機物を好むと言われていたんだけれど、リグナイトを使ってみたら、確かに硫酸還元が進むことがわかった。

藤崎　なるほど。

長沼　これらの結果から総合的に考えると、先ほど言ったようなウランが沈殿するシナリオが描ける。このウラン沈殿シナリオ、さらにはウラン鉱床の形成シナリオっていうのは、実はとても重要なんだ。
藤崎　重要？
長沼　そう。つまり、地下水に乗ってウランが流れてくる。それがある場所で沈殿して何万年もの長い期間、おそらくそこからほとんど動いてない。この現象が微生物の力によっておき得るのであれば、それはすごいことでしょ。例えば将来的にどこかの地層中に特定放射性廃棄物、要するにウランを含んだものを埋めるとする。そのときに万が一そのウランを封じ込めた容器が割れて、ウランが地下水に漏れ出したらどうするかという恐ろしいシナリオがあるわけ。それに対して、われわれは微生物学者として「微生物を使えばいい」と言えるわけ。
藤崎　微生物が固めてくれると。
長沼　そう。微生物の力でウランがそこに沈殿して、その場に留まって、その後もそこから全然動かない。その実例がここにあるんだということを示したことになる。
藤崎　そうですね。
長沼　多分、それがこの東濃でやった地下生物研究の、一番重要なポイントだろうね。
藤崎　まだ証明はされていないけれど、一応モデルをつくるのに十分なデータは採れたということですね。
長沼　そうだね

藤崎　地下ラボの主な研究成果は、この二つですね。
長沼　まあ、ハイライトとしてはね。

＊高まりつつある地下への関心

藤崎　今度は、これからのお話をうかがいましょう。先生が、この瑞浪超深地層研究所でやろうとされている研究というのは？
長沼　瑞浪は、まだわれわれがサンプルを使える段階にないんだ。
藤崎　じゃあ、これから。
長沼　これからだね。ただ瑞浪だけでなく、北海道の幌延にも深地層研究センターがあるわけね。
藤崎　堆積岩を対象に深地層の研究を進めているところですね。こちらはどのくらい掘るのですか。
長沼　目標は５００ｍ。幌延の方で掘っている穴からは、すでにサンプルが上がっていて、それらを使わせてもらう研究はすでに進めている。
藤崎　それはどういった研究ですか。
長沼　これも同じようなこと。いろいろな深さからサンプルを持ってきて、深さごとに微生物の棲み分けがあるかないかを見ていく。大局的には、もちろん棲み分けはあるけれど、それが何か特定の環境パラメータを反映しているかどうかは、まだわからない。あとは、われわれは特にメタンに注目しているので、メタンをつくる微生物をたくさん採っている。研究は幌延にある幌延地圏環境研究所を中心に行われている。日本原子力研究開発機構の深地層研究センターとは別で、これは北海道が独自につくった研究所なんだ。日本原子力研究開発機構や北海道が連携して一緒にやっている。使っているサンプルも、もちろん重なっている。掘った穴は貴重なので「サンプルはみんなで共有して使おう」という姿勢ね。

藤崎　自分たちで掘ってるわけじゃない?

長沼　もちろん自分たちでも掘っているし、独自の研究もやっている。両方とも同じ幌延町にあるわけだから、もちろん連携して進めているんだけれども、その中でも先ほど僕が言った研究テーマは、むしろ幌延地圏環境研究所が主体となってやっている。そこに僕がちょっと絡んでいるという話ね。

藤崎　幌延の地層とこちらの瑞浪の地層というのは、かなり違うんですか。

長沼　幌延は堆積岩だね。かつては海岸だったところ。瑞浪は堆積岩と花崗岩層があるんだけれど、堆積岩の方はかつての海底とかつての湖の湖底がある。確か湖が最初だったかな。その後に海底になったらしい。

藤崎　北海道の方は最初からずっと海底で、堆積してきたという違いがあると。
長沼　そうそう。北海道の方で面白いのは、堆積岩層なんだけれども、そこには大きな断層が走っていて、断層の両側でどうやら水の流れ方が違うらしい。それはそれでいいんだけれども、断層の両側で住んでいる微生物の種類が違う。同じ地層の中の断層を挟んでね。そんなに遠くないんだ。だいたい２～３㎞というところかな。
藤崎　同じ地層の断層のこっちとそっちで違う？
長沼　違う。地層が同じである以上、違っているのは「水の流れが違うから」としか言いようがなくて……。
藤崎　そうですね。
長沼　ただ具体的に水の流れがどういう環境の相違をもたらしているのか、そのへんのことがわからない。取りあえずわかっていることは、断層の両側で住んでいる生き物が違うということ。
藤崎　かつては一緒だったんでしょうね。断層ができて分かれて、違うようになった。
長沼　これがわかっただけでも、驚きなんだ。
藤崎　そうすると北海道の方は、着実に成果は上がってるんですね。
長沼　今のところね（笑）。こっちでもサンプルさえ採れれば、なんぼでも仕事するんだけれどね。

藤崎　この先、どこか調べてみたい地下ってありますか、ぜひここを掘ってみたい地下とか……。

長沼　調べてみたい地下ねぇ。できるならマントル（笑）。

藤崎　まあ、それはわかりますが、もう少し現実的なところで……。

長沼　もっといろいろなところで、いろいろな種類の地下を見てみたいね。

藤崎　いろいろな種類？

写真6　安山岩（ⓒ Slim Sepp）

長沼　ここは花崗岩だけれど、場所によってマグマが固まったものであっても、花崗岩みたいな岩もあれば、安山岩(*12)（写真6）という、もうちょっと火山っぽいものもある。

藤崎　ありますね。玄武岩(*13)もあるし……。

長沼　玄武岩は地表に噴出しちゃった形なんだけれど、安山岩みたいに地中で固まったものがあって、そういうのも見てみたい。日本だと新潟の長岡あたりに安山岩層があるのね、深さ5000mくらいあるのかな。面白いのは、その安山岩層にどうやら石油があるらしい。

藤崎　安山岩層に石油が？

長沼　うん。ちょっと前に、非常に予備的に調べたことがある。そのときは微生物はうまく採れなかったけれども、もうちょっと真面目にやってみたいなと意欲を新たにしたわけよ。安山岩の中に石油があることの理由はよくわからないけど、その謎を解く鍵が微生物にあるかもしれないし。

藤崎　すごく不思議ですね。

長沼　うん。誰もその理由はわかんないんだろうけれど、そういうところに、どんな微生物がいるのかを調べてみたい。その類の、いろんな種類のいろんな状況を調べてみたいね。それで、サンプルをいっぱい集めたいのよ。今はまだ、われわれは非常に少ない例から大局的な考え方をつくっているけれど、多分、例をもっとたくさん集めれば違ったモデルができてくるはず。今はあまりにも例を知らなすぎる。

藤崎　そうですね。だいたい穴の中って、あんまり知られていないから（笑）。

長沼　できれば、われわれが東濃で仕事を始めた理由を追求して、もっといろいろなところで、きれいな穴を掘っていきたい。

藤崎　ただし汚染されていない、きれいな穴を掘るには、お金もかかる（笑）。

長沼　そう、お金がかかるんだ。

藤崎　お金がかかるとはいっても、今もこうした穴を掘ろうとしてるし、北海道でもやっている。地下に対する関心というのは、高まってると言っていいんでしょうね。

長沼　そうね。これまでよりは高まっているだろうね。目に見えない生き物だから、まだまだ一般の興味や関心は小さいんだけれど、例えば役に立つものが見つかったりすれば、関心は一気に高まるだろうね。生命の起源の解明に役立つといった微生物が採れれば、学問的にも重要だとわかって「地下生態系をもっと調べよう」という機運が高まるよね。

藤崎　はい。

長沼　今は地上で何か開発が行われる前に、環境アセスメントがあるでしょ、影響評価が。地下への関心が高まれば、やがては地下にもその概念が適用されて、地下環境アセスメントが行われるだろうと期待している。そういった研究というか方向性は、だんだん世界に広まっていくだろうと思う。ただ陸上や海洋で行われている環境アセスメントには、すでに評価項目というか評価基準があるのね。でも地下環境に対しては、まだ評価項目がない。基準もないよね。それを今後、急いでつくっていく必要があるだろうなと思っている。何を調べるべきか、さらにどの値がどうだったら健全で、どうだったら不健全といえるのか、評価の基準が必要なはずなんだ。そういったところを早急に詰めたいところだけれど、まだ人材が足らないからなぁ。

＊12　斜長石やカンラン石、輝石、角閃石、黒雲母などの鉱物からなる灰色から暗灰色の火山岩。日本の火山岩の中

では最も多く分布する。主に島弧や大陸縁辺から産し、海洋底からはほとんど出てこない。

＊13 黒色または暗灰色の緻密な火山岩で、長石と輝石が主成分になっている。海洋底や安定大陸地域の火山は主に玄武岩からできており、世界で最も多量に分布する火山岩。

＊マントルに生命は存在するか

藤崎　地下から役に立つ微生物が出てくれれば、より関心が高まるという話がありましたけれど、まだそういう気配はないですか。

長沼　ないねえ（笑）。ただ、いくつか面白いものはある。例えば、特にウランを吸着する微生物とかね。

藤崎　見つかっているんですか。

長沼　もともとこの分野は放射性廃棄物処理の問題と関係が深いんで、どうしてもウランとかプルトニウムがらみの話になりがちなんだけれど、ウランを特別に吸着しやすい物質をつくる微生物といったものは、ちらほら見つかっている。

藤崎　それはすごいですね。

長沼　それ以外にも今後この分野の関心が高まれば、例えば製薬会社をはじめ、諸々のバイオ企業が「サンプルください」と言ってきて、その中からいいものが採れてくる可能性は非常に

写真７　カンラン岩

高い。けれど現状では、まだその実例はない。

藤崎　究極の地下といいますか、先ほどチラッと関心のある地下としてマントルという言葉が出ましたけれど、やっぱりそこにも生き物が存在し得ると思っていらっしゃいますか。

長沼　温度の問題があるからね。仮に１２０℃で線引きして、その中にマントルが食い込んでくれれば非常に面白い。ただマントルって結構深いから、ほとんどの場合１２０℃を超えちゃう。でも浅い場所にマントルが食い込んでいたら、そこは面白いだろうね。なぜなら、どんな石もそうだけれど、水と接触すると酸素を奪って水素が発生する。特にマントル物質、マントルを構成するカンラン岩（写真７）はその傾向が強くて、水と接触すると水素が発生するわけ。「水素さえあればメタン生成菌がメタンをつくり、そのメタンを硫酸還元菌が利用して云々カンヌン」というのが、地下生物圏をやっている研究者の一つの興味の的なのね。地下水中にも二酸化炭素は結構あるので、あとは水素があれば、そこからメタンをつくって自分の体もつくれる生き物が出てくる。

　これは何というか、地球生命の根源のような気がするのね。昔、原始地球がこれから生命を持とうかというときの環境ね。熱くて、空気中には二酸化炭素がいっぱいあって、さらに水素ガスも地球内部からの脱ガス（液体や固体から気相が移動すること）で供給されていただろう。水素ガスは軽いから、どんどん宇宙に逃げちゃうんだけれど、まだ地球が若いうちは、ちょっとは水素ガスがあっただろうと考えられるんだ。そういうところで二酸化炭素と水素ガスからメタンをつくるのが、最初の生命が行った反応なんじゃないかと思うの。それに昔の地球の表面というのは、今と違ってマントル物質っぽいものが地表にたくさん露出していたからね。

藤崎　マントル物質というとカンラン岩ですか。

長沼　そうそう。コマチアイト[*14]（komatiite）（写真8）と呼ばれるものとかね。そういったものが昔は地球の表面にいっぱい露出していて、現在のマントル物質と水とが接触して水素ができるという反応は、いくらでもおきていたに違いない。それで大気中に水素も二酸化炭素もたくさんあった。そうすると、どんどんメタンをつくる反応が進んで、そこから生まれたばかりの生命は大発展

写真８　コマチアイト

したんだろうと考えることはできる。

藤崎　それは熱水噴出孔で生命が生まれたというシナリオとは、別の話になるのですか。

長沼　いや、熱水噴出孔でもいいのよ、全然。ただ熱水噴出孔だと、隕石の爆撃によって全海洋が蒸発しちゃうと、せっかく誕生した生命が死んじゃうので、そのさらに下ね。当時、地球の表面がコマチアイトだったとすれば、地球のちょっと地下に入れば、すぐにそうした水素を発生する反応はあったはずだから。

藤崎　どこでもいいの？　地球上が全部、熱水噴出域みたいなものだったということですか。

長沼　そうそう。とにかく、そういった意味で生命の起源に結び付く。こうした生命の根源的な反応、例えばメタンを使っての硫酸還元は、今も海底下などでおきているらしい。いったんメタンがつくられれば、それが他の生物を養うもとになるからね。そういうふうに、どんどん連鎖反応が続く。要するに、メタンができることが大事。地球の生命の誕生においてもそうだし、地下におけるいろいろな連鎖反応の最初の反応としても大事。それがマントルで大量におきている可能性がある。

藤崎　そこを見てみたいと……。

長沼　見てみたいね、本当かどうかも含めて。

＊14　始生代（40億～25億年前）から原生代（25億～5・4億年前）の緑色岩帯から出る火山岩で、一般的に原初的

な地殻の構成物であると考えられている。現在の火山には見られない。表面にカンラン石の結晶でできた樹枝状あるいは草のような模様がある。

＊インナースペースのエイリアン

藤崎　例えば、昔のSFには「地底人」というものがよく出てきましたよね。ウルトラマンにも1回ありましたけど、実際、この地球で地上とまったくアクセスしない地下で、独自に誕生して進化して、ある程度の繁栄を築いている、そういう世界があり得ると思いますか。まあ、地底人みたいになるかどうかは別として……。

長沼　まず地底には大きな空間がないので、大きい生き物はいられないと思うね。

藤崎　地底人は無理ですね。

長沼　微生物サイズでいいのであれば、われわれが知っている生命の系譜——われわれが知っているものは微生物から人間まで、一つの系統樹で描かれるよね——それとはまったく違った系譜、系統樹の生き物がいるかということでいえば、可能性は大いにあり得るね。

藤崎　あるのですか。

長沼　つまり昔の地球では、どこでどのように生命が誕生しても構わないわけよ。同時多発的に、ボンボン発生しても構わない。そのオリジンがたくさんある中で、地中から地表に出てきてウワーッとはびこった系譜（ライン）はたった一つだと、皆は信じているし僕もそう思う。

藤崎　一つ？

長沼　途中で、ほかの系譜を絶滅させたかもしれないけれどね。でも地底においては、われわれとまったく違うラインが、まだあっても構わない。

藤崎　極端な話、われわれのＤＮＡの文字は四つですよね。

長沼　ＡＴＣＧの四つ。

藤崎　それが例えば三つしかないとか、五つあるとか、そういうやつがいる可能性も……。

長沼　大いにあり得る。そもそも、遺伝物質がＤＮＡじゃないやつがいてもいい。

藤崎　別の方法で、情報を伝えているみたいな？

長沼　うん。

藤崎　別の機会に光学異性体、キラリティについて詳しくうかがおうと考えていますが（２７７ページ、コラム対談９参照）、キラリティ、つまり分子には右手と左手にたとえられるようなアミノ酸の偏りがありますよね。それも変わってる可能性があるかもしれない？

長沼　われわれは、アミノ酸でいえば左手型生物だけれど、新たに右手型生物を発見しちゃえば、それが何よりの証拠といえるだろうね。もし地底の奥深くで右手型の生物を発見できたら、それは多分、火星で微生物を発見するのと同じぐらいの価値を持つと思うよ。

藤崎　もちろんＤＮＡの仕組みが違っていたとしても、同じことですよね。

長沼　そうそう。地球の内部に地球外生物というか、われわれとは違った生物を発見することは、宇宙生命の問題にも関わってくる。宇宙生命の対象は、たいてい宇宙ってことになっている。これ、英語にすると「アウタースペース」っていうんだね。例えば宇宙条約も「アウタースペーストリーティ」っていうよね。つまり宇宙はアウタースペース。じゃあ、その反対のインナースペースとは何か。正しくは人間の心の中を指すんだけれど、ここでは、あえてそのまま「地球の内部」と捉えてみたいのね。われわれと違った生命が、このインナースペースに存在する可能性もある。地球内生物でありながら、われわれと異なる生命。

藤崎　そうすると宇宙生命とのファーストコンタクトが、インナースペースでおきる可能性もある？

長沼　あるね。アウタースペースとインナースペースは、矢印の方向は違うんだけれど、その意味するところは同じとも言える。

藤崎　どうしますか？　ＤＮＡの仕組みが違っているやつを本当に地中で発見しちゃったら。

長沼　ＤＮＡ分析、できないんじゃないかねぇ（笑）。

藤崎　いや、とにかく見つけちゃったら、どうしましょう。

長沼　どうしましょうって言われてもねぇ、会ったことがないんだから、どうしていいかわからないよ。
藤崎　だって、エイリアンとコンタクトするのと同じことですよね。
長沼　え、相手は微生物だよ。
藤崎　微生物ですけど、結構、社会的にもインパクトがあるんじゃないですか。
長沼　あるよ。あるけれど、そんなカルチャーショックは、とっくに自分の中ではわかっているから、オレは大してショックを受けないよ。
藤崎　ああ、先生はそうかもしれませんね。心の準備ができている。
長沼　「いまさら、そんなこと」と思ったんだけど（笑）。
藤崎　なるほど。ところで地下でそういうものを見つけようと思ったら、やっぱり掘るしかないのでしょうか。それとも何か地上に出てるものから、手がかりを探したりしますか。
長沼　探すことはできるけれど、非常にマイナーであるに違いないから、検出は難しいだろうね。
藤崎　地表に露出しているマントル物質などもありますよね。その中を探してみるとか……。
長沼　昨日今日出てきたものならいいけど、もう何年も経っているものはだめだよ。
藤崎　全然だめ？　内部の方もだめですか。
長沼　それは、もう散々やっている。

藤崎　化石として残っているとか……。

長沼　残っていてもわからないじゃない、ＤＮＡが残っていないから。

藤崎　ああ、ＤＮＡは化石になりませんか。

長沼　なるやつもあるんだけれどね。でも、きっと保存状態はよくないだろうなぁ。ＤＮＡだって、保存されるにはそれなりの条件が必要だから。そのへんの風化したマントル岩じゃ、ダメだろうね。

藤崎　それでも、ちょっと掘ったところに昔のマントル物質があったら、それは出るかもしれない？

長沼　もちろん、われわれと違った系譜の生き物を探すのが目的であれば、それはどこから採ってても構わない。本当に、どの石からでもいい。そのへんの庭の石を持ってきて「うちの庭にいました」って言われたら、それが一番ショッキングだよね（笑）。

藤崎　確かに、それはショッキング……。

長沼　それこそ、ここで探しても構わないんだけれど、可能性は極めて低い。

藤崎　では、どのように探せばよいのでしょうか。

長沼　可能性を限りなく高めるためには、われわれが知っている一つの系譜で占められたワールド、このワールドからできるだけ離れたところでサンプリングした方がいいと思うね。

写真９　地球深部探査船「ちきゅう」(ⓒ Gleam)

藤崎　じゃあ、やっぱり地球の深部からマントル物質を採らないといけない。そういえば科学掘削船による深海掘削[*15]（写真９）で、マントル物質を手に入れようという動きもありますね。

長沼　うん。実際にマントル物質を調べてみるのが一番いいだろうね。確かに今後、マントル生物が一つのターゲットになってくるのは間違いない。

藤崎　競争もおきそうですね。

長沼　まあ、いずれ見つかるだろうから、研究の最前線に立つ研究者たちは血眼だろうね。それはもう最初に見つけた人の功績。二番煎じ、三番煎じはたいして面白くない。

藤崎　先生は？

長沼　これはもう、若い人にやってもらうしかない。

藤崎　若い人の力に期待する？

長沼　そうそう。近い将来、人類がいままで手にすることができなかった生のマントル物質が、おそらく手に入る。そのときに、どんどん調べてほしい。誰が一番乗りするか、世界中でチャレンジすればいいと思う。

＊15　統合国際深海掘削計画（ＩＯＤＰ）で日本が建造した地球深部探査船「ちきゅう」には、海底をマントルまで掘削できる能力がある。詳しくは下記などを参照。
http://www.jamstec.go.jp/chikyu/jp/IODP/index.html

＊まだごく一部しか見えていない地下生命圏

長沼　本当のところを言うと、今、地下生命圏の認識というものが、自分自身の頭の中でクルッと大きく変わっているわけ。地下生命圏って、そんなにパラダイスじゃないと思うのよ。つまり、ずっと昔から、ぬくぬくと安穏に居心地よく過ごしてこられたわけじゃないという印象があって。確かに、それはそれなりに面白いよね、別の系譜の生命がいるかもしれない。いるとしたら、ここだろうと。地表だったら生存競争が激しすぎて、多勢に無勢で、そんなやつは死に絶えてしまいそうだものね。

藤崎　地上では競争に負けるだろうし。やっぱり地下に生き残っている可能性はありそうですね。

長沼　そういった認識の方がいいかもしれないね。ただし忘れてはいけないのは、今までの研究というのは、海底の熱水噴出孔にしてもそうだけれど、比較的速いプロセス、生命反応活動が早いものをターゲットにするわけね。ところが地下生物圏というのは、スウェーデンのカーステン・ペダーセンをはじめ何人かがやっているけれど、結構、遅いプロセスの世界でしょ。なかなか研究が進まないんだ。一人の人間の研究者人生は、長さにして30年とか40年。その間にできることは限られるでしょ。穴を掘るにしても、1年に1本か2本しか掘れない。研究者一人では、非常にやりにくい対象なんだ。われわれは速いバイオロジーはよく知っているのね。でもスローバイオロジーってよく知らないし、わからない。だって、例えば地底の微生物は、1回分裂するのに100年かかるとか、1000年かかるという計算もあるくらいだからね。

藤崎　計算はできても、観察はできませんね。

長沼　100年に1回分裂するものに、どうやって対応したらいいんだろう（笑）。

藤崎　息子の代、孫の代に申し送りをしておくとか。「この中に1匹入っているから、100年後に数えなさい」って（笑）。でも、100年とは限らない。

長沼　そうだよね。スローバイオロジーをどう扱うか、いや、バイオロジーに限らず、他の分野でも同様の問題はあると思う。スロープロセス、遅いプロセスに対して、どういうアプローチで取り組んだらよいのか。それを学問の根幹から考え直さないといけない。サイエンスの世界では再現性というか、繰り返し実験ができることが大事だけれど、スローな世界、スローなバイオロジーでは、繰り返し実験をやろうとしても非常に大変だよね。それから地下の生き物について調べるといっても、研究者が一生の間に扱える穴の数には限りがあるでしょ。そうすると、サンプル数がとても限られちゃう。統計学的にやるには１００は欲しいところだけれど、実際には三つとか四つで話をしなくてはいけない。ｎの３乗どころか、ｎの３倍がせいぜい……。極端な話、ｎイコール１のサイエンス。地球の歴史、生命進化の歴史は、全部これ、ｎイコール１なのよ。そんなの、本当はだめだよね。

藤崎　まあ、そうですね。

長沼　だけど、われわれは地球の歴史とか生命進化の歴史で、ｎイコール１のサイエンスをやってきた。もっと本質的なところから、スローバイオロジーをどう扱っていけばいいのかを考え直すことが必要なのかもしれない。それは学問の地殻変動を引きおこしかねない問題をはらんでいる。でも今、自分としては、そっちの方に進みたいと実は思っている。

藤崎　例えば進化学というのもスローバイオロジーですよね。進化を目の当たりにした人間は誰もいないわけで……。そこでは、実際にどのように研究が行われているのですか。

長沼　非常にセオリティカルでしょ、理論的だよね。つまり実験による証明、あるいは観察や観測による証明というものは要求されていない。

藤崎　バイオロジーでは、そうもいきませんね。

長沼　実際に100年に1回しか分裂しないもののバイオロジーを、どうするかという話だから。
藤崎　それは理論的にどうこう言っても、仕方がないですよね。
長沼　ここに生き物がいて、何かやっている。100年かかりそうだ。それでも、何がおきているのかを説明しなくちゃいけない。そのためには、どうしたらいいかを、これから考えていかなきゃいけない。それができないと地下微生物の学問は、本当の意味でサイエンスにならない。今、われわれが研究をやっているといっても、それは自分のでき得る範囲内で仕事をやっているにすぎない。ところが地中の世界は、圧倒的に遅い。つまり、われわれは地下生物圏の中のほんの一部、もしかしたら、ほとんど例外的な部分を扱っているのだという事実を忘れてはいけない。しかし新たな研究方法が見つかれば、学問的に本当に面白いことが、これからどんどんおきてくるんじゃないかと思っているのね。
藤崎　パラダイムシフトがおきれば……。
長沼　そう、まさにパラダイムシフト。

コラム対談7　微生物が地震の引き金を引く⁉

藤崎　地殻変動に対する地下生物の影響みたいなものについては、どう思われますか。

長沼　地殻変動というか地震だよね。

藤崎　はい、地震や火山活動も含めたいろいろな地面の動き、物理的な……。

写真１　屋久島で見られた亀裂充填鉱物（藤崎慎吾提供）

長沼　火山に関しては、マグマの話。マグマは１００℃だから、これは生物の関与するところではない。考えられるのは地震だね。最近、地震は地下水の影響を受けているということがよく言われる。地下水脈、つまり水の道が変わるとか、あるいは地下水圧が高まったり、地下水圧が抜けるときに、地震が誘発されるという考え方も出ている。地下水の動きというのは何かというと、例えば堆積岩であれば、石の中に水がしみ込んでいく浸透流がある。もう一つ、そこにひびが入っていれば、ひび割れを伝わっていく亀裂流がある。

藤崎　地下水の流れには、浸透流と亀裂流があるのですね。

長沼　特に花崗岩、あるいはやや硬い堆積岩だと亀裂流がメインなのね。その亀裂流が何にコントロールされているかというと、いろいろな理由があるけれど、その一つが亀裂の幅、それから亀裂のつながり具合。一方で亀裂流を防ぐものとして、亀裂を埋めていく鉱物の形成がある。

藤崎　なるほど、亀裂を充填する鉱物。

長沼　そうそう、亀裂充填鉱物（写真1）ね。二次鉱物とか三次鉱物とか言われている。この充填鉱物がどれだけ発達しているかによって、地下水の流動が影響を受ける。その亀裂充填鉱物の形成や分解に微生物が絡んでいるらしい。つまり地下微生物が亀裂表面で活動する、増殖する、それによって鉱物ができたり溶けたりするわけ。それで地下水の流れが変わってくる。

藤崎　微生物の活動が活発になるというのは……。

長沼　例えば有機物が大量に入ってくるとか、酸素が大量に入ってくるとか、いろんな理由で微生物の活動が活発化することが考えられる。まあ、ゆっくりと変わればいいんだろうけど、岩石や岩盤にとって非常に速いスピードで変わったときには、急速に地下水流動が変わる。そうすると、何かおきるだろうね。水が抜けて、重みに耐えきれずに石が割れるとかね。今まではそこに水があったから、水圧も含めて支えていられたものが、だんだん水が入ってこなくなると、岩石だけで上の重みを支えなきゃいけないからね。そうなると、岩石が割れることもある。

藤崎　それが地震につながることも……。

長沼　あるだろうね。さらに言えば、海溝型巨大地震ね。陸側プレートと沈み込む海洋プレートが擦れ合って、引きずり込まれた陸側プレートが押し曲げられて変形の限界に達し、それを超えると復元力を発動する。

藤崎　ビーンと跳ね上がって、地震や津波をおこす。

長沼　そう。こんにゃくモデルね。限界までくるとビーンと跳ねるやつ。あれも簡単に言うと、二つのプレートの間に潤滑油のようなものがあったら、何もおきずにスーッと滑るんだよね。その潤滑油の役割を果たしているのが、地下水の流動であると言われている。その地下水流動に微生物が寄与しているとしたら、やっぱり巨大地震にも関係するんじゃないかと思う。

藤崎　関係している可能性がある?

長沼　海溝型の巨大地震は海底下でおきるんだけれど、最初に言ったように、海底下は地下水流動がよくわかっていないの。まったくないのか、ほとんどないのか、ゆっくり流れているのか、いや、もしかしたらいっぱいあるのかもしれないとかね。そんな具合で、海底下の地下水流動のことは明らかでないけれど、そこにもやっぱり微生物が絡んでいることは間違いないわけ。調べる価値はある。非常に興味がある。

藤崎　重要なのは地下水というわけですか。

長沼　そうだね。もう一回言うと、地殻現象が地下水の影響を受けているということが、今や当然のように言われているけれども、そんなこと最近まで誰も言っていなかった。まず、これを認識しておかないとね。地下水の動きが地震を誘発するといった話は、まずなかったのよ。ただ地震がおきた結果として、地下水位が変わったとか、井戸水が涸れたとか、地震の前後で地下水の水質の変動があったということはよく知られているのね。でも、それって原因と結果が入れ替わっているという話は、誰も言ってないの。

藤崎　ああ、なるほど。

長沼　それで今、ある人々は地下水が地震を誘発し得るという、原因と結果を入れ替えた話をしているわけ。さらに地下水の流れをコントロールする一つのファクターとして、微生物があり得ると言っている。これは今までの地震学からすると、本末転倒の話なんだけれどね。でも、それを裏付けるいくつかの事例もある。例えば、あるところでダムというか貯水池をつくった。そこに水を溜め始めたら、貯水池の周辺で小さな地震が多発するようになった。このように、貯水池をつくったことによって地震がおきるという例がもういくつかあるのね。

藤崎　それは、地上での実験で実証するのは難しいのですか。例えば陸上に割れ目のある岩を置いて、機械的にプレッシャーをかけて、そこに微生物をまいたらどういうことがおきるか……。難しいですかね、時間スケール的に。

長沼　うーん、どうだろうね。つまり、まだ誰も人工的に地震をおこしてないでしょ。

藤崎　人工地震?

長沼　人工地震としてやっていることは、地表や地中で爆発物を爆発させるとか、振動を与えるだとか。

藤崎　そういうことですね。

長沼　そうやって人工地震をおこすんだけれども、そうじゃないの。つまり、われわれが想像している地震の発生メカニズム、地下の奥深くで岩が割れるとか、あるいは断層がずれるとか、そういった形で地震を再現した人がいない。それをやらないとね。
藤崎　あ、そういえば地下に水を大量に送りこんだら地震がおきちゃったというような話、いつだったか聞いたことがありますけど……。
長沼　うん。もしそういう実験系を組んでくれるなら、もちろんそこに微生物を入れることはできるね。その実験系、ぜひつくってほしいな。
藤崎　小さなスケールでの実験は無理でしょうか。例えば人工的にダイヤモンドをつくるときのような、高圧をかける装置がありますよね。それを使って、ギューっと圧力をかけて、その中に岩を置いて、水を入れて。いや、水槽の中に岩を入れた方がいいのかな。とにかく、そこに微生物を入れて……。小さなスケールでそういう実験をやることはできませんか。
長沼　岩石の破砕実験ということ？
藤崎　その破砕実験に微生物をかまして、どうなるか……。もう行われていますか。
長沼　いや、まだまだ。でも、それをやるには亀裂充填鉱物とか、そういうものをつくらないといけないいね。
藤崎　それができるまで待っていると、何十年もかかってしまう？
長沼　何十年もかかることはないと思うけれど、ちょっとわからない。ただ、やる価値はあるね。
藤崎　やる価値はある？
長沼　うん。例えば炭酸塩であれば炭酸カルシウム、これを数週間とか数カ月レベルでつくる微生物をわれわれはすでに知っているので、そういったものを使えば意外と早くできるかもしれない。
藤崎　そうですね。必ずしも地下にいるものでなくても、似たようなやつで働きの速いやつを使えばいい。ぜひ、そういう研究もやっていただいて……。
長沼　そういった微生物学ができればいいね。「サイスモ・マイクロバイオロジー」つまり、「地震微生物学」ね。
藤崎　それ、いいですね。

コラム対談8　地下から病原菌が出る可能性はゼロに近い

藤崎　先ほどウランの話が出ましたけれど、実際に放射性廃棄物を地下に埋めたとき、どういうことがおこり得ると予想していますか。その予想を立てること自体、まだ難しいですか。

長沼　もちろん、いろいろなシナリオが考えられている。日本原子力研究開発機構になる前に、核燃料サイクル開発機構というのがあった。その前は、動力炉・核燃料開発事業団ね。その核燃料サイクル開発機構の時代に、「2000年レポート」がつくられている。そこに、ちゃんとシナリオが書いてある。例えば放射性廃棄物を埋めた場所で、急に火山が噴火した場合とかね。

藤崎　そういうシナリオも考えられているんですね。

長沼　あるいは、テロリストが掘りおこしちゃうとかね。

藤崎　一般の人間が、まず心配するのは、変な微生物、凶悪な病原体が生まれたりしないかってことだろうと思うんですが、そういうことも一応は検討されているんですか。

長沼　それは地下微生物が放射能を受けて、というこ
と？

藤崎　放射線を浴びて突然変異をおこして、病原性を持ったものになって地上に上がってくるというのは、多分ＳＦで一番考えやすそうなストーリーですよね。そういうことって冷静に考えてみると、実際にあり得るんですか。

長沼　冷静に考えてゼロとは言えないけれど、限りなくゼロに近いと多くの生物学者は多分、言うんじゃないかな。放射線によって遺伝子の突然変異がおこることは、よく知られているけれど、それは多くの場合、生き物が死んでしまう方向に働いて、強力になる方向にはあまり働かない。まして、それが病原性を帯びるというのは……。

藤崎　そもそも地下深くにいる微生物とわれわれとが、生物学的に病気という反応をおこすまでにマッチして

いるのかということもありますよね。

長沼　確かに地底であれ、深海であれ、南極であれ、そうした環境から微生物を採ってきたと言うと「その中に病原菌はいないんですか？」という質問はよく受けるのね。そんなときは必ずこう答える、「いる可能性はありますよ」って。

藤崎　可能性はある？

長沼　もちろん。それでも「そういったものに対して、どうしますか」と聞かれたら、「過去、それで死んだ人はいないから、いいじゃないか」と言うしかない。

藤崎　なるほど。

長沼　それ以上、言いようがない。過去に前例がないものに対して、過剰な予防措置を講じるのも、あまり現実的じゃないでしょ。

藤崎　うーん。まあ、そうですね。

長沼　遺伝子の組み換え実験というのがあるよね。特に最近はメタゲノムといって、環境中から微生物を培養しないで遺伝子だけ、DNAだけを採ってきて、それをまとめて調べようという手法がある。そのときには、しばしば大腸菌やそのほかの微生物に遺伝子を組み込んじゃうのね。組み換え遺伝子実験をする。このメタゲノムの中には、もしかしたら病原性を持つ病原菌由来のゲノムもあるかもしれないよね。そんなものを大腸菌に組み込んだら、大腸菌が何かすごい病原性を持つかもしれない。それは十分に可能性がある。ただ文部科学省の見解によると「深海底や火山域などのような極限環境からは、そうした病原菌が出てくることはほとんどないと科学的に推定できる」と言われているのよ。

藤崎　へえ。推定できる？

長沼　うん。そういった見解を、すでに文科省も持っている。われわれもまったく同じ見解だね。だから、これと同じような論理で、放射線を浴びたからといって病原菌が出現するということは、ほとんどゼロに近いだろうと思っている。

藤崎　それは、われわれと彼らがかけ離れている、進化の道筋からして非常に遠いということとも関係している？

長沼　まあ、何が病原性を引きおこすかというのは、よくわからないということ。
藤崎　そうでしょうね。ところで核廃棄物だけでなく、二酸化炭素を地下に捨てようという話もありますが、そっちの影響というのは考えられているんですか。
長沼　どうだろう。影響というのは、微生物に関して？
藤崎　例えば大量の二酸化炭素を地下に埋めると、微生物学的にはどうなんでしょうか。影響は何か予想されていますか。
長沼　計画段階においては、ほとんど考えられていないと思っていいだろうね。われわれも地下の微生物の反応は遅いという認識があるので、それほど目立ったことがおこり得るとはあまり想定してない。ただ二酸化炭素の場合は、液体にして埋めるわけね。地中に大きな貯蔵タンクをつくるのか、あるいは岩盤をくりぬいて送り込むのか、よくわからないけれど、どちらにしても液体の二酸化炭素を地中に貯蔵する。実は岩盤をくりぬいた巨大な地下空洞に液化天然ガスを送り込んで、そこに封じ込めるという発想はすでにあって、実際に仕事が進んでいる。その際、ある程度のガス抜きが必要なのね。液化といっても、部分的には気化する。気化してガス圧が高まると、そのうちボーンといっちゃうからね。その意味では岩盤に、ほどほどの亀裂があった方がいいんだ、大気にガスが抜けていくように。それは、多分二酸化炭素も同じ。その亀裂を広げるとか塞ぐとかいうときに、微生物の話が出てくるだろうね。
藤崎　そういうところでの影響は……。
長沼　地下に二酸化炭素や液化天然ガスを埋めたら、微生物が影響を受ける、これは確かにあり得るよね。でも、もっと大事なのは、穴を掘ること自体なの。穴を掘るということは、そこに空気を持ち込むわけでしょ、酸素が含まれた空気を。
藤崎　そうですね。
長沼　今まで酸素のない世界だった無酸素ワールドに酸素が入ってきて、後で栓をしても、そのときに入り込んだ酸素はしばらくそこに留まって、酸化的な環境

写真１　地下200 mでの対談中の一コマ

ができる。そのときに、酸素に弱い生き物たちはバタバタ死んでいくわけね。もちろん栓をしてしまえば、だんだん酸素も減り、次第に酸欠になってくる。地表から持ち込まれた酸素が好きな生物も死んでいって、かつての嫌気的な地下生態系に戻っていくだろう。けれど一度絶滅したものが復活するのか、新しい菌が生えてくるのか、それはわからない。これをどう捉えるかだね、環境破壊か、容認できる範囲か。

藤崎　アセスメント（影響評価）ですね。

長沼　地下という広大な空間から見れば、そんなものは点にすぎないという発想もあるだろうという気はする。

藤崎　でも、その点から面に影響が広がらないのかというところも、まだわかっていないですよね。

長沼　まだわからないね。

コラム対談9　D型生物の発見に人智を尽くすとき

藤崎　光学異性体、キラリティについてですが、あれは簡単に言うと、二つの分子の構造が、それぞれ右手と左手にたとえられるような対称性を持っていることですよね。見た目は似ているけれど同じではない。

長沼　D型（dextro-rotatory：右旋性）、L型（levo-rotatory：左旋性）という鏡像関係にある二つの分子は、凝固点あるいは沸点といった物理的な性質は全く同じ。

藤崎　構造もまさに鏡で映したように対称なんだけれど、重ね合わせることはできない。

長沼　まあ、普通に実験やったときには、両者の違いは少ないんだけれど、そこに生物が関わった瞬間、どんどん違ってくる。生物は片方しか使わないから。

藤崎　地球上の生物のほとんどは片方、L型なんですよね。

長沼　アミノ酸はね。

藤崎　例えば宇宙から飛んできた岩の中に入ってる生き物が、D型のアミノ酸である可能性も大いにあるのではないでしょうか。

長沼　あると思う。このアミノ酸のL型、D型の問題は、多分、本当に人類の英知を総結集して研究しなくちゃいけないテーマだと思う。本質的に、まずそこが解決できないと、生命の起源がわかんない。

藤崎　やっぱりそうですか。

長沼　今まで行われてきた生命の起源についての議論は、そこを全部避けて通ってきたわけ。

藤崎　何でL型のアミノ酸なのかということに答えていない？

長沼　今、いちばん受け入れられているのは、宇宙からの方舟に乗っかって地球に有機物が降ってきたとき、有機物がすでにLかDに偏っているという考え。

藤崎　降ってくる有機物がすでに偏っているんですか。

長沼　なぜ偏るかというと、宇宙からやってくる光——言い換えれば電磁波ね——が宇宙空間を進む間に、光の方向が右巻きか左巻きのどっちかに固定されちゃうと、その光を受けて生成された分子も左か右かどっちかに偏っているというわけ。

藤崎　光によって、そう組み立てられてしまうのですか。

長沼　うん。ものがつくられるときには、光の影響、紫外線とかエックス線の影響をいちばん受けるの。

藤崎　宇宙には、右巻きの光もあれば左巻きの光もあるんですよね。

長沼　そうね、五分五分。全体では五分五分なんだけど、場所によってデコボコがある。

藤崎　地球の周りは、たまたま左巻きの光が多かった？

長沼　そうそう。それに宇宙から見たら、太陽系なんてちっぽけなもの、ある一点に過ぎない。だから太陽系のある場所で右巻きの光が多いとか、左巻きが多いということがあっても構わない。

藤崎　でも、実際には地球にも、D型がいるかもしれないですよね。

長沼　いやー、地球の生命は、事実としてアミノ酸はL型ばっかりなのよ。ただ、それが必然なのか、偶然なのかさえよくわからない。宇宙からの光だとか、何か別の理由があって必然的にL型なのか。もしかしたら偶然かもしれない。いや、どっちでもいいという考え方もある。当初、L型とD型がほぼ五分五分の51％対49％だった。それが何らかの増幅反応によって、どんどん格差が広がって、今では100％対0％になっちゃった。そう考えれば、出だしはどうでもいい。

藤崎　L型もD型も、両方同じようにいたかもしれない。でも、たまたまL型がちょっとだけ多かった。その差が三十数億年たったら……。

長沼　いや、もっと早い段階だろうね、きっと。

藤崎　そうですね。

長沼　そういうことも考えられるし、あるいは昔、L型とD型との間で戦争があって、平和を好むD型が敗れ、獰猛なL型が残った可能性だって考えられる。

藤崎　ああ、なるほど。となると、今もD型の残党がどこかに隠れて生き残っている可能性も……。

長沼　とにかく、本気で人類の英知をこの問題に結集した方がいいと思っているんだ。もしＤ型生物を発見したら、ものすごいインパクトだよ。地球上であれ、どこであれ、Ｄ型生命体を発見したら、宇宙人の発見にも等しいぐらいの評価を受けるだろうね。それは、すなわちわれわれと違った系統がここにいる、「We are not alone」なんだからね。

藤崎　なるほど、異星人の発見と同じであると……。

長沼　同じ。すごいことなんだよ。その発見によって、われわれと違う系統がここに存在したし、今でもいる、ということが言える。これをどう考えるかは、人間の哲学にも関わってくる大きな問題。そのためにわれわれは、実際の可能性はゼロに等しいかもしれないけど、とりあえずやり続けてきた。

藤崎　とりあえず、どこを探しているんですか。

長沼　それはもう、あらゆる場所。

藤崎　いろんなところからサンプルをとって……。

長沼　潜入して。

藤崎　ところでＬ型とＤ型は、そもそも食い合いはしないんですよね。

長沼　わからんよ。

藤崎　わからん？　でも栄養にならないですよね、お互いに。

長沼　Ｄ型とＬ型を変換し合う方法がある。それで変換しちゃえば食える。

藤崎　変換しちゃえば食えるようになる……恐いですね。

長沼　もし宇宙人に出会ったら、まず確認した方がいいね。

藤崎　例えば、ここに何か見知らぬ人が来たら、俺はＬ型人間だと。お前はＤ型だと……。

長沼　とりあえず、今すぐに食い合いはしないと（笑）。

藤崎　だけど、油断してると……。

長沼　酒に何か仕込まれたり（笑）。

藤崎　相手がＤ型だからって、うっかり心を許して酒飲んだりしちゃいけない……って、そんなことはあり得ないでしょう（笑）。

第6幕

宇宙空間で生き延びる方法

大学共同利用機関法人　高エネルギー加速器研究機構
茨城県つくば市大穂1－1
tel. 029－879－6047

高エネルギー加速器研究機構のBファクトリーにて

*放射線という極限環境

藤崎　今回は、高エネルギー加速器研究機構(*1)にやってきました（写真1）。まずこの現場について説明しておきましょう。ここには「加速器」という実験装置があります（写真2）。この中で電子や陽子などの粒子を加速して高エネルギー状態にします。それから、粒子同士をぶつけたりすることによっておこる反応やふるまいを調べ、物質の根源や起源に迫ったり、物質の構造や性質を探ろうとする研究が行われています。

　加速器にはいくつかあって、加速する粒子で分類すると、電子を加速するものと陽子を加速するもの、また、形態では線形加速器と円形加速器があるそうです。そして電子の加速器では稼働中にだけ放射線が発生しますが、陽子の方は稼働してないときにも放射性物質が存在しているので容易に人が近づけない……。

長沼　実験施設そのものが、放射能を帯びてしまう。したがって、ここでは放射線の検出や安全に閉じ込めておくための研究にも力を入れている。

藤崎　実は今回のテーマは、その放射線に曝されているところを極限環境として捉えてみるということなんです。まず人間をはじめとする普通の生物というのは、放射線を受けるとどういう影響があるんでしょうか。

長沼　放射線には、電磁波と粒子線がある。電磁波というのはX線、紫外線、あるいはガンマ線など。ここで注目したいのは粒子線、α線とかβ線の方ね。そういうものは粒子で、ものに当たると悪さをするわけ。とくに粒子が「ハイスピード（高速）」で飛んでくるということは、言葉を換えると運動エネルギーが大きい「ハイエナジー（高エネルギー）」の状態。そうした高エネルギーのものが宇宙を飛び交っているから、もし生命が宇宙に進出しようとすれば、宇宙を飛び交うこの高速な鉄砲の弾でババババって撃たれて死んじゃう。放射線は生命にとって最大の脅威。これにかなう生命は、なかなかない。

藤崎　死ぬというのは、細胞を物理的に壊されるということですか。

長沼　原子と原子がぶつかって壊されるという可能性は、小さいと思う。むしろ多いのは放射線が通った後に、例えば水の分子がラジカルになっちゃうこと。

藤崎　ラジカル？

長沼　うん。放射線というのは、自分が通った後にいろんなものをイオン化することができる。空気であれば空気の分子を、水であれば水分子がイオン化する。ただのイオンだったらいいんだけど、ラジカル、つまり非常に活性化した活動的なイオンになるわけ。

藤崎　いわゆる「フリーラジカル」とかって、最近話題になっている……。

長沼　そうそう。フリーイオン、特にフリーのプラスイオンというのは、何かに触れると、たちどころに相手を酸化してしまうという活動的なものなんだ。そういったイオンを大量につく

写真１　広大な敷地を持つ高エネルギー加速器研究機構（KEK 提供）

写真２　一周３km にもなる加速器（B ファクトリー）が収められたトンネル

るのが放射線の粒子。粒子線によってそういうイオンがつくられて、生物の細胞を壊す。あるいは中に入っているＤＮＡの二重らせんを切るなどのダメージを与える。

藤崎　二重らせんが切れるというのは、物理的に切られるわけじゃなくて、粒子が通った後のイオン化したものによって？

長沼　そうそう。水は生命にとってなくてはならないものだけれど、水があるばっかりに、放射線が飛んできたらラジカルになって生命を傷つけてしまう。だから、例えば人間が何百万年もの長期間冬眠できたとする。でも、その間に宇宙線が何個も何個も飛んできて、体内の水がラジカルになったら、それで終わりなの。冬眠するときには水を抜かないといけない。水分は生命に必要だけど、逆に生命を傷つけるものでもある。水は本当に不思議なものでね。

藤崎　では乾燥状態にある生物だったら、わりと傷つきにくいと……。

長沼　そう、今まさにその実験をやっているんです。

＊１　茨城県つくば市にある大学共同利用の研究機関。巨大な加速器などの装置で基礎科学の研究を行う。ホームページは以下。http://www.kek.jp/ja/index.html

＊放射線を浴びても死なない微生物

長沼　ところで、ＳＦの世界で最も長く冬眠した人って知ってる？　アーサー・Ｃ・クラークの『２００１年宇宙の旅』に出てくる、宇宙船ディスカバリー号の副長フランク・プール。彼は宇宙船のコンピュータＨＡＬ９０００によって宇宙空間に放り出され、宇宙服に穴があいて、乾燥・凍結して死んだの。ところが、その後１０００年間宇宙を漂い、３００１年に海王星の軌道近くで発見され、蘇生するんだ（シリーズ完結編『３００１年終局への旅』）。

藤崎　宇宙は乾燥しているから、体内の水分が抜けた。

長沼　乾燥していれば宇宙の放射線がなんぼ飛んできても、それほど強いダメージはない。今、われわれは微生物を用いて同じような実験をしている。微生物を乾燥させて、そこに放射線、X線を当てて、後で水を戻してあげると還るんだけれども、予想以上に死ないよ。人間だったら死んじゃうような高いレベルの放射線を当てたって死なないんだ、水さえなければ。

藤崎　通常の状態で、人間はどのくらいの放射線に耐えられるのですか。

長沼　放射線の強弱を表すものに「グレイ（Gy）」という吸収線量(*2)の単位がある。10Gyの放射線に曝されると、人は死ぬ。

藤崎　地球上で一度に10Gyを浴びる環境というのは、自然にはない？

長沼　ないね。地球上では普通は、例えば1年間に1mGy（ミリグレイ）とか10mGyとか。もちろん放射線は宇宙線として上から降ってくるし、地球の内部の岩盤にも放射能があるけど、それを合わせても数ミリグレイとか数十ミリグレイ。おそらく、そんなものだよ。

藤崎　じゃあ加速器の実験施設の周りとか、原子力発電所とかにいない限りは大丈夫ですね。

長沼　逆に、こうした施設の方が放射線に対してそれなりに態勢をとっているから安全だろうね。

藤崎　それにしても、人間では耐えられないような放射線レベルの中でも生きていられる放射線耐性菌、こいつらは普通どこにいるんですか。

長沼　昔、アメリカで放射線を当てて食品を殺菌しようという実験があったわけ。例えば肉は放っておくと腐っちゃうから、放射線を当ててバクテリアや微生物を殺してしまえばいいだろうと考えてね。そこで大概のものは死ぬようなレベルでやってみたんだけれど、肉は腐ったの。

藤崎　腐った？

長沼　うん。それで腐った肉から微生物を拾ってきたら、それが放射線耐性菌だった。こいつがすごくて、人間の致死量の500倍、1000倍の放射線を当てても死なないし、1500倍当てても3分の1は生きているんだよ。

藤崎　それが、肉を腐らせた微生物だったんですね。そいつらは、こういう放射線の多いところでは優先的に存在しているんですか。

長沼　他の菌が死んじゃうからね。でも普通、自然界においては、こいつらがメジャーになることはないだろう。この放射線耐性菌のことを「デイノコッカス・ラジオデュランス *Deinococcus radiodurans*」（写真3）というんだけれど、放射線というのは一つのファクターにすぎない。放射線あるいは高温、低温、その他諸々のどんな極限環境にも強い。で、極限環境といわれるところで微生物が見つかるでしょ、そうすると必ずデイノコッカス・ラジオデュランスが出てくるの。

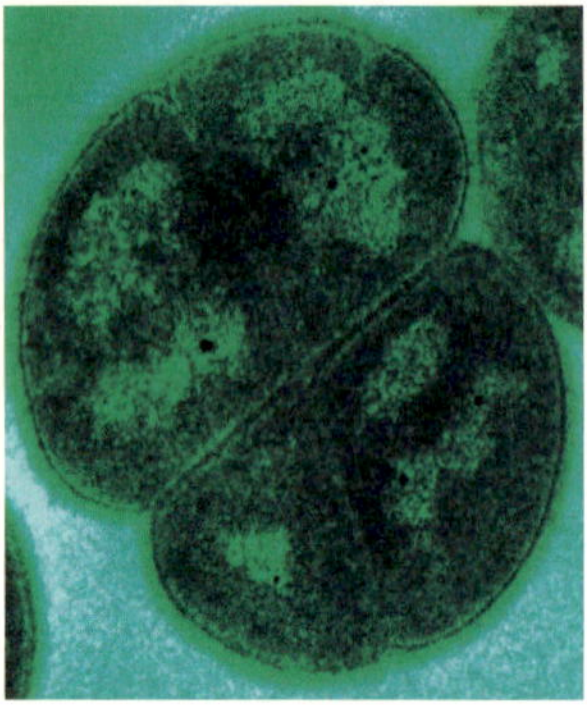

写真3　デイノコッカス・ラジオデュランス

藤崎　今まで行かれた南極とか、あるいは熱水噴出孔とか、砂漠とかで？　そうすると、ハロモナスにちょっと近いような。

長沼　ハロモナスとデイノコッカスは近いところがあって、両方とも乾燥に強く水分を抜かれても死なない。まあ、一つの極限環境生物の生き方として通じるところがある。水分がなければないなりに、そこで耐えていけるものが、多分最強の生物なんだね。条件が悪化したら、水分を抜いちゃえばいい。

＊2　放射線が物質に吸収されるときの単位質量ごとに与えられるエネルギー量。単位の「グレイ（Gy）」は「ジュール（J）／キログラム（kg）」に等しい。さらに吸収線量に放射線の生体への影響（線質係数、加重係数）を加味して、人体への放射線の影響（線量当量）を表わす「シーベルト（Sv）」という単位もある。3・5Svの放射線に曝された人は50％の確率で死亡するとされる。

＊デイノコッカスはＤＮＡを修復できる

藤崎　放射線耐性菌がなぜ放射線に強いのか、そのメカニズムはわかっているんですか。

長沼　デイノコッカス・ラジオデュランスに関しては、つい最近、わかった。とにかく放射線を当てるとＤＮＡがブチブチ切れるわけ。そうすると、小さく断片化しちゃうわけだよ。普通なら、断片化したらもうそれで終わり。ところが、このデイノコッカスがすごいのは、まずゲノムを複数に持っていること。

藤崎　複数に？

長沼　うん、２コピーとか３コピーとか。大腸菌なんかは１コピーなの。複数に持つということは、断片化したときにどれも全く同じようには切れないから、お互いに切れている場所が違うことで補い合えるということ。

藤崎　つき合わせてみれば、修復できる。

長沼　修復するには、断片化されたＤＮＡをもとの長いＤＮＡに戻さなきゃならないわけ。それは、実はわれわれ人間がゲノム解析でやっていることと同じなんだ。われわれがゲノムを解析するときも、ＤＮＡの塩基配列を切断しながら少しずつ遺伝子を読んでいき、通称「リード」と呼ばれる読みとったデータを溜め込んでいく。そうして今度はデータとデータの重複する部分をつなぎ合わせて、もとの塩基配列に戻していくわけ。データの端っこの方と、別のデータの端っこの方を重ねながらね。

藤崎　少しずつ重ねながら？

長沼　うん、ＤＮＡをランダムに断片化した短いデータの端っこと他のデータの端っこは、お互いに重なる部分があるから、それを少しずつ重ねて断片をつないでいく。デイノコッカスは、われわれと同じことをやっている。しかも人間がパソコン上でやっていることを、こいつらは自分の細胞内でやる。

藤崎　それは細胞のどこがやっているんですか。細胞の中にそういうコンピュータがあって、「あっ、これとこれはつながるな」とか……。

長沼　ＤＮＡがお互いにくっつくという、性質上の特性からね。

藤崎　自分で、正しい相手を探していく？　デイノコッカスは、そういう能力に長けているということですか。

長沼　長けているんだけれども、そんな能力をいったいどこで手に入れたのかわからない。

藤崎　前にネットで調べてみたら、ある人は「乾燥耐性を手に入れたときの副産物だ」と説明しているようです。乾燥すると、やっぱりゲノムもブチブチになるんですか？

長沼　乾燥しても、別にブチブチにはならない。

藤崎　そうでないとすれば、地球上に存在するウラン鉱床なんかで自然に臨界に達しちゃった天然原子炉のようなところで生きていたやつが、能力を獲得したんですかね。

長沼　まあ、それは、あまりにもできすぎた話だよなぁ（笑）。

藤崎　それとも宇宙に近い成層圏あたりに暮らしていて、大量の宇宙線に当たっているうちにそうなっちゃうとか。

長沼　確かに成層圏から微生物を拾ってくると、デイノコッカスに近いものがとれるから、そういうことも確かにあり得るよね。われわれは深海とかいろいろな場所で調査をやっているけど、まだやっていない場所が成層圏なんだ。そこを調べてみると、そういうのがいっぱい出てくるかもしれない。

＊宇宙放射線から守られている地球

藤崎　成層圏の先には宇宙があって、そこには人間の致死量を超えるような放射線も飛び交っているわけですよね。

長沼　ええ。人間が宇宙進出するとか、あるいは宇宙で生命を探索するときに、一番問題なのは無重力じゃなくて放射線。地球には厚さ約１００㎞以上の大気があって、それでずいぶんと放射線や紫外線なんかから守られている。さらに上に行くと、今度は「ヴァン・アレン帯」(＊3)（図1）といって、やはり宇宙放射線から地球を守ってくれている層がある。その中もその先も、もう放射線の嵐。だからスペースシャトルも、最高高度は５００㎞くらい。国際宇宙ステーションも高度４００㎞とか、そんなもんでしょう。

図1　高度2000〜2万kmの範囲で、地球をドーナツ状に取り巻くヴァン・アレン帯

藤崎　なるほど。ロシアのミール宇宙ステーションも、そのあたりでしたか。

長沼　そうそう。ほとんどの人間の宇宙活動は、いわゆる低軌道という高度200kmくらいから、せいぜい400〜500kmで行われている。ヴァン・アレン帯を突き破ったのは、月まで行ったアポロ・ミッションだけ。さらに今後、火星ミッションとかになったら、大変なことになるだろうね。

藤崎　人間も含めて、生物が宇宙放射線に曝されたらどうなるのかという研究はありますか。

長沼　今までの研究は、ほとんどがヴァン・アレン帯の内側、比較的弱いレベルの放射線の範囲内で行われてきた。でも生命の種が宇宙にあった可能性を探るとか、今後人類が遠い宇宙に飛び立つことを考える場合には、われわれはヴァン・アレン帯の外側の話をしなければならない。そこには、今までとはけた違いのすごいレベルの放射線が存在するわけ。
　一つの考え方として粒子を野球のボールにたとえた場合、放射線の強さを球速とすると、宇宙では地球の周りよりもっと球が速くなる。それから球数も増える。地球の周りでは、せいぜいオレたちが投げる程度の球がときどき何個か来るような低レベルの話よ。それでいうとヴァン・アレン帯といったら、レッドソックスの松坂のような、いやそれ以上のすごいスピードの球がボンボン飛んでくるわけ。それが片っ端から当たるわけだよ、ババババって。
藤崎　実際に宇宙での、人への宇宙線の影響を調べたのは、アポロだけ？
長沼　アポロだけだよね。もちろん静止衛星は高度約3万6000㎞の静止軌道上にあるわけだから低軌道より上だけれど、人間も他の生き物も乗っていないからね。
藤崎　そのアポロに乗った人たちの医学的な研究というのは……。
長沼　ある。被爆については、死ぬほどではないけれども、大変な量を被爆している。でもアポロ・ミッションは、月に行って帰ってトータル1週間とか、その程度の期間だからね。そのくらいなら大丈夫だということはわかっているけれど、火星ということになると、やっぱり何年という単位だからね。
藤崎　少なくとも半年、1年はかかりますよね。長期的な影響は、アポロの研究でもわからないのですか。
長沼　わからない。とにかく宇宙で飛び交っている放射線のスピードっていうのはものすごいもので、このすごいスピードの粒子線は地上ではなかなか再現できないのよ。だからこそ、加速器を使っている。
藤崎　加速器で、宇宙線を再現することはできるのですか。
長沼　ここにあるのは、地球上でも最も優れた世界最高クラスの加速器。宇宙に存在するような、すごいスピードまで粒子を加速できる。
藤崎　それは先ほどのたとえでいうと、球のスピードの話ですね。あと、宇宙を再現するとしたら、球数？
長沼　球数もだけれど、球の種類もある。例えば、一番小さい球は電子で、これは素粒子の一つ。素粒子以上の物質でいえば「陽子（プロトン）」が最小。水素の原子核だね。でも、もっと重たい鉄の原子核だと、ものすごいエネルギーを持っているわけ。同じスピードでも、重さが50倍以上違うんだからね。
　その一発が宇宙船に当たったとすると、宇宙船の船体をつくっている物質と反応して2次、3次、4次と放射線は鼠算的に増えていくわけだよ。だんだんエネルギーは低下していくんだけれど、それでも弱い粒子とはいえ鼠算的にバババババって……。

藤崎　宇宙では、鉄の粒子が宇宙線と一緒に飛んでいることがあるんですか。
長沼　宇宙にある元素は、まず水素。水素から始まって、どんどん核融合反応していって、最後は最も安定した鉄になって終わる。だから今、鉄に向かってすべてが移行中なわけ。数もそんなに少ないとは言えない。むしろ多いと言ってもいい。
藤崎　鉄の粒子が、ですか。
長沼　うん。地球だって３分の１以上は鉄だよ。
藤崎　加速器で、鉄も加速できるのですか。
長沼　これは電子や陽子の加速器だから、鉄イオンは加速できない。
藤崎　次にできる加速器では？
長沼　東海村でつくっている「Ｊ‐ＰＡＲＣ」も陽子だね。でも現在、もともとここにあった加速器を改造中で、やがて鉄も含むすべての元素の原子核を加速するようなマシンができるはず。その日が楽しみだなぁ。
藤崎　すごいですね。
長沼　エネルギーがもうちょっと弱いものであれば、すでに千葉の放射線医学総合研究所に「重粒子線がん治療装置　ＨＩＭＡＣ[＊4]（ハイマック）」という重粒子加速器があって、いろいろな重たい元素も加速して活用できる。

＊3　地球磁場に捕らえられた高エネルギーの陽子や電子などからなる放射線帯。高度２０００〜2万キロメートルの範囲で、地球をドーナツ状に取り巻いている。アメリカのヴァン・アレンによって発見されたのが名前の由来。

＊4　Heavy Ion Medical Accelerator in Chiba の略。放射線医学総合研究所のページを参照。
http://www.nirs.go.jp/research/division/charged_particle/himac/index.shtml

＊地球生命の起源は宇宙?!

藤崎　いろいろな粒子が飛びまわっている宇宙で生命が誕生したというのが「パンスペルミア仮説」ですが、これはどういう仮説なのですか。

長沼　地球の生命の起源が地球にあるのか、あるいは宇宙にあるのかというのは、昔から問題になっていた。今、いろいろな人が、生命が誕生したのは海底火山だったとか、地底だったとか言っている。それはそれで合理的な説明ができるんだけれど、その一方で最初の生命は、ある日、宇宙からやってきたんじゃないかという説がある。これがパンスペルミア仮説。

パンスペルミアとは「pan：汎　spermia：胚種」で、宇宙胚種とでも呼ぶべき生命体を意味する。この仮説では宇宙生命がどうやって誕生して、どのように生き続けてきたのかが明らかにされておらず、単なる「問題の先送り」であるとも言われている。でも、それはちょっと置いといて、宇宙のどこかで生まれた生命が、あまねく宇宙に拡がっていき、その一つが地球に降ってきて地球生命となったという考え方は、とても面白い。18世紀ころには、すでに考えられていたらしい。当時の人々の宇宙観はよくわかんないけれど、とにかく地球の外側からやってきたと考えたんだね。

藤崎　最近は彗星などの天体によって、宇宙から地球に飛来したという説もあるようです。フレッド・ホイル（１９１５～２００１）という人でしたかね。

長沼　イギリスの天文学者・物理学者でＳＦ作家でもあるフレッド・ホイルと、その弟子のスリランカ出身の科学者チャンドラ・ウィックラマシンジね。それから二重らせん構造の発見者の一人でもあるフランシス・クリック（１９１６～２００４）も、パンスペルミア仮説の支持者。

藤崎　先生もそれを検証しようと、研究を進めておられるそうですね。

長沼　検証は難しいんだけど、パンスペルミア仮説というのはとても面白いからね。それで、考えてみると、やっぱり宇宙において生物や生命に一番厳しい条件は放射線。その放射線から生命を守る方法は、たった一つしかない。それは遮蔽。遮蔽以外にあり得ない。遮蔽物というのは、地球の場合であれば厚さ約１００㎞の大気。その外側に地球の磁気圏があって、それがヴァン・アレン帯をつくっている。そうした遮蔽物が地球にはある。では、こうした遮蔽物としての大気圏がない場合はどうすればいいのか。

そこで遮蔽物になり得るのは、おそらく石だろう。石の中に隠れていれば、多分、大丈夫。例えば地球でいうと、約１００㎞の大気下にわれわれはいる。その大気の重さがかかっている地表が1気圧。水の世界では、深さ10ｍで大気の1気圧と同じ。これはそこにある物質の重さだよね。じゃあ水10ｍに匹敵する石の厚みってどのぐらいかというと、たかだか2〜3ｍ。だから例えば直径５ｍの岩があるとする。そのど真ん中は、どの方向から見ても２・５ｍの遮蔽ができている。これだけあったら十分。大気１００㎞の厚さに相当するわけ。

じゃあ、ヴァン・アレン帯まで考えたときには、何メートルの岩があればいいだろう。それには鉄の粒子にスピードを与えて、岩に当たったらどうなるかを調べないといけないんだけれど、今は計算で出る。ただ、あくまでも計算上の話。多分、正しいだろうけれどね。あとは、やっぱり実験的にやらなきゃだめだよね。

藤崎　先生が進めておられるプロジェクト、正式名称は「隕石・彗星内ハビタブルゾーン」の研究、通称「パンスペルミアの方舟」というのは、まさに宇宙の「方舟」をどういう材料でつくったらよろしいかということを調べているのですか。

長沼　というか、結局は「材料」ではなくて「重さ」なんだよね。

藤崎　つまり、どれくらいの大きさの方舟を、どういう素材でつくったらいいのか。もちろん方舟といっても本当に木ではだめで、水でもだめ。気体だったら巨大な方舟になってしまう。

長沼　石がいいんじゃないかな。

藤崎　同じ船を石にするのと気体で包むのでは、大きさも格段に違ってくる……。

長沼　彗星っていうのは、言ってみれば氷の塊だよね。

藤崎　氷でもいい？

長沼　水の10ｍが石の２〜３ｍに相当するという発想でいけばいい。その程度で済むんだったら、まあ、氷でもいいかな。とにかく「これだけの遮蔽だったら、何とか中心部分は大丈夫そうだよね」ということを見出したい。そして、より生存可能性の高いサイズの隕石や彗星が、どのぐらいなのかということを見たい。

藤崎　その大きさや重さを調べるために、これから加速器を使っていこうというわけですね。

＊水とＤＮＡを抜いてしまえば大丈夫

長沼　今、加速器の実験で使っているのは放射光[＊5]といって、粒子線でなくＸ線とかの電磁波なの（写真４）。陽子加速器の改良工事が終わったあかつきには、重たい元素まで加速できるようになる。そのときには、重たい粒子線を当てさせてもらいたいと思っている。

藤崎　（研究用の）方舟自体は、何でできているんですか。

長沼　方舟は、実は何でもいいんだけどね。石でいい。

写真４　長沼が実験を行っている放射光科学研究施設内部

藤崎　何か適当に石を持ってきて、実際にＸ線を当てて……。
長沼　今はね、むき身の生き物に当てている。
藤崎　むき身の生き物？
長沼　つまり生の生き物にＸ線を当てて、どう死ぬかというのを先にやっておかないと、遮蔽の効果が評価できないからね。
藤崎　ああ、最初は遮蔽なしで、ということですか。その剥き身の生き物というのは？
長沼　今は例のデイノコッカス。水があると死ぬから乾燥させる。乾燥させて、またあとで水に浸けて戻せば生き返る。乾燥させたものだと、ものすごい量のＸ線を当てても死なないんだ。
藤崎　Ｘ線を、どのくらい当てたんですか。
長沼　多分、人間が死ぬレベルの１万倍から10万倍は当てている。
藤崎　それでも、１匹も死ななかったのですか。

長沼　１匹もということはないけど、「えっ、こんなに死なないの」というくらい死なない。大腸菌もやったけれど、やはり思ったほどは死ななかったね。

藤崎　デイノコッカスと大腸菌とでは、どのくらい違うのですか。

長沼　水を抜かない普通の状態のものには、大腸菌は10倍くらい死ぬ。だから水を抜くといいね。

藤崎　当てたよ。でも、すぐに死ぬ。デイノコッカスも生き残っているやつはいたけど、やっぱり少ないなあ。乾燥させた場合とは、全然けたが違う。

長沼　じゃあ、デイノコッカスも死ぬことは死ぬ。

藤崎　強烈なＸ線だもの。

長沼　そのＸ線というのは、ここにある加速器を使って発生させたわけですね。

藤崎　そうそう。例えば大腸菌のある種のものでは、実験的にＤＮＡを持っていないものもつくれるの。

長沼　大腸菌の細胞なんだけど、ＤＮＡがない？　それでも大腸菌は生きているんですか。

藤崎　うん。ＤＮＡがなくても取りあえずは生きていけるんだよ。放射線の影響というのは、それによってつくられたイオン、つまりラジカルがＤＮＡをブチ切ることだから、ＤＮＡがなければ困らないわけで……。

藤崎　放射線を受けると、その大腸菌はどうなるのですか。
長沼　意外と死なないんだよね、やっぱり（笑）。
藤崎　DNAを持った大腸菌と持っていない大腸菌の違いはあるんですか？
長沼　うん。DNAを持っていないと、やっぱり弱いのよ。弱いから、放っておくと死ぬんだけど、それでも放射線を当てても意外に死なないんだということがわかった。つまり水がなくてDNAがなかったら、大丈夫って。
藤崎　人間も水とDNAを抜いちゃえば……。
長沼　大丈夫だろう（笑）。
藤崎　でも、それって放射線に対してだけですよね（笑）。

＊5　光速近くにまで加速された電子が、その軌道を曲げられたときに放出する光。紫外線からX線まで幅広い領域にわたる。

＊隕石から見つかった有機物

藤崎　パンスペルミア仮説については、本当の意味で生物が降ってきたという説もあれば、アミノ酸だとか有機物だとか生物の素が降ってきたという説もありますよね。
長沼　例えばハレー彗星、あれは氷と水蒸気の固まり。そういうものが、昔はそれこそたくさん地球に降ってきた。地球に存在する水は、全部じゃないにしても一部は、そうやって外から来たものでしょ。当然、それと同時に有機物も一緒に来たという考え方があっていい。

藤崎　2006年にNASAの日本人研究者らが、隕石から有機物を見つけたことが話題になりましたね。

長沼　カナダ北西部のタギッシュ・レイクというところに落ちた隕石から見つかった。

藤崎　何か袋状になっていて、細胞っぽかった。あれが、生物ということは？

長沼　うーん、難しいだろうね、言い切るのは。

藤崎　1996年になりますが、火星から来たALH84001という隕石の中に生き物の痕跡（写真5・6）を見つけたという報告(*6)がありました。真偽についての議論はまだ続いていますけど、否定する側の主な理由は「生き物としては小さすぎる」。でも地球で「ナノバクテリア」と一部の人が言っているものに近い、という見方もある。

長沼　うん、まさしくナノバクテリアでいい。実際に、あの石は火星の表面だったんだよ。火星に隕石が落ちて、その衝突によってパーンと飛び散ったものが、地球に降ったんだね。それをパカッと割ってみたら、中に細胞らしき形が見つかった。ああいった石の破片というのは生き物を中に入れたまま、少なくとも形は崩さずに飛んでくる。地球の大気圏に入るときに加熱されて、確かに石の表面は溶けるほど温度は上がるけれども、その熱は石の内部にまで至っていない。内側は、比較的低温。だから、あれはまさにパンスペルミアの方舟なんだ。

ただ入ってた微生物らしきものについては、「小さすぎるよ」という批判がある。形としてはミミズに似ていて、節目が入っているんだけど、節目から節目までの間を一個の細胞とみるならば、それは0・1㎛しかない。地球上で一番小さい生き物だって、0・2㎛前後。0・1

写真5　ALH84001隕石（NASA）

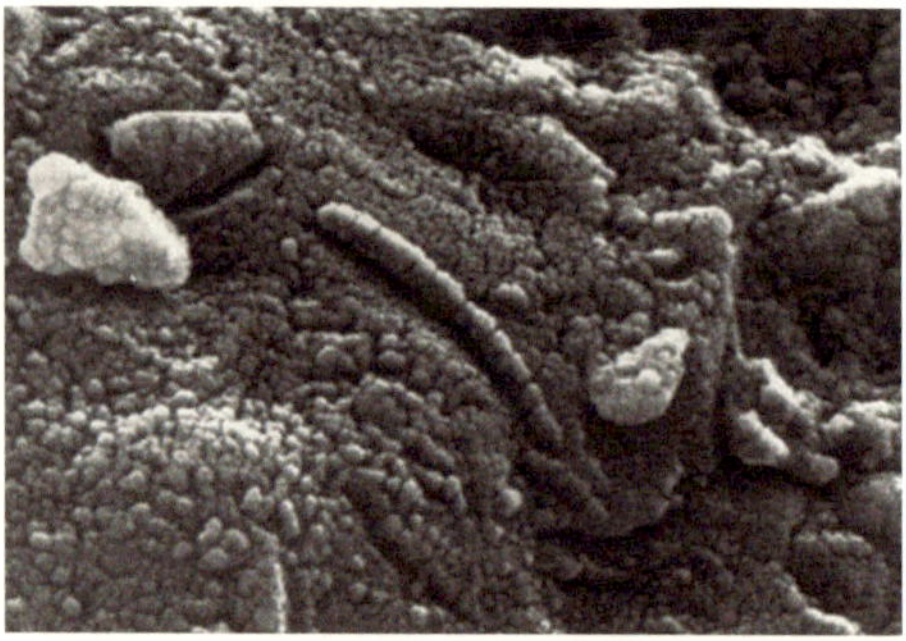

写真6　その隕石から見つかった生き物の痕跡らしきもの

㎛なんていうのは、理論的な最小値を超えている。実は、極限環境はここにもあるわけ。だから、そこにチャレンジしたら、いたのよ、ちっこいのが。

藤崎　生きているんですか。

長沼　生きている。ただ今までに捕まえたのは、ライフサイクルのある局面でのちっこい生き物。

藤崎　例えば、卵とか胞子みたいな？

長沼　いや。大きな細胞があって、環境悪化で細胞がブチブチ切れて断片化した小さいものが０・１㎛サイズ。でも、それを再びよい環境に戻してやると、またビヨーンと大きくなる。くっつくんじゃなくて、１個１個が単体として、また成長するの。

藤崎　プラナリアを切り刻むと、それぞれの断片がプラナリアになっちゃうように再生するということですか。

長沼　一応０・１㎛でもＤＮＡを持つ単体として生きていける。そういった、ライフサイクルの一部が小さい世界に入りこんだものは見つかった。でも本当に欲しいのは、一生、小さい世界で生命を全うするもの。今は見つかったのかな、違うのかな、という灰色の状態。確かにちっこいんだけれど、よくわからない。最初に取り出したのは、アメリカにいる地質学者。でも彼は培養もしないし何もやってないから、誰も信じていない。

藤崎　そうすると、今はまだナノバクテリアみたいなものが、確実に存在するということにはなってないのですか。
長沼　でも証拠となるような論文もたくさん出てきたから、次の10年の間には、もう市民権を得るんじゃないかな。

＊6　ＪＡＸＡ月探査情報ステーション「火星・赤い星へ」などを参照のこと。
http://moonstation.jp/ja/mars/life_on_mars.html

＊パンスペルミアはナノバクテリアか

藤崎　パンスペルミアとしては、小さい方が有利なんでしょうか。
長沼　いや、小さいことで犠牲もあるのね。普通の微生物の中で、ライト級サイズのものだと1㎛。そうすると0・1㎛というのは、体積にしてその1000分の1だよね。その小さいサイズに、ライト級と同じ一式が入っているわけ。そのためには部品の数を減らすか、個々の部品を小さくしなきゃいけない。一番でかい部品はゲノムだから、多分ナノバクテリアのゲノムは、とても小さいだろうね。
藤崎　以前にうかがった話では、おそらく1メガベースだろうということでしたよね。(＊7)
長沼　うん。1メガベースというのは、ＤＮＡの部品（塩基）でいうとだいたい100万個。

これが、僕にとっては一つの分かれ目の基準。というのは、今まで知られている単体で自立生活を営むものは、みんなゲノムサイズがこれより大きい。逆に小さいものは、どれも病原性か寄生性なの。つまり自分単体では生きていけない。ところがナノバクテリアは、どうやら単体で自立生活している。つまり初めて1メガよりも小さい自立生活者がわかってきて、そのゲノムが何かがわかれば、そこから生きるのに必要な最小限の遺伝子セットが見えてくる。また方舟に乗っかってくるものも、そんなにややこしいものはいないだろうと考えれば、火星からの隕石で発見されたものも決して小さすぎるということはない。

藤崎　方舟に乗る数についても、でかいやつより小さいやつの方がたくさん乗れるから、その分、生き残りやすいでしょうね。あと方舟の離着陸のときの話ですが、例えば出発するときとか、落っこちるときというのは、どうやって検証を……。

長沼　方舟というのは、大きければ大きいほどそれだけ厚みが増すからいいわけだよね。でも、その分、地球に落ちてきたときのインパクトも大きくなり、生存率が低下する可能性が高くなる。

藤崎　巨大な隕石がボーンと落ちてきて、例えば火星の表面の岩が宇宙まで吹き飛ばされたりするんだろうけど、そのときの衝撃とか熱とか……。

長沼　どうだろう、そのあたりは、よくわからない。例えばカイパーベルト(*8)、あるいはオール

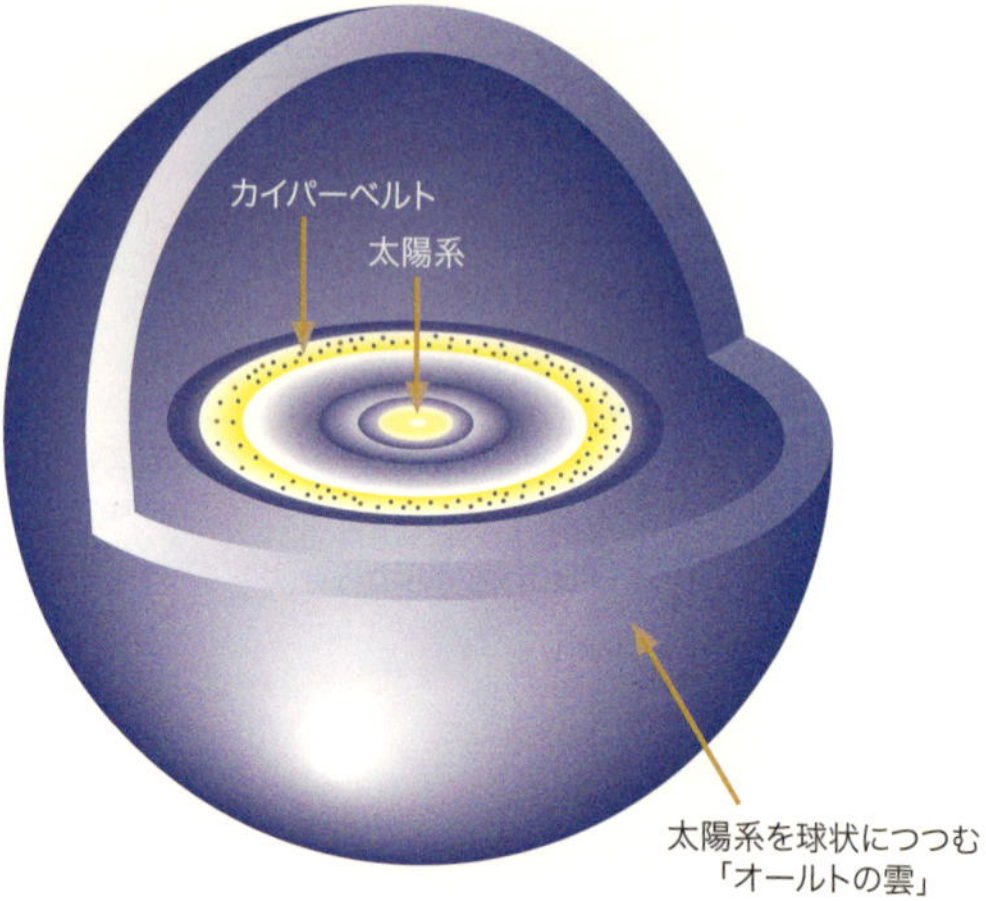

図2　カイパーベルトとオールトの雲

トの雲(*9)でもいいや（図2）。あのへんでプカプカ浮いている小さな塊でもいいわけだからね。

藤崎　なるほど。別に、わざわざ惑星から来なくてもいいわけですね。

長沼　生命の起源については、ホットスタートという説がある。その一方で、コールドスタートという説もある。

藤崎　コールドスタートというのは、例えば、すごく冷たいカイパーベルトのようなところで生命が誕生したという説ですね。それが細菌のような形にまでなって、地球にやって来ることも考えられると。

長沼　あり得るんじゃないかと思うし、わざわざそれを否定することもないでしょ。液体の水だったら絶対いいんだけれど、液体の水が悪さをすることもあるからね。面白いのは、太陽系の中ってそれなりに太陽に守られてるの。太陽系の外側に出ると、本当に外の荒海ね。そこは、もっと強力な宇宙放射線が飛び交っている。われわれは地球の磁場に守られていて、なおかつ太陽の磁場にも守られている。

藤崎　太陽の磁場にも守られてるんだ。

長沼　だから太陽系の一番端っこだと、そこでいったい何がおきているか想像もつかない。そういった想像もできない太陽系の端っこで生命が誕生したとしても、おかしくはない。

＊7　コラム対談4の『ＬＵＣＡ（ルカ）』はミトコンドリアの先祖?」の項を参照。

＊8　太陽系の海王星軌道より外側にある、多くの小天体が密集した領域。3万5000を超える天体が存在するとされる。20世紀半ばに、アイルランドのケネス・エッジワースとオランダ生まれのジェラルド・カイパーが、それぞれ彗星のやって来る場所として提唱したため、「エッジワース・カイパーベルト」とも呼ばれる。1992年にアメリカのデビッド・ジューイットとジェーン・ルーが、その領域に属する天体を発見して、二人の仮説は立証された。現在までに約1000個の天体が見つかっている。

＊9　太陽から6万〜10万天文単位（1天文単位は太陽〜地球間の平均距離）離れた場所で、太陽系を球殻状に取り巻いているとされる天体群。オランダのヤン・オールトによって1950年に提唱されたが、まだ確認はされていない。カイパーベルトが短周期彗星の「巣」と言われているのに対して、長周期彗星のやってくる場所とも考えられている。カイパーベルトとオールトの雲に関しては、以下のウェブページに詳しい。理科年表オフィシャルサイト。
http://www.rikanenpyo.jp/kaisetsu/tenmon/tenmon_011.html

＊方舟でやってきた生命の条件を求めて

藤崎　太陽系の端から出発して、地球まで落ちてくる間ずっと放射線を浴びて、大気圏では、今度はいきなり熱せられて、さらに衝突の衝撃も受けて……、それでも生き延びることができるような方舟の条件を探しているわけですね。

長沼　そうだね。大気圏突入で少しは溶けるかもしれないけど、内部までは加熱されないある程度の大きさが必要なんだ。ただ、あまりにも大きいと、地面にぶつかったときのショックが大きいからね。だから、そのへんの最適値を探っている。

藤崎　先ほど、だいたい直径５ｍぐらいの岩とおっしゃっていましたが、直径５ｍの岩が地球に落ちてきたら結構すごい衝撃ですよね。そうすると、内部の生き物も生き残れないのでは……。

長沼　うん。確かに、地面に対して直角に降ってきたらそうなるけど、角度が浅く斜めに降ってくれれば、それなりに大丈夫。ただ直径５ｍというのは、あくまでも大気圏約１００㎞で防げるような弱い放射線の話ね。地球の磁場の外へ出たらもっと強いし、太陽系の磁場の外なんていったら、それはもう強烈。

藤崎　ただ内部にいる生き物が強ければ、方舟はそんなに大きくなくてもいいのでは？

長沼　そう。生き物の側からの成立条件も考えなくてはいけないね。

藤崎　そうすると生き物の強さ、放射線の強さ、衝撃の強さとか、いろいろなパラメータが必要になってくるわけですね。

長沼　本当に強い放射線、例えば高速の鉄の粒子なんかは、あるとはいえ、めちゃくちゃに多いわけではない。それが方舟と出合う確率というのも調査した。すると1億年に1回の確率なんだ。ということは宇宙を旅する時間が1億年よりも短ければ、そういう粒子線には出合わないかもしれない。そうなると、トラベリングタイムの問題なわけ。トラベリングタイムの間に何回そういうひどい目に遭うか、それも計算しなきゃいけない。

藤崎　時間もそうですし、距離もありますね。イコールですが……。あと、重力。無重力状態で長い間、過ごさないといけないですよね。

長沼　確かに無重力になると、放射線の影響を受けやすくなるという実験データがある。とはいえ、われわれが今、相手にしようとしているのは、そんなやわな生き物じゃないからね。

藤崎　これからの研究の展望と言いますか、計画はどういうふうに進めていかれるのですか？

長沼　最終的には、地球上でつくり出せないような高いレベルの放射線、粒子線に当ててみたいね。

藤崎　ここの加速器を使って、最強のものを。その先は、宇宙での実験ですか。

長沼　うん。実際に宇宙にいるものを調べたいわけだから。ただ宇宙環境にはそういう強烈なエネルギーを持ったものもあるけれど、問題はいろんな種類の粒子線がミックスしちゃうこと。そうすると、何の影響かよくわからないのね。その点、地球だと個別にできる。

藤崎　ただ逆に言うと、地上ではミックスの放射線は当てられないですよね。

長沼　当てられない。われわれは通称「カクテル光線（粒子線）」と呼ぶんだけど、カクテルビームを地上でつくるのは難しいだろうね。

エピローグ

生命は宇宙を破壊する

（ゲスト　佐々木晶）

国立天文台水沢VLBI観測所
岩手県奥州市水沢区星ガ丘町2－12
tel.0197－22－7111

国立天文台水沢VLBI観測所の電波望遠鏡前にて

＊銀河系の三次元地図をつくる

藤崎　地球規模の極限環境をイメージさせるさまざまな場所を訪ね歩きながら、辺境生物について対談を続けてきましたが、いよいよ今回が最後です。エンディングは宇宙に話を広げていきたいと考えて、岩手県にある水沢ＶＬＢＩ観測所[＊1]にやって来ました（写真１）。また今回は、惑星科学の専門家である国立天文台の佐々木晶（ささきしょう）教授[＊2]にも参加していただきます（写真２）。

佐々木　よろしくお願いします。

藤崎　こちらこそ。早速ですが、この水沢ＶＬＢＩ観測所で行われている大きなプロジェクトの一つがＶＥＲＡ（VLBI Exploration of Radio Astrometry：ＶＬＢＩ技術による電波位置天文学の探求）で、これは宇宙の地図をつくることと聞いていますが……。

佐々木　そうですね。電波望遠鏡を使って銀河系の三次元地図をつくるプロジェクトです。星までの距離や運動が意外と正確にわかっていないという大きな問題が、これまであったわけです。そこで複数の電波望遠鏡を使うＶＬＢＩ[＊3]（Very Long Baseline Interferometry：超長基線干渉法）観測の手法を用いて、星（電波天体）の位置を正確に計測しようということになりました。地球は太陽の周りを回っていますので、季節によって星が見える方向が違いますよね。そこで三角測量の原理を使って、星までの距離を調べるわけです。また同時にドップラー効果とかを使うと、星の速度や運動もわかります。そうやって、結構、遠いところにある星の距離を同定することができた。さらに太陽も銀河系の中をぐるぐる回っていますが、その太陽より外側の星の運動速度もわかりました。

長沼　昔風に言うと、確か太陽は2億年だか2・5億年だかで銀河の中心のまわりを1周するという……。

佐々木　外側もほぼ同じという予想通りの結果が出ています。

長沼　つまり、1枚のディスクのように回っている。

佐々木　ええ。研究によって、銀河系というディスクの回転を決めることができたというわけです。

藤崎　計測をするとき、クエーサー（電波星）とか分子雲[*4]とかが基準点になるんですか。

佐々木　クエーサーも電波を出しているんで、基準の点としてよく使います。クエーサーは銀河系のはるかに遠いところにあるので、場所が動かないと思っている基準点なんですね。

藤崎　「思っている」というのは?

佐々木　実際には多分、動いているんです（笑）。

藤崎　なるほど（笑）。

佐々木　星の絶対位置を決めるというのは、やっぱり結構しんどいので、その近くのクエーサーを探して、それとの相対位置を決めることが精度よく測定する方法です。普通は二つの星を見るときには、望遠鏡の向きをちょっと変えて同定するんですけれども、この望遠鏡は2ビーム望遠鏡といって、隣接する二つの天体を同時に観測できるんです。両方のシグナルをとって同定することができるので、位置の精密な測定が可能です。ただ、どこかでお聞きになったことがあると思いますけど、水メーザー(*5)という特定の波長、非常に鋭い波長を出す星を狙っている。すべての星が、何でもかんでも計測できるわけではないのです。

藤崎　そのメーザーって、分子雲から出てくるんですか。

佐々木　ええ。分子雲そのものからも出てきますし、星の周りからも出てきますね。

藤崎　へえ。

写真１　水沢 VLBI 観測所の電波望遠鏡

佐々木　私もそのへんはちょっと専門外なんですが、この研究の基礎研究として、そういった天体そのものを調べることもやっています。

＊1　ホームページは下記：http://www.miz.nao.ac.jp/vlbi/mizhome.html

＊2　ＲＩＳＥ月探査プロジェクト長。月や惑星の探査が専門で、火星探査機「のぞみ」や小惑星探査機「はやぶ

さ」、そして月周回衛星「かぐや」などの計画に参加してきた。宇宙風化作用の研究も行っている。TVチャンピオンで第6代ラーメン王になったこともある。詳しくは下記などを参照。
http://jouhoukoukai.nao.ac.jp/reslist/res.aspx?ID=9
http://d.hatena.ne.jp/shosasaki/

＊3　数十億光年かなたの電波星（クエーサー）から放射されている電波を、お互いに遠く離れた複数のアンテナ（電波望遠鏡）で同時に受信して、到達した時刻の差を精密に測定する技術。

＊4　宇宙空間で、比較的温度の低いガスの塊が漂っている領域。主成分は水素分子だが一酸化炭素や水蒸気、アルコール、アンモニアなど、様々な分子が含まれている。外から入った電波は分子雲の中で増幅されていき、メーザーとして観測される。

＊5　水分子から放射されるメーザー。メーザーとはレーザー光のように位相のそろった指向性の強い電波のこと。

写真２　佐々木晶氏

＊太陽系外からの塵を捕らえる

藤崎　今は月ですが、以前、佐々木先生は火星もやっていらしたと……。

佐々木　はい。

藤崎　いわゆる固体の惑星科学が、先生のご専門ですか。

佐々木　そうです。もともとは、どちらかというと大気の方をやっていまして、その後に固体の方をやるようになりました。ですから火星などのような水環境がある天体に、一時はずっと興味を持っていました。それは、やはり地球との対比ということが、すごく頭にあったんですね。あとはターゲットは違いますが、日本で火星探査機「のぞみ」(*6)が1998年に打ち上げられていますが、これは火星の上層大気などを調べる探査機だったので、固体関係はカメラぐらいしか搭載されていませんでした。そこで宇宙の塵(ちり)を調べるための観測機器を提案したところ、それが認められて「のぞみ」に載せることになりました。そんなこともあって、そうした宇宙の塵というものもずっと研究していました。宇宙の塵というのは、これがまた、すごく面白い。太陽系の中の小惑星とか彗星から来た塵だけじゃなくて、太陽系の外からやって来た塵があるんですよ。私たちがやっていた「のぞみ」に搭載された小さなダスト計測器も、明らかに太陽系の外からやって来た塵を2〜3回は捕まえているんです。

長沼　それは、どうやってわかったの。

佐々木　スピードが速い。

長沼　スピードか。つまり運動量ね。

佐々木　あと、もう一つは方向。太陽が、その周辺のガスの間を動くスピードと方向はわかっているんです。ちょうどそっちの方向から、そのガスの流れに乗ってやって来ると考えたら、ピッタリ一致したという……。

長沼　なるほど、ウェイク（wake：航跡）とか、そういうことね。

佐々木　そうですね。で、実際にそういうものが捕まえられています。

長沼　存在量としては、多くはないだろうけど……。

佐々木　少ないですね。でも例えば「ユリシーズ」という探査機(*7)が、ちょうど太陽系を輪切りにするような軌道をとっていますけれど、惑星が乗っかっている面の付近は小惑星や彗星から来た塵がほとんどですが、そこから飛び出ると太陽系外からきた塵が主成分だということを発見しています。

長沼　なるほどね。そうか、そうか。

佐々木　ですから、われわれが宇宙空間で観測している塵だけではなくて、当然、地球にも太陽系の外からやって来た塵は降り積もっているわけです。研究者の中には物質的に宇宙から来た塵の分析を行っている人がいて、かなり苦労して、ようやく最近、太陽系の外からやって来る塵もあるという証拠を得ています。それは大気の上空で捕まえた塵とか、南極の氷から取ってきた塵とか、そういう中から……。

藤崎　いわゆる宇宙塵（じん）（写真3）と言っているものですか。

佐々木　はい。宇宙塵というのは宇宙から来た塵ですが、もともと太陽系の中の小惑星とか彗

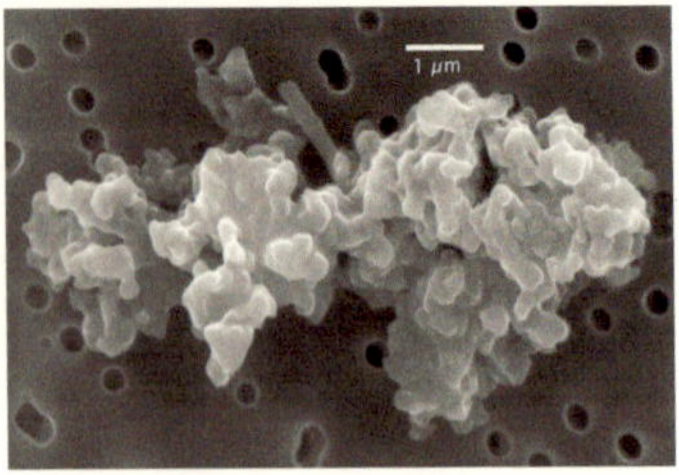

写真3　宇宙塵（ⓒ Amara）

星とかが出した塵が主成分だと思われていましたけれど、太陽系の外からやって来た塵というものがあるんですね。

長沼　何年か前、獅子座流星群のときも飛行機を飛ばして塵を捕まえていたけれど、あれにも多分入っているんだろうな。

佐々木　ええと、獅子座流星群というのは、本来彗星から来ているものなんですけど……。

藤崎　あれも太陽系の塵？

長沼　そう、太陽系の塵。だけどその中に太陽系なんだけど外縁のものもあるでしょ。

佐々木　はい。太陽系の塵なんですけれど、面白いのは、その彗星は、もともと太陽系の中で一度全部蒸発した物質だけでできているんじゃないんですね。おそらく太陽系の外側の冷たいところでできたわけで、太陽系をつくった元の物質をそのまま捕らえたと思っています。ですから中には太陽系の外、あるいは45億〜46億年前の生の物質を得ているはずで、それがごちゃ混ぜになっていなければ、非常に古い情報が残っているのではないかと思っています。

＊6　日本初の火星探査機だったが、電源系統の故障などによって火星周回軌道に乗せることができず、予定していた探査は行えなかった。

＊7　ヨーロッパ宇宙機関（ＥＳＡ）とアメリカ航空宇宙局（ＮＡＳＡ）によって１９９０年に打ち上げられた太陽極軌道探査機。太陽の周囲を巡る人工惑星となったが、他の惑星とはちがって太陽を北極や南極の方向から観測できる垂直に近い軌道をとっていた。18年以上も観測を行った後、２００９年６月に運用を終えた。

＊月で生き延びた微生物

藤崎　いい話が出てきましたね。このあたりで、ほかの天体と地球との対比みたいなところを、生命をキーワードにして広げていきたいなと思うんですが……。

佐々木　すみません、話がどんどん飛んじゃいましたね（笑）。

藤崎　いや、いいんです。例えば地球のほかに生命があるかないかということで、まず単純な質問から始めましょう。月に生命が存在すると思われますか。いや、実は以前、砂漠と生命について長沼先生にお話をうかがっていたときに、長沼先生としては、月に生命は「ちょっと難しかろう」という話だったんですが、どうでしょうか。

佐々木　どうですかね。「月に生命」と聞くと、まず私が思い出すのは、小学生のときに耳にしたアポロ12号の話ですね。

藤崎　ああ、回収したカメラの中に微生物がいたという……。

佐々木　そうそう。サーベイヤー3号が月面に置いてきたカメラにくっついている微生物が発見されて、最初は「月の微生物だ」って騒がれたんだけど、実は地球の微生物が3年か4年くらいずっと生きていたというニュースがありましたよね。あれは、はっきり覚えています。その話を聞いたときに「微生物っていうのは真空で非常に環境の悪い、こんなすごいところでも生きていけるんだ」と思って、すごく印象に残っていますね。

藤崎　あれ、実際にいたんですよね。連鎖球菌か何かでしたっけ？

長沼　連鎖球菌だね。でもまあ、生きているというか、耐えていたんだね（204ページ参照）。

佐々木　あの、耐えているというのは？

長沼　我慢しているというか、死なずにがんばっているというか。

佐々木　我慢している？

長沼　そのまま時間がたつと、そのうち死ぬ運命にはある。

藤崎　例えば月のクレーターの底に水があるかもしれない、氷があるかもしれないという話がありますよね。(*8) ああいう氷の中はどうなんですかね。

佐々木　そうですね、一度、底までうまく持ち込まれれば、すぐ死ぬことはないかもしれません。というのも月面って表面は結構、過酷なんです。でもレゴリスという、いわゆる月の砂の層では熱伝導が悪いですから、表面から少し深くなると温度的にも結構、安定するんです。昼間でもそんなに温度は上がらない。特に月面のクレーターの底は、表面もずっと温度が低いままなんで、しばらく低温のままじゃないかなと思います。いずれにしても表面にいると紫外線とか宇宙線とかを結構受けるかもしれませんが、ちょっと潜ればね。極だったら氷もそこにあるかもしれないし、結構、居心地のいい環境かなと思いますね。そこまでたどり着くのが大変かもしれませんが、一度そこにたどり着けば、死なずに耐えることはできると思います。

藤崎　何かに乗ってきて、うまくボコンとそこに着くとか……。

佐々木　そうですね。一度たどり着いたら、そんなに簡単には死に絶えないんじゃないかなという気はします。もちろん大気もないですし、繁殖まではできないと思いますけど。まあ、ある程度耐えられるかどうかというところでしょうか。

長沼　生き物が「死んでない状態」すなわち「生きている状態」というのは、物理学的には「エントロピーの低い状態」でしょ。それを保つためには、エネルギーを投入しなきゃいけない。そのエネルギーがどこから来るかを考えると、月にはちょっとエネルギー源がありそうもない。

佐々木　そう、エネルギー源がないですね。

長沼　例えば地球がいくつかの月を持っていて、それぞれの月の間で相互作用があった結果、潮汐加熱(＊9)で内部的に熱源が生じればいいんだろうけどね。

藤崎　月が地球の重力に揉まれて、摩擦で熱が発生していればいいと。

長沼　うん、でも月が1個じゃ楕円軌道にならないからだめ。

佐々木　それは多分、うーんと深いところですね。多分、地震がおきるのも月の中心付近なので、そこまでいかないとだめかもしれないですね。

長沼　月サイズのものが、もう1個か2個あればね。

藤崎　あとは放射線のエネルギーとかを利用できればいい。そういう生命なら……。

長沼　うーん、ただ宇宙放射線は、どうしても確率論的にランダムに来ちゃうからね。うまく利用するのは難しいかなと……。

藤崎　コンスタントに来ないといけない？

長沼　ばかでかい、面積のある生命なら、ある程度集められると思うけれどね。

藤崎　クレーターの底にビシッと張り付いているような生き物が、パラボラみたいにエネルギーを集めるとか（笑）。ところで月の氷って、溶けて液体になっても安定して存在できるんですか。

佐々木　多分、不純物があれば零下何度でも液体にはなるでしょうけれど、大気がないので、月の液体というのはまず安定しないと思いますね。

長沼　地球は1気圧だからね。

藤崎　そうですよね。

佐々木　例えば火星の表面は、地球のおよそ1000分の6気圧。それくらいまで圧力が下がると、もう液体は安定しなくなってしまう。もうちょっと大気がないと、安定しない。

＊8　月の南極にあるシャックルトンクレーターの永久影（1年を通じて太陽の光が全く当たらない部分）を日本の月周回衛星「かぐや」で撮影したところ、地表に露出した氷は見つからなかった（2008年10月発表）。その後アメリカが、同じく南極付近にあるカベウスクレーターの永久影に無人探査機「エルクロス」を衝突させた。その結果、舞い上がった塵を分光計で観測したところ、クレーター内にかなりの量の水が存在する証拠をつかんだ（2009年11月発表）。

＊9　衛星の軌道が円からずれている場合、母惑星の潮汐力が時々刻々変化するために衛星が周期的に揉まれ、その摩擦によって加熱される作用。木星の衛星イオやエウロパなどは、その典型例である。月も誕生当時には潮汐加熱を受けていたという考えもある。

＊火星でも生命のいられる環境はある？

藤崎　地球以外の生命というと、まず火星（写真4）を考えますが、火星の表面の環境は、やはり地球の砂漠に近いんですかね（202ページ参照）。

佐々木　ほとんどそうですね。私もマーズ・ローバー(＊10)（写真5）の写真をかなり見たんですけど、あらためて砂漠とよく似ていると感じました。

藤崎　やはり、すごく乾燥しているんですよね。

佐々木　見た目は、まさにわれわれが砂漠で見るイメージに近い。それも植物とかがないようなところですね。実は地球の砂漠って、結構サボテンとかいろんな植物が生えているところが多いんです。だから地球の砂漠の中でも、ちょっと特殊な場所というか、かなり荒涼としている場所ですね。火星の表面は、なんかそんな感じに見えます。色も赤っぽい色で、ちょうどアメリカの西部の砂漠とか、荒涼としたところの色に近い。

藤崎　そういえば、先生はアリゾナにいらしたんですよね。

佐々木　そうですね。ですから私も含めてですが、アリゾナとかユタにいる人は、結構、火星の映像に親近感を持ったんじゃないかと思いますよ（笑）。

藤崎　地球の場合は、砂漠、例えばサハラ砂漠みたいなところでも微生物はいるわけですよね。

長沼　サハラはね、意外と湿っているんだ。

藤崎　えっ、湿っているんですか。

長沼　朝、夜明け前に露がついたりしてね。

佐々木　ああ、露がついたりするんですか。夜は動物もよく出てきますね。

藤崎　そうそう。

長沼　だから本当の意味で乾燥しているのは、やっぱり南極のドライバレー。(*11)

佐々木　あと南米の西岸も、ものすごく乾燥していると言いますね。

写真4　火星(NASA)

写真5　マーズ・ローバー(NASA)

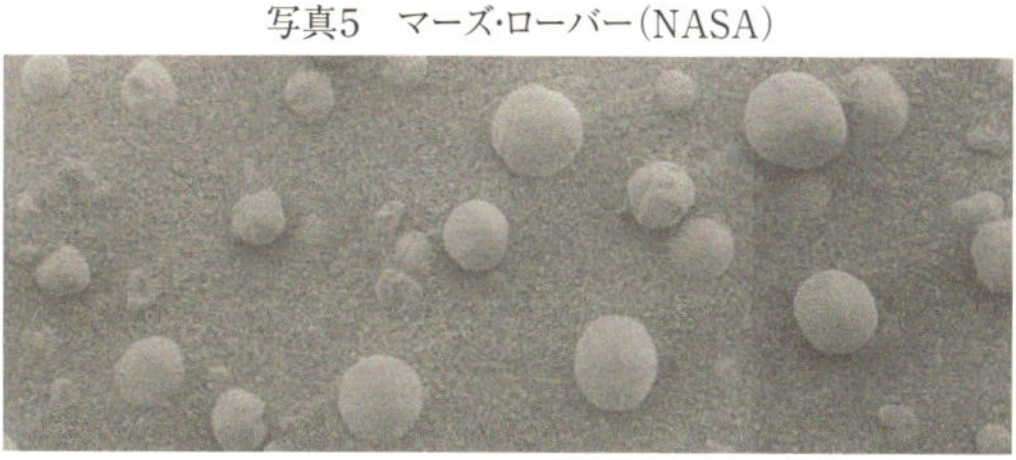

写真6　丸い粒の酸化鉄(NASA)

長沼　しているね、うん（この対談後、長沼はアタカマ砂漠に行って、それを確認してきた）。

藤崎　でも、ドライバレーにも生き物はいるわけですよね。

長沼　うーん、まあ、岩の中とか地面の下とかにね。

藤崎　同じことが、火星にも言えるのではないですか。

佐々木　確かに火星も表面はものすごく乾燥していて、水蒸気圧とかが低いんですけれど、極域はちょっと掘ればもう氷があるということがわかっていますね。ガンマ線分光計で土の中の水素の含有量を調べることができます。水素がどれくらいあるかは、すなわち水がどれくらいあるかってことなんですが、それで調べると結構、低緯度でも引っかかっているんですよ。

藤崎　そうなんですか。

佐々木　ですから実は低緯度も、水かあるいは含水鉱物があるみたいですね。実際にマーズ・ローバーも、ほぼ赤道に近いところで含水鉱物を見つけているんです。利用できるかできないかは別にして、見た目は確かに乾燥してるんだけれど、含水鉱物とかは存在している。典型的なのは石膏みたいなもの。あれは含水鉱物なんですけど、例えばアメリカの有名なホワイトサンズという砂漠は、石膏の粒でできているんです。だから一見、荒涼としていても実は……。

藤崎　水があるんだ。

佐々木　水というか、水を含んだ鉱物ですね。

長沼　加熱すれば出てくる。
藤崎　火星の表面は酸化鉄ですから、含水ではないですよね。
佐々木　そうですね。
藤崎　さらに下にあるってことですね。
佐々木　ええ。表面でも、水を含んだ鉱物が見つかっています。
藤崎　そうなんですか。
佐々木　あとマーズ・ローバーが発見した酸化鉄、特に丸い粒の酸化鉄（写真6）は、過去に水があった証拠だというふうに言われてます。
藤崎　へえー。
佐々木　あと面白いのは、火星に堆積岩の地層があるんですが、その地層ができたときに一時的に水があったというだけではなくて、どうもそのあともかなり長い間あったみたいです。地層ができて、その後にクレーターができて穴が開きますよね。そのクレーターに水が溜まった証拠というのが見つかっています。
藤崎　穴ができてから、水がそこに溜まった？
佐々木　そうなんです。地層ができてから長い時間がたって、衝突で穴が開いて、そこにまた水が溜まったということになると、おそらく数億年とか10億年。まあ、そこまでいかないかもしれませんが、結構、長い時間、水があったのかなと思われるんですね。

藤崎　地球も昔は地下に生命なんていないと思われていたのが、最近は結構いるということがわかってきました。だから、火星も掘ればいるかもしれませんね。

佐々木　そうですね。あと先ほど長沼さんからエネルギーの話が出ましたけれど、火星の場合、どうも最近まで火山活動があったようだというデータがたくさん出てきていて、多分、今も活動的な火山があるんじゃないかと言われています。１０００万年くらい前、火山活動に伴っておきた洪水の跡も見つかっています。ですから今、熱水活動があってもおかしくなくて、そういう点では、生命がいても不思議でない環境があるかなとは思っています。

長沼　火星の場合は、多分テクトニクスじゃなくて、もう本当に深い方から一本道でボーンと上がってくるオリンポス山（標高約27㎞。写真7）みたいな感じ。だから、ローカルにはあり得る。

佐々木　ええ。1億年に1回、10億年に1回かもしれませんが、ともかく火山の場所が動いていくというわけではないから、結構、長い間その場所で火山活動が続きます。まあ地球の場合の海洋底の海嶺みたいな感じで、ずっと続いているところがあったら、そこには生命のいられる環境があるかもしれないですね。

長沼　ハワイがずーっとハワイであり続けるみたいな形ね。

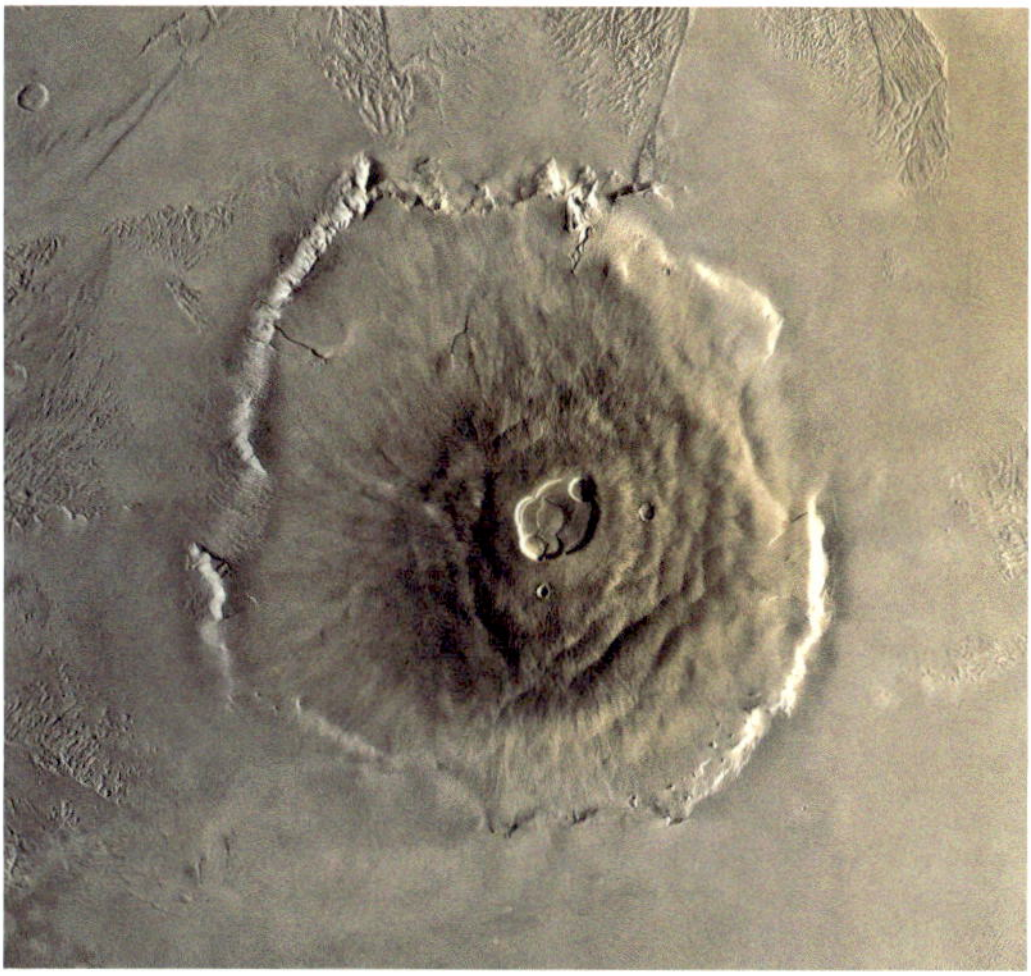

写真7　オリンポス山
(NASA)

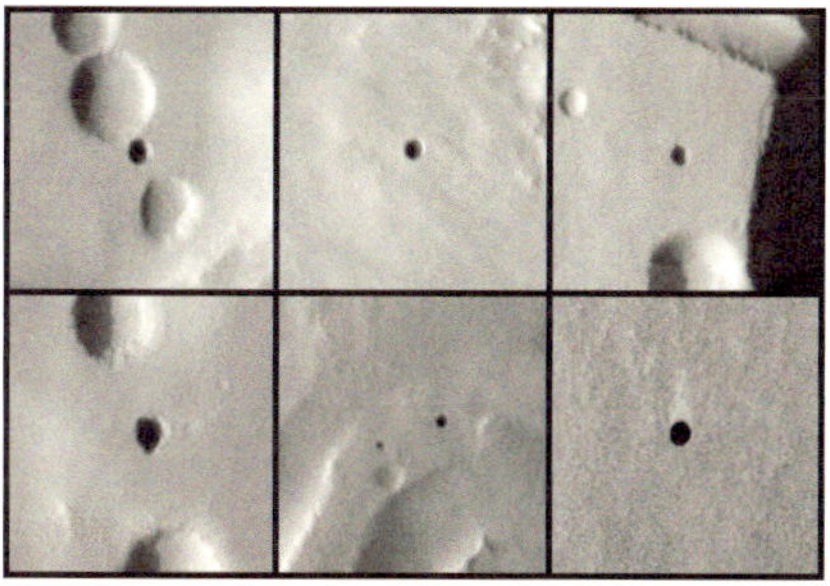

写真8　火山の斜面の
7つの穴(NASA)

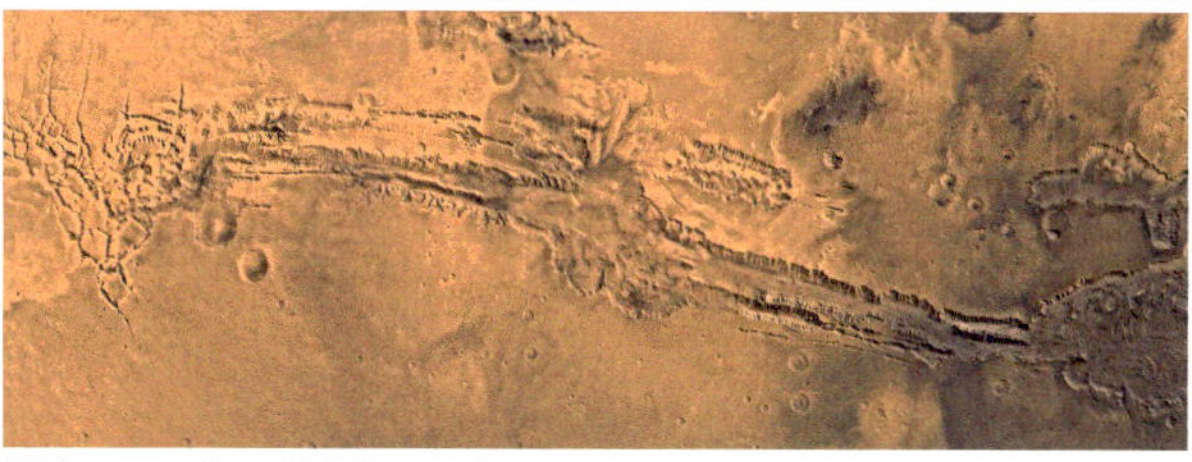

写真9　マリネリス峡谷(NASA)

藤崎　だから、火星の場合はあんなでっかい火山になっちゃうんですね。
長沼　まあ、重力も小さいからね。簡単に斜面崩壊を受けないし。

＊10　２００３年のマーズ・エクスプロレーション・ローバー計画で火星に送りこまれたアメリカの探査車。1号機「スピリット」、2号機「オポテュニティ」ともに当初の見込みを大幅に超えて稼動中である（２０１０年３月現在）。
＊11　南極の氷河が後退してできた東西約70㎞の谷で、ロス海の西部に面したビクトリアランドの無氷雪地帯にある。

＊火星の谷や洞窟の底には水が……

藤崎　ところで、火星の地温勾配ってどれくらいなんですか。
長沼　そうそう、そこが知りたい。
佐々木　正確にはわかっていないですね。
藤崎　地球は１００ｍで何度でしたっけ？
佐々木　このへんで１㎞（地下に）行って、20℃、30℃上がるという感じです。だいたい天体のサイズに相関するので、火星は多分その半分だと思っていいと思いますね。
長沼　半分か。すごく幅があると思うけれど、本当にそんなにヒートフラックス(＊12)（熱流束）があるのかな。もちろん、測ったことはあるんだろうけど……。

佐々木　測ったことはないんです。

長沼　ないの？　うーん、ヒートフラックス、わかんないか。

佐々木　火星の場合は、まだ直接測定されてないので難しいですね。ただ間接的な証拠はいくつかあって、その代表的なものが磁場なんです。岩石に残された磁場というのは、温度が高くなると消えちゃうんです。これ、キュリー温度っていうんですけど、地球では地下の深くまで行くと温度が高くなるので、磁場を持っている岩石層の厚さは、おそらく10㎞とか、そんなところ。海の底などでは10㎞もないと思いますね。ところが火星の場合は、その温度に達する深さがもっと深くて、どうやら結構、厚い層が磁場を持っているみたいです。おそらく30億〜40億年前の火星の磁場を、そのまま持っていると思われています。それが予想以上に強いので、地温勾配はある程度低いんじゃないか、いや、低くないと説明がつかないと言われています。

長沼　うーん、なるほど。確かにそうなるね。

藤崎　話は変わりますが、２００７年９月にＮＡＳＡが火星の火山の斜面に穴ぼこが開いている写真（写真８）を発表しましたよね。[*13]　火星周回探査機マーズ・オデッセイが撮った写真。穴は７つあって洞窟だという話でしたが、洞窟の底の方に降りて行っても、なかなか生き物が棲むにはつらいですかね。ただ、あれがどのくらいの深さなのかも全然わかっていませんが……。

佐々木　深さによるかもしれません。深くなると大気圧が高くなって、液体として水が安定するという話もあるんですよ。

長沼　確かマリネリス峡谷[*14]（写真9）の底だったら、あり得るという話だね。

佐々木　10㎞ぐらいの大きな谷底に行くと、液体の水が安定した大気圧になるんです。

藤崎　へえ。

佐々木　確かに、水がしみ出たような地形があるようにも見える（笑）。

長沼　ときどき雲がかかっているという噂もある（笑）。

佐々木　だから生命の痕跡とか証拠探しのターゲットの一つは、峡谷の底だという話はありますね。

藤崎　とすると、小さな穴ぼこでもばかにできませんね。

長沼　できないと思うよ、本当に。

*12　単位面積（㎠）を流れるエネルギー（熱流）量のことで、単位はW／㎠。

*13　プレスリリースは下記：http://www.nasa.gov/mission_pages/odyssey/odyssey-20070921.html
日本語は下記サイトなどを参照：http://www.ku-ma.or.jp/tpsj/HotTopics/topics070926_1.htm

*14　火星のタルシス山地の東にある大峡谷で、全長4800㎞、最大幅200㎞、深さは平均6㎞もある。火星の地殻に強い引っ張り力が働いてできたとされている。

*氷の下に海があるエウロパ

藤崎　あと、よく生き物がいるんじゃないかという候補に挙がるのが、木星の第2衛星エウロパ（写真10）です。南極の氷の下にヴォストーク湖という湖があるというお話を極地研でうかがいましたが、同じようにエウロパにも氷の下に海があるかもしれないという話がありますよね。

佐々木　まあ、間違いないでしょう。地形を見る限り、あるのは間違いない。

藤崎　間違いない？

佐々木　おそらく内部構造のモデルとか、そういう面からいっても地下に液体があるのは間違

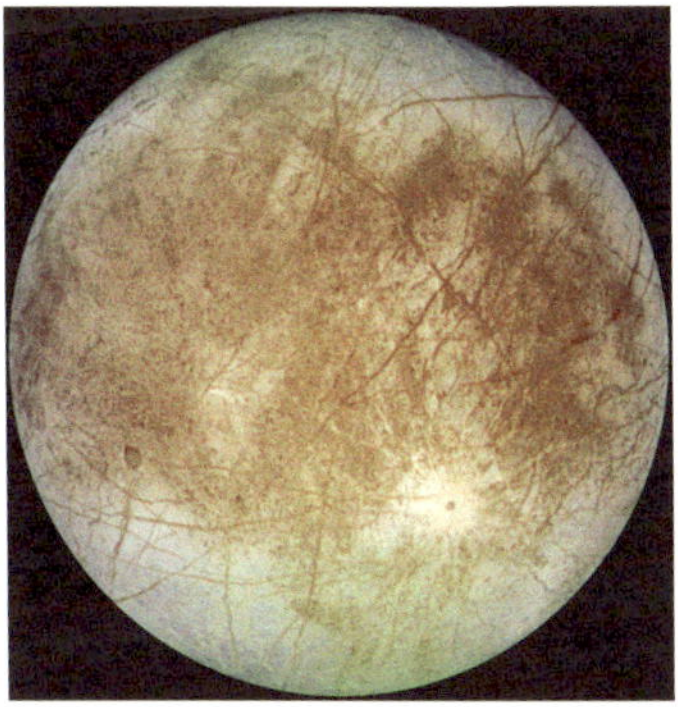

写真10　エウロパ（NASA）

写真11　ガニメデ（NASA）

いないと思います。これからいろいろな方法で、直接的・間接的にそれを測らなければいけないと思っています。水があるだけではなくて、塩類など結構いろんなものが溶け込んでいるんです。エウロパの表面には、そういったものが噴いたところがあって、一見するとただの氷に見えるんですが、反射スペクトルを調べると氷じゃない成分——具体的にはさっき言った石膏のような硫酸塩鉱物みたいなものがたくさん見つかっています。それは海の中に溶け込んでいたものが噴いたと考えないと説明できないんですね。われわれは「非氷(ひこおり)成分」という言い方をしていますけれど……。

藤崎　「氷に非ざるもの」ですね（笑）。

佐々木　それが結構エウロパの表面にはあって、第3衛星のガニメデ（写真11）にもあるようです。

藤崎　あの赤っぽい筋が網目状になっているような、あれですか。

佐々木　はい。それは、やはり地下に海がないと説明できません。単に表面に氷があって、宇宙線などでたたかれたというのでは説明できないと思いますね。

藤崎　南極のヴォストーク湖の底で、熱水が噴いているかもしれないという話を聞いていますが、エウロパの場合も熱はあるわけですよね。

佐々木　エウロパの場合、木星の潮汐力をすごく受けているんです。それは多分、一番表面の氷の層でも受けている。海になったら簡単に変形できるので、海と底との摩擦も大きいでしょうね。あとはその内側、天体の内部で（潮汐力を）どのくらい受けているか、そこは私にはちょっと難しいですね。

長沼　そこだね。

佐々木　固体部分の潮汐加熱が激しいと、海の底での火山活動という話になると思いますが、それがどの程度激しいのか、私にはわからないので……。

長沼　今のところエウロパに火山があるとして、すでにたくさんの活火山が観察されている第1衛星のイオ（写真12）のアナログ（相似物）として、定量的ではなく、定性的に考えるしかない。

藤崎　イオは火山が噴いていて……イオには氷はないんでしたっけ？

長沼　氷はない。

藤崎　じゃあイオの上に海があって、氷が張ったのがエウロパだということですか。

佐々木　そうすると潮汐による変形といったものを外側で吸収してしまう。外側だけがバリバリ割れたり加熱されたりという感じになってしまうので、それほど単純じゃないですね。

長沼　定性的な話を、どこまで定量的にできるかという問題があるね。

藤崎　逆に潮汐がないと、やっぱりエネルギーが不足することになるのですか。

長沼　まあ、どうにもならんだろうね。
佐々木　意外に面白いのは、エウロパの外側のガニメデ。この天体には磁場があるらしい。磁場があるということは中心に金属のコアがあって、それが溶けているということなんです。つまり内部の温度が、結構、高くないといけないわけです。
長沼　それ、むちゃくちゃ面白い。うん、ガニメデに磁場があるって面白いね。
佐々木　そうするとガニメデの方が氷はずっと厚いんですが、ガニメデも下に海があると思われています。ガニメデなら、

写真12　イオと、その噴火の様子（NASA）

海の下に火山活動があるかもしれないですね。
藤崎　へえー。
佐々木　ただ、ガニメデの内部がなぜ温かいのかが、まだ解決されてないんです。たまたま今、そういう状態なんだという話もあるんですけど……。
長沼　そいつは面白いね。今、初めて磁場の話を聞いて、ガニメデに興味を持ったね。
佐々木　もちろん磁場の発生源というのは金属核だけじゃなくて、液体である水に塩類が溶け

込んでいて、そこに電気が流れれば磁場ができると言う人もいますが、まず大きさ的に難しい。多分ガニメデの磁場は、金属核がないと説明できないと思うんです。そうするとガニメデが溶けているならエウロパの方がもっと熱源は多いはずなので、エウロパも溶けていて当たり前だということになる。

藤崎　エウロパには、磁場はないんですか。

佐々木　エウロパは、一言でいうと固有の磁場はないです。検出されていません。ただしエウロパの場合、誘導磁場っていうか、木星の磁場の影響で内部が反応するというのが出ていて、その説明は多分、地下の海で説明できる。ただエウロパも、金属の核があった方が説明しやすいと言う人もいると思います。

＊生命には熱過ぎる水星と金星

長沼　磁場の問題は、内部の熱源の問題と絡むからすごく大事だね。例えば金星も地球とほぼ同じくらいのサイズなのに、磁場が圧倒的に弱い。

藤崎　そうですね。

長沼　逆に、水星なんて本当にちっぽけな星なのに、それにしては磁場が強過ぎるんだよね。

佐々木　水星の潮汐変形の話ですが、最近、水星の自転する速度が変化していると、はっきりわかったんです。そうすると水星の金属核は溶けていないと困る。変化の振幅が大きいということは、外側だけがくるくる動くモデルじゃないと説明できないんです。水星全体が動くとなると説明できない。そうすると今、お話が出たように、水星のような小さい天体で、どうして中が十分熱くなって溶けているのかという問題が残ってしまうんですね。

藤崎　単純に、太陽に近いからという話ではない？

長沼　いやいや、そんなんじゃない（笑）。

佐々木　太陽の熱じゃ、しんどいですね。

長沼　太陽風に吹き飛ばされるから、近場には重たい方の元素が残るわけ。硫黄なんかが結構、残っている。鉄とニッケルの核に硫黄分が余計に存在すると、融点が下がるということがあるのね。それくらいしか考えつかない。

佐々木　水星の金属核が溶けていることを説明するために熱源を増やすのは結構、大変なので、むしろ鉄の融点を下げる方向に持っていかないと難しいと思います。私も硫黄がものすごくたくさんあるんじゃないかという説を支持しているんですが、普通に考えると硫黄はわりと蒸発しやすい。重いとか軽いとかとは別の話ですが、宇宙空間では高温でできるものから順番に固まっていったという話からすると、水星には、あまり硫黄はあってほしくないという考え方もあります。

長沼　どっちにしても、磁場と熱源の問題は非常にカップルしている。
佐々木　ガニメデなどは、実はかなり硫黄がたくさんあってもおかしくないかなと思ってます。
長沼　ああ、なるほどね。
佐々木　それで融点が下がっているということは、あるとは思いますね。
長沼　そうだね。
佐々木　それでも鉄が溶けているんだから「火山くらいあってもいいでしょ？」って話にはなりますよね。
長沼　やっぱり最低でも1000℃くらいはあってほしいね。
佐々木　火山があるとすれば、生命活動がサポートされる可能性はありますね。
藤崎　水星、金星はどうですか。生命は？
長沼　熱過ぎるだろうね（笑）。
藤崎　無理？　熱過ぎる（笑）。
佐々木　金星は、昔はあったとしても、今はちょっとしんどいですね。生き延びる場所が、大気の上層ぐらいしかないですね。
長沼　最初から熱かったのか熱暴走したのか、それはわからないけれど、とにかくあの星は熱いでしょ。

藤崎　途中から熱くなったかもしれない？

佐々木　最初は大気の温室効果がなかったという話もあるんです。でも、やっぱり地球と金星の違いは最初からあったんじゃないか——要するに地球が昔から今のような環境を維持していたなら、金星もそうだろうという考え方もあります。あとは金星の表面温度が温室効果で高くなったために地下のマグマが出やすくなって、火山活動が活発になったという話もありますね。

藤崎　さすがに、金星や水星は無理ですかね。

長沼　金星は、およそ５００℃だからね（笑）。きついんじゃないかな。

藤崎　地球上で一番熱いところで生きているものでも、２００℃いきませんよね。

長沼　最高記録が１２０℃をちょっと超えるくらいだね。

藤崎　まあ圧力が高くなれば、蛋白質がもうちょっと安定するかもしれないという話もありましたが……。

長沼　いや、５００℃あったら、超臨界水になっちゃう。

藤崎　無理ですね（笑）。

長沼　水の臨界点を超えてしまうからね。

＊メタンの海に水滴生命？

藤崎　話を寒い方に戻しましょうか。土星の衛星のタイタン（写真13）。これも、よく生命のことが言われますけど、タイタンは地球でいうと、どこに似ているんでしょうか。メタンの雨が降るんですよね。そうすると、海底の冷水湧出域とかはどうかなと思ったんですが……。

長沼　気圧がね、地球っぽい。

佐々木　面白いですね。窒素が98％の大気で、気圧も地球の１・５倍と地球に似ている。表面温度は90Ｋとか80Ｋと非常に低いですが、気圧と大気成分が似ているというのは、偶然とはいえ面白いですね。

写真13　タイタン（NASA）

写真14　タイタンの海や湖（NASA）

長沼　ただ、水は凍っているよね（笑）。

藤崎　メタンは液体だけど、水は凍っていると。

佐々木　面白いのは、液体のメタンが地球や火星の川と同じような地形をつくっているところですね。あれには結構、驚きました。メタンの雨が降って川が流れて、同じような地形ができている（写真14）。

藤崎　粘性が似ているってことですか。

佐々木　そうなんでしょうね。粘性だけでなくて、浸食度とかいろいろなことが……。

長沼　つまり雨が降るとか、そういうことでしょ。

佐々木　浸食しているのは、基本的には多分、氷だと思うんです。

長沼　岩っぽいものがあって、何か丸くなっているよね。明らかにころころ転がしたって感じがする。

佐々木　あれは氷の塊ですね。

藤崎　メタンの海に生命誕生の可能性というのは、あるのでしょうか。

佐々木　タイタンにも火山とおぼしき地形があると言われています。本当かどうかわかりませんが、これはクレーターではなくて火山じゃないかという仮説があって、そう言われればそうかなという感じです。もしそういうものがあると、面白いかなと思いますね。

長沼　ちょうどメタンやエタンの沸点に近いから、ガス化もおきやすいと思うね。

藤崎　熱源があってメタンの海があるところに、メタン菌のような生き物を持っていったら、生き延びる？

長沼　問題は、酸化還元力の供給。酸化力がどこから来るのかということ。メタンだから還元力は多分いっぱいある。水素は富んでいるわけね。でも酸素は、やっぱり水がスプリット（分解）しないと出てこない。

藤崎　酸素ですか。

長沼　もちろん、宇宙には酸素がいっぱいあるけどね。

佐々木　タイタンは大気中で有機物がたくさんできるといわれているので、生命の材料はどんどんできているんでしょうね。大気中の雷とか、そういったものの影響なのかなと思っています。

藤崎　ああ、雷ですか。

佐々木　それが有機物の多いスモッグみたいなのをつくって、表面に落ちて黒い地域になっている。

長沼　そうね。メタンの海は水と違う。メタンは非極性分子なわけね。

藤崎　非極性？　極性がないということですか。

長沼　そう。水は極性分子[*15]だから、いろいろと面白い現象がおきる。いろんなものが溶けるとか、イオンになっちゃうとかね。メタンは非極性だから、油をイメージすればいい。

佐々木　油。なるほど。さらさらな油みたいなもんですね。

長沼　そこでどういう反応がおき得るのかなと考えると、われわれが知っているような生化学反応は、あまりおきないだろうと思う。

佐々木　なるほど。

長沼　ただし面白いのは、例えばその油の海の中に水（水滴）があるとする。そうすると、こう丸くなって膜がいらないよね。われわれの生命というのは、水の中に水があるから油の膜をつくるわけでしょ。

藤崎　はい、はい。

長沼　われわれの細胞膜というのは、油の膜になっているわけ。その膜で、外の水と内の水を仕切っている。でもメタンの海だったら膜がいらないから、話はもっと簡単かもしれない。

佐々木　そこに温かいところがあって、水があればそういう生命もあり得ると。

長沼　うん。非常にローカルでいいから水があれば、そこで丸くなって、そういった形の生命、膜のいらない生命というのは、あり得るかなと思ってるのね。

藤崎　生命が誕生するというか、アミノ酸から蛋白質ができるときに、水を排除しなければつながらないというのがありましたよね。
長沼　ああ、脱水縮合というやつね。
藤崎　水中で脱水縮合するのは難しいけれど、メタンの海だったら、別に気にしなくてもいいわけですよね。
長沼　そういうことになるね。うん。脱水縮合系がおきやすくなれば、加水分解系(＊16)はおきにくくなる。よろしいんじゃないでしょうか（笑）。
藤崎　そうすると、タイタンには水滴生命がいるかもしれない（笑）。
長沼　膜がいらないというのは、生命にとって一つのアドバンテージだと思うね。
藤崎　やっぱり、膜をつくるのは大変ですか。
長沼　大変だよ。だって水の中に、われわれの生命という別の水をつくることだからね。それを膜で仕切るわけでしょ。面倒くさいじゃん。
藤崎　かといって、身体全体を油でつくったら……。
長沼　いろんな反応がおきない。

＊15　原子どうしの結合に電気的な偏りがあり、二点間に正負の極（電荷）をもつ分子。
＊16　化合物に水が付加する形でおきる分解反応。

＊氷を噴き上げる天体

藤崎　土星より遠くだと、生命の存在はどうでしょうね。

佐々木　土星より遠くで可能性があるとすれば、火山活動があるような大きい天体じゃないかと思います。海王星の衛星のトリトンは大きいですね。あと、カイパーベルト天体では、すごく大きなものがこれから見つかってくるかもしれない。

長沼　なるほどね。

佐々木　カイパーベルト天体で、お化けみたいな氷天体が出てくると（笑）、何とも言えなくなるかもしれないですね。

藤崎　そういう天体で、エネルギー源になるのはなんでしょうか。

佐々木　先ほどのガニメデの話があったように、十分に大きいと氷天体でも底の方は放射性熱源[＊17]で溶けますからね。ガニメデは放射性熱源じゃなくて、多分木星の潮汐力だと思いますけど——。天体がかなり大きいと、少なくとも氷ぐらいは溶かすんじゃないかと思いますね。極端なことを言うと、例えば火星サイズくらいあったら溶けるかもしれない。

長沼　そういえば、土星の衛星のエンケラドゥス（写真15）。何かアイシーな噴火があったと聞いているけれど、あれは熱源がまったく謎だよね（写真16）。

藤崎　氷がブワーッと噴き出している？

長沼　アイスプルーム。

佐々木　氷が噴いているんですね。あれは潮汐力だと言われています。

藤崎　潮汐力ですか。

佐々木　……だと言っていますけどね。エンケラドゥスは、氷の粒を噴いているんです。直径500㎞くらいのすごく小さな天体ですが、面白いのは、地形が非常に複雑な地域と、衝突クレーターに覆われた古い地域と、二つにはっきり分かれているんです。天体の半分が古くて半分が新しい。そうすると天体の熱源――潮汐熱源などがかなり偏った働き方をして、あるところに一点集中とか半分集中とか、そういう働き方をする可能性が高い。それであいう天体ができるし、氷を噴くというような現象が見つかったりするんじゃないかなと思います。それは何より液体の水が存在して、そこにしっかりエネルギーが供給されているということで、それもまた面白いかなと思います。私も昔から着目している天体なんです。

長沼　確かに、あの例は非常に面白いねえ。あのくらいの小さな天体で形がいびつだとか、いろんな理由で潮汐加熱によって何かがおきるんだったら、あちこちで同じようなことがおきそうな気もする。

佐々木　土星にはEリングという塵からできたリングがあると思われていて、それはエンケラドゥスの表面が叩かれて、その表面から塵の粒子が出たと思われていたんです。実はエンケラ

写真15　エンケラドゥス（NASA）

写真16　エンケラドゥスの氷の噴火（NASA）

ドゥス自身が、ブワーッと噴いていたとは誰も思わなかった（笑）。

藤崎　カイパーベルト天体でも、氷を噴いているでかいやつがいたりするかもしれない。

佐々木　そういうのがあったら面白いですね。まあ極端な話、彗星というのは小さいですが、あれは自分の熱源じゃなくて太陽に温められて氷を溶かし、塵を噴く天体ですよね。

藤崎　ええ。

佐々木　彗星の場合は小さいので、熱源となると結局、太陽に近づいたときしかないんです。放射性熱源は、一番最初の間だけですぐになくなっている。ただ最近の理解だと、彗星というのは、もともとはもう少し大きいカイパーベルト天体だったものが太陽系の内側にやってきて、木星とか土星にひっかかってしまうんです。特に木星に引っかかって壊される可能性が結構ある。1994年にシューメーカー・レヴィ第9彗星の木星衝突がありましたけれど、あれも実はレアなイベントじゃなくて、かなり頻繁におきているイベントではないかと言われているんですね。あのように木星に引っかかってバラバラになることも、十分あり得るんじゃないかと考えられています。

藤崎　もしカイパーベルト天体に生き物がいたとしたら、彗星にも乗っている可能性はありますよね。

佐々木　大きな天体のなれの果ての彗星だったら、そういう可能性も……。

藤崎　あり得ますよね。

佐々木　ただ遠いところの大きな天体は、そんなに動かないんじゃないかという気がするんですよ。でも、それはわからないですね。冥王星より大きなものも見つかったから、もっと大きなものが見つかる可能性は誰も否定できない。それこそ火星ぐらいの天体が見つかったら「これはやはり惑星と呼ぶべきではないか」という議論が再燃するかもしれない。

藤崎　降ろされた冥王星に代わって……（笑）。

＊17　放射性同位元素が崩壊するときに生じる熱。

＊D型の小惑星はフレッシュ

長沼　ハレー彗星の元はカイパーベルト？　もっと外だったかな。太陽系で一番暗い天体はハレー彗星とよく言われていますよね。スペクトル分類[＊18]ではD型だったっけ？

佐々木　ええ。

長沼　D型って、やっぱりカイパーベルト的なものなんだろうか。

佐々木　どうでしょうか。

長沼　なんか暗いというか、黒いというか……。

佐々木　典型的な彗星核の色と、カイパーベルト天体の色は違うんです。カイパーベルト天体は、やはり表面を見ているので、その違いがあるのかなという気はします。個人的には、彗星の方が逆にフレッシュなものを見ているように思います。

長沼　なるほどね。「汚れている」とも表現されるけど、D型の小惑星は、どれも暗いとか黒いと表現されていて、表面に有機物があるようなイメージを持たれていると思うんだけど、そのへんはどうなのかな。

佐々木　実は私も反射スペクトルの変化という仕事をやっているんですが、やはりD型というのはフレッシュ。基本的にC型とD型があって、D型の方がフレッシュで、それが変化してC

型になっていくという説明が、一つありかなとは思っています。スペクトルが傾いているというか、そういう傾向もあるんです。それが変化を受けると——変化というのは、例えば炭素質のものが減ってくるとか、含水鉱物が変化するとか——何かそういう変化を受けると、ありふれた炭素質隕石の色になるという傾向になる気がします。だからむしろ余分なもの——例えば有機物があって、それが消えるということでもいいんですが——エクストラに何かくっついたというより、元々の新鮮なものがD型というイメージかなと私は思いますね。

長沼　なるほどね。

佐々木　「元々のもの」が「新鮮」というのは、表現として変ですかね（笑）。「変化を受けてないもの」と言った方がいいかな。

藤崎　表面が汚れていったもの、変性を受けたものがC型ってことですか？

佐々木　ええ。いろんな変性があって、表面だけとも限らないですね。水、温度が高くなると水質変性を受けますし、それによって含水鉱物ができたりして変化を受けるものもある。そういう変化を受けたものが、いわゆるC型小惑星とか、C型天体ではないかと思うんです。C型は小惑星の中にたくさんありますが、もともと小さいものがたくさんあるというより、比較的大きなC型の天体が分裂して粉々になったものが大部分ではないかと思います。D型はカイパーベルト天体からやって来て分裂したものももちろんあるでしょうが、あまり変化していない天体が分裂したんじゃないかと思っています。ほかの小惑星は、ある程度大きな天体が内部で熱的に変化するなどの影響を受けて、それが分裂したものを見ているのかなと思います。あと、特に木星の軌道に沿っているトロヤ群小惑星はD型が多いと言われているんですが、それらは元々遠いところにあったものが捕らえられたと考えられています。ですから、結構うまくつじつまが合うんじゃないかと……。

長沼　そうね。端の方のカイパーベルトとか、もっと外側にオールトの雲みたいなものがあるとすると、イメージとしては太陽系の真ん中に巨大な熱源が1個あって、その風に吹き飛ばされて、水のような軽いものは端っこの方に行ってしまっているという印象がある。

佐々木　私はどっちかというと、内側にたどり着けなかったものが外側に残っているという印象があります。

長沼　なるほどね。

佐々木　はい。ですから外側に行くと、結構、古いものが手に入るんじゃないかと思うんです。ただ最近流行りなのはリサイクリングモデルといって、内側に来たものがまた飛ばされて外側に再供給されているという考え方がありますね。

長沼　ほお、なるほど。

佐々木　なぜかというと隕石の中を見ると、結構、高温を経験したものがあるからです。太陽系のかなり内側に来たものが飛ばされて外側に戻る過程を何回も経験して、その影響を受けたと思われているんです。私は必ずしもそうは思っていませんが、主流のモデルはそういうモデルです。それによって初期のころはよく「かき混ぜられた」とか、「飛ばされ方の違いでいろいろなものが説明できる」とか、見てきたようなことを言う人もいました（笑）。

＊18　小惑星に反射した太陽光のスペクトル分布に基づく分類。ほとんどの小惑星はC型（炭素質）、S型（珪素質）、M型（金属質）のどれかに含まれる。D型は炭素質で表面に有機物があるのではないかと考えられている。

＊水は多すぎても生命誕生を妨げる

佐々木　水については、20年くらい前に提案されたユニークなモデルがあります。太陽系の遠いところに行くと、あるところで温度が下がって氷ができますよね。そこから外側でだけ氷ができて、内側では氷ができない。そうすると内側に水蒸気がたくさんあったとしても、太陽系の中のガスがぐるぐる回っているとすると、そのガスが外側へ行ったときに水分が氷になって、内側へは乾いたガスだけが戻って来る。それを繰り返すうちに内側はからからに乾いちゃって、今の木星軌道から外側に全部水が移ってしまった。そういうモデルがあります。「スノーライン[＊19]（雪線）説」と言うんですが、それが水だけでなくて、ほかの氷成分についても言えるんじゃないかと考える人もいます。

藤崎　そうすると、基本的には木星から内側は乾いているという認識なんですか。

長沼　僕もそういう認識だね。オールトの雲が何でできているかは知らないけれど、何となく太陽系って周りに水があるイメージを持っている。

佐々木　オールトの雲もカイパーベルトも、おそらく海王星とか遠い大きな巨大惑星が、彗星などの天体を弾き飛ばしてつくったと考えていいと思いますね。

藤崎　そうすると地球というのは、まさに太陽系砂漠のオアシスみたいなものなんでしょうか（笑）。

長沼　まあ、そんな感じだね。

佐々木　内側が乾いちゃう方が、むしろシンプルなモデルだろうと思いますね。

長沼　うん、そう思うな。

佐々木　ただ逆に「円盤というのはそんな単純じゃなくて、鉛直構造も持っているから、必ずしもそうは言えない」と言う人もいる。まあ難しいところですが、基本的にはガニメデやエウロパなどに比べれば、地球は海はあるけれども水分は圧倒的に少ないですよね。

長沼　地球質量の千分の数パーセントだものね。ほとんどないようなもの（笑）。

佐々木　それでも、その水が重要な役割を果たしています。でも、それはもしかすると必然ではなくて、偶然だったかもしれない。私は必然と思いたいんですが、偶然なのかなという気もしますね。かつてユージン・シューメーカー[*20]（1928〜97）と話をしたときに「地球の水の起源についていろいろ言われているけれど、地球ができたあとに大きなコメットがドカーンとぶつかれば、それで説明できてしまうんじゃないの」と言ってました（笑）。

長沼　確かにその通り（笑）。

佐々木　でもまあ、それではサイエンスとして何だか面白くないし、やっぱりどのようにして今の地球の水の量が決まったのかを研究することはすごく大切だと思う。そういう姿勢は重要だと思うんですよ。でも、どこかで今の地球の環境を決めたのは偶然だった可能性もあるんじゃないかという気もしますね。

藤崎　宇宙全体を考えてみると、地球上でわれわれが普通だと思っている、氷・水・水蒸気という三態の水が存在する環境というのは、やはりごくまれなんでしょうか。

佐々木　そうですね。あとは適当な量ということもありますよね。先ほど千分の数パーセントという話が出ましたけれど、これがもう少し多くて、例えば何パーセントも存在していたら、地球に陸地がなかったかもしれない。そうした環境では、生命が発展するにはちょっと都合が悪いんじゃないかという気もします。

長沼　うーん、テクトニクスとかがあれば内部にどんどん水を持っていっちゃうから、[*21]本当に地球表面が水だらけというウォーターワールドになるかどうかわかんないけどね。

佐々木　ただ氷衛星くらいあったら、さすがに持っていけないですよね。
長沼　それは無理だね。
佐々木　系外惑星（太陽系以外の場所にある惑星）などで水が存在する可能性がある天体の話が出てくるときに、水があり過ぎるような極端な条件だと、逆に大変かなという気がします。
藤崎　むしろ逆に、地球とは違う方が生き物がたくさんいるなんていう可能性もあるんでしょうか。
長沼　いや、例えば水があり過ぎると、大気圧がどんどん重くなるというか、大気が増すよね。2気圧、3気圧になると、今度は水の沸点が上がる。そうすると液体でいられる水の温度が150℃まで上がっちゃったりするでしょ。そうなったら、もう生命をつくる分子が壊れちゃうとかね。やっぱり、水があり過ぎても困るんだよ。
佐々木　地球より質量が大きい天体でも、そういう感じになると思うんです。大気が厚くなって、温度が上がって……。まず無理じゃないかという話があります。
長沼　うん。そういうこともある。ただ単純に水があればいいってもんじゃなくて、あり過ぎても困るという面もあると思うよ。
藤崎　そもそも地球というのは、本当に生命が誕生する上で最適な場所なのかというところがよくわからないんです。話をしているうちに、さらにわからなくなってきたんですが（笑）。

どうなんですかね。

長沼　僕はいつも一貫して、それほど最適とは限らないという考えだね。

藤崎　最適とは限らない？

長沼　うん。

佐々木　感覚的に言うと、地球より少し大きい天体だったらちょっと水が少なくて、地球より小さい天体だともう少し水が多くてというように、何らかの範囲があると思います。あとは太陽からの距離も、別のパラメータとして最適な範囲が描けると思うんですよ。それらのパラメータの範囲は、結構狭くても広がりがあるという気がします。だから地球オンリーということはないと思いますね。

＊19　地球上では雪が一年中消えない地域の下限を表す。

＊20　アメリカの天文学者、惑星科学者。同じ分野の研究者だった妻のキャロラインやデイヴィッド・レヴィとともに多くの彗星や小惑星を発見したほか、地球上のクレーターについても研究した。94年に木星に衝突したシューメーカー・レヴィ第9彗星の共同発見者の一人。

＊21　プレートの移動などに伴って、水が含水鉱物の形でマントル中に運ばれる。

＊星間ガスの中にもある有機物

藤崎　この研究所で観測に使っている分子雲、あれは星のもとですよね。

佐々木　はい。

藤崎　最近、そこに有機物か何かが光学的に見つかったという話がありましたけど……。

佐々木　有機物そのものは、結構、昔からいろいろと見つかっています。最近もいくつか新しいものが発見されていると思います。ただ、それがいきなり生命の源になるかというと、ちょっと難しいかなと思いますが……。有機物を宇宙空間でつくってしまうというモデルを考えるのが好きな人も少なからずいます。前に聞いたのは、有機物が塵同士のノリの役割をするので、塵が大きくなる上で重要だという話があります

藤崎　生き物が星の誕生にも関わるというのは、すごくロマンティックというか、壮大な話ですが（笑）。そういう可能性も、「無きにしも非ず」ですか？

佐々木　そこに生き物がいるかどうかわかりませんが、有機物のレベルでとらえると「有機物は実は副産物ではなくて、惑星の材料物質をつくる上でエッセンシャル（本質的）に効いたんじゃないか」と言う人もいます。

長沼　それはあり得るね。地球も元々有機物を大量に内包していて、それが「石油の起源である」と言う人もいるくらいだから。

藤崎　ええーっ！　そうなんですか？

長沼　石油の地球内部起源説。

佐々木　石油の非生物起源説は、昔からかなりあるんですよ。

藤崎　佐々木先生が研究されていた塵の中にも、そういう塵が見つかっているんですか。

佐々木　石油とは直接関係ないですが、有機物はかなり入っています。

藤崎　そうすると彗星とか小惑星のような大きなものだけでなく、コンスタントに降り注いでいるということですか。

佐々木　ええ。宇宙物質をやっている人たちの中では、すでに有機物は一つの分野になっています。それらの中には、地球の有機物とは明らかに性質が違っているものもあります。例えばラセミ体で右と左が一緒になっていたりするんです。

藤崎　それは光学異性体のD型とL型が、同じくらい混ざってるやつですね。

佐々木　地球のものと違うところもありますし、ある程度の区別はできるようです。おそらく有機物をやっている人たちは「これは生命のもとになるから重要だ」と思っているでしょうね。でも、あからさまに「これは生命の起源だ」と論文に書けるかというと、そういうわけではない。それでも何とか太陽系の起源や進化に結びつくようなシナリオをつくろうと、苦労している人が多いのではないかと思います。

＊我々は火星人かもしれない

藤崎　お二人にお聞きしたいのですが、地球生命が本当に地球の中の物質だけで生まれた確率は、どのぐらいだと思いますか。

長沼　うーん。50％。

藤崎　佐々木先生はどう思いますか。

佐々木　私は火星をやっていたんで、火星起源説は結構、好きですね。

藤崎　火星起源説。つまり地球生命は火星からやって来たということですか。

佐々木　火星で生命が生まれたとき、まだ地球は非常に熱くて生命が発生できなかった。初期の地球は、海が何回も干上がるようなイベントがあるくらいの環境でしたから。生命が発生できたとしても死んじゃったと私は思っているんです。まあ、地下で生き延びたという人もいますけれどね。そういったときに、火星で細々と進化していた生き物が隕石によってもたらされて、地球で広がった。こう考える方が面白いんじゃないかと思うんです。まあ面白いというだけで、何の科学的根拠もないんですけれどね。ただ一つ、私にとっての大きな根拠は、何でわれわれはこれほど火星に興味を持つのか、その理由は……。

藤崎　懐かしいから（笑）。

佐々木　そう、われわれは火星で生まれたからだと（笑）。

長沼　火星起源説に関連して一つ紹介しておくと、「RNAワールド」ってよく言うんだけれど、原始地球上にはRNAが現在のDNAの役割を担って自己複製を行っていた生き物たちの世界があったとする仮説がある。そのRNAの合成においては、実はホウ酸が効くのよ。

藤崎　ホウ酸？　あの目を洗うホウ酸ですか。

長沼　ホウ酸。ボレートね。普通、バイオロジカルにはホウ酸は効かないんだけど、RNAの合成においては有効なのよ。ホウ酸があれば、よりRNAがつくられやすいのね。

藤崎　「DNAには効かないけれど」ってことですか。

長沼　うん。で、火星の表面には、結構ホウ酸があるらしいのよ。

佐々木　ホウ酸は、地球では海や湖が干上がってできる蒸発岩に多く含まれます。火星表面には蒸発岩とかが多いから、多分そうだと思いますね。

長沼　ああ、やっぱりそうなんだ。

藤崎　おお。

長沼　これは結構、面白いインフォメーションだと思っている。

佐々木　面白いですね。

藤崎　そうすると、われわれが火星人である確率、30%くらい入れておきますか。

長沼　うん、僕は30%ね。

佐々木　いや、私としては50％くらいにしておきたいですね（笑）。
藤崎　50％ですか（笑）。そうすると、地球は30％くらいになりますか。
佐々木　そのくらいですかね。火星隕石というのは、われわれがもうあちこちで目にするくらい見つかっていますし、放出されてすぐにやって来たような火星隕石もあるので、バクテリアが運ばれてきた可能性は十分にあると思います。ただ、それが今流行りの火星隕石で見つかったバクテリアの化石らしきものと一緒かどうかはわかりませんが……。けれど少なくとも過去の火星というのは、生命が維持・発展するに十分な環境があったことは、地質学的な証拠からはっきり言えるんじゃないかと思いますね。
藤崎　逆に、地球から火星に生命が渡った可能性はありませんか。
佐々木　もちろん、地球から隕石が火星に行く可能性もないことはない。でも地球と火星の天体の重力を考えると、地球からものが飛び出して地球の重力圏を抜けるというのは、やっぱり段違いに難しいんですよ。
長沼　秒速約11・2㎞だったっけ、第二宇宙速度（地球重力圏離脱速度）。
佐々木　ええ。しかも太陽系の外の方に持っていくことになるわけですから、それはやっぱり難しいかなと思いますね。
藤崎　そうすると行くよりも来る方が、まず多いだろうと……。

佐々木　ずっと楽だと思いますね。

藤崎　あとの20％くらいは、例えば彗星とか小惑星とか、そっちの方にしておきますか。

長沼　そうだね。火星より、もうちょっと外側の方ね。

藤崎　どこで誕生したかはいいとしても、これだけでは結局、生命がどうやって誕生したかの答えになっていないですよね。

長沼　ならないね（笑）。問題の先送りだよ。

佐々木　サイエンスの考え方からすると、あまり外部要因を持ち込んで逃げ場をつくってはいけない（笑）。

藤崎　それはそうですが……（笑）。

佐々木　科学者の立場からすると、やっぱり真面目に地球起源説で考えるのが正統派だと思いますよ。ただ、恐竜絶滅の謎のような例もあるんですけどね。隕石の衝突が地球に大異変をもたらして恐竜が滅びたという仮説を最初に持ち出したのは、アルバレス父子。息子のウォルター・アルバレスは地質学者ですが、父親のルイス・W・アルバレス（1911〜88）は物理学者で、何と素粒子研究でノーベル賞を受賞（1968年）しています。1980年にこの仮説が発表されたころ「そんな荒唐無稽な考えを持ち込んではいかん」というのが、常識的な地質学者・地球科学者の反応だったんです。でも父親はノーベル賞受賞者でしたから、無視するわけにもいかないじゃないですか（笑）。

藤崎　そういう理由もあったんですか（笑）。

佐々木　逆に言うと物理学者だったからこそ偏見がなかったというか、常識的な考え方にとらわれることがなかったんでしょうね。でも当時、ほとんどの地質学者・地球科学者たちは「何を言っているんだ、嘘に決まっている」と思っていたんじゃないでしょうか。ところが次々に隕石衝突説を裏付ける状況証拠が積み上がってきて、今はもう信じない人は誰もいないくらいになっていますよね。ただ正直なところ安易に外部要因説というか、違うところに原因を求めるやり方というのは、やっぱり邪道なんじゃないか、そういう意識がどうしてもあって……（笑）。

藤崎　この点について、長沼先生としてはどうですか。

長沼　生命の根本を考えたとき、僕は「地球生命は一つの形態であって、生命そのものは宇宙のどこでも発生し得る」という立場なのよ。だから別に地球でローカルに発生しても構わない。

佐々木　むしろそういう方がいいんですよ。あちこちで発生した生物が、お互いに行き来するというのは、ある意味で夢のような話ですから、外の世界がないと地球はやっていけないという話になると、責任を外に持っていってしまうというか、それは何か違うような……。

長沼　そうそう。

＊生物の本質は「運動」

藤崎　われわれのような生き物の誕生の仕方は、どこでも同じなんでしょうか。例えば火星で生まれても、小惑星で生まれても、分子雲で生まれても、地球で生まれても、その過程というのは同じだと……。

長沼　それは生命の定義によるよね。われわれが知っている生命は地球上のものしかないから、いつもこれを思い浮かべちゃうんだけれど、それが思考の限界というか「枠」になっている。

藤崎　そうそう。

長沼　われわれが、どこまでその枠をはずせるかだよね。これも生命、あれも生命って、どこまで思えるかということね。とりあえずこの地球型の生命を思うんであれば、われわれの中に「生命の手本」を求めて、生命のオリジンや発展を考えるのはもちろん確かなんだ。でも、われわれの中に生命の本質を見ながら、生命の表れ方にもいろいろな形態があると想像の翼を広げることもできる。だから二つの方向性があるよね。

佐々木　まったく違うものということはないと思うんですが、われわれの生命がこの範囲だから、もうこの範囲しか生命のパラメータはないと思うのは間違いじゃないかなと思うんですね。というのは惑星でいうと、太陽系の中の惑星だけを見て、これ以外は惑星じゃないと言うことはできない。それは系外惑星の発見で明らかになっているわけですからね。ただし系外惑星はいろいろ見つかってきたけれど、原理的には今のわれわれの惑星観を百八十度ひっくり返すのではなくて、一応その延長線上で議論できるものじゃないかなと思っています。まったく違う種類の理論や原理を持ってこなければ説明できないものが出てくるかどうかは、ちょっとわかりませんが……。どうでしょう、例えば金星の表面でも生きるような生命は出てくるんでしょうか。それは無理かな（笑）。

長沼　いやあ、それはきついんじゃないかな（笑）。

藤崎　先ほどメタンの海で水滴をポチョンと落とせば、それが生命になっていくかもしれないという話がありましたよね。そういうものと、この地球でおきることとの共通性みたいなこと、例えば境界ができることがまず大事なんだとか、あるいはエネルギーを変換して代謝を行うシステムがまず重要なんだとか、そういう議論だったら、どこで生命が誕生してもできますよね。生き物の本質みたいな……。

長沼　ある程度の構造を持っているものが、それを維持していくわけだよね。そこには維持するためのエネルギーのインプットがあって、さらに言うと、例えば植物のような止まっているように見える生き物も、長い目で見ると動いているよね。多分、生物の特徴というのは、運動なんだよ。何かわかんないけれど有機物の塊があって、勝手に羽が生えて鳥みたいにパタパタと空中に飛んでくとかね。物質論的にみると、何だかよくわかんないことをやっている、そこに生命の本質があると思うんだ。それを維持するには、やっぱりエネルギーのインプットがなきゃだめで、どうやってそのエネルギーを稼ぐのか、そこに生命の鍵がある。

藤崎　その意味では生物としての構造より、まずエネルギーの流れが大事だと……。

佐々木　構造があっても必死に耐えながら単に止まっているだけでは、その時点で生命ではないんでしょうね。

長沼　いつかは崩壊するから。

佐々木　やはり動いていないとね。

長沼　そこだよね。そういった意味では、われわれのようなカーボンベースのボディがあって、何かわかんないけれど酸化還元でエネルギーを得て動いている。この生命はよくわかるよね。

藤崎　よくわかります。

長沼　その次には「カーボンベースでなくて、シリコンベースだったらどうなのよ」って話になる。これは多分、動きが遅いはずなんだ。

藤崎　でも、動いていますよね。

長沼　うん。ほかにもいっぱいあるよね。ベースになる元素なんて何でもいいわけだし、酸化還元だけがエネルギー源じゃないわけだし。

＊生命はエントロピー増大の徒花

藤崎　今われわれが考えているのは、要するに『生物と無生物のあいだ』（福岡伸一著）ということですね。

佐々木　今、話に出たようなことも書かれていましたね。

藤崎　われわれの体は、1年後には分子的に全部入れ替わっているというような……。

佐々木　そういうふうに代謝をして、変化しているのが生物だというような話でしたよね。

藤崎　あとは確かエントロピーですよね。生物は自分が壊れる前にどんどん自分を壊していくというような言い方だったと思いますが、要するにエントロピーを吐き出していって、一時的に維持している状態ということが書かれていたと思います。

長沼　ああ、それはエルヴィン・シュレーディンガーが1944年に『生命とは何か』で言った「負のエントロピーを喰って生きている」ってことだね。

藤崎　そうですね。これは特に新しい話というわけではありませんが……。

長沼　負のエントロピーというのは、今の言葉で言うと単純にエネルゲン（対談当時一部で話題になったスポーツ飲料の商品名）。つまり化学エネルギー、基本的には電子のやり取りなんだけどね。

藤崎　「生物と無生物のあいだ」って、長沼先生の言葉で言っていただくとどういう表現になりますか。
長沼　いやー、それは非常に難しいね。
藤崎　「芸術は爆発だ！」みたいな感じで、「生物は運動だ」でもいいんですけど……。
長沼　うーん。まあ、運動だとは思うけれどね。つまり物理学・化学ではあり得ない動きがおきることだよ。例えば、鳥が空を飛ぶということがよくわからない。有機物が集まって、何か形をつくるところまでは考えつくのね。その形あるものが勝手に羽ばたいて、空に浮かび上がるってことがよくわからない。
藤崎　そこですよね。その境界。
長沼　ただ、これをどう表現していいのかわからない。物理化学ではあり得ないことがおきるのが生命なんだから。
藤崎　「奇跡だ！」ってことになるわけですね。
長沼　そうなんだよ（笑）。
藤崎　ただ「生物は奇跡だ」では、ちょっと……（笑）。
長沼　でも、あり得ないことがおきているんだよね。
藤崎　佐々木先生はどうお考えですか、「生物と無生物のあいだ」。

佐々木　確かに、ただそこにあるだけだったら、生物としての存在意義がないような気がします。
藤崎　やはり、動き続けていることこそが生命であると。
佐々木　はい。
長沼　だから、鳥の話に戻ると、別にこの宇宙に鳥なんかいなくても誰も困らないよね。別にこの宇宙に生命なんかなくてもいいんだよ。もう物理学的・化学的にエネルギーが流れて、物質がうまく回ればいいんだよ。
藤崎　で、最後は熱的な死に至るということで……。
長沼　なのに、何でこんなワケのわかんないものが生まれたんだろう。
藤崎　どうしてなんですかね。
長沼　そこだよね、よくわかんないのは。つまりエントロピーがどんどん増大するとき、何か部分的、ローカルに抵抗するような構造があった方が、エントロピーが余計に速く増大する、そういうものがあってもいいんだよ。それは「徒花（あだばな）」と言ってもいいわけ。エントロピー増大の徒花。
藤崎　生命が存在すると、逆にエントロピーの増大が早まってしまうということですか。
長沼　うん。そういう徒花としての生命と言っても構わない。

藤崎　宇宙の死が早まってしまうにもかかわらず、そこに存在すると……。
長沼　そのとらえ方が多分、自分的には一番納得がいく。
藤崎　情報としての生命というとらえ方もあるんじゃないですか。
長沼　ある。
藤崎　情報を複製するものが生命であるとか、あるいは、ばらまいたり写させるものが生命だって言い方をする人もいますけれど、そういう見方についてはどうですか、熱力学とはちょっと観点が違いますが。
長沼　情報も、やっぱりエントロピーで語られるものだよね。その情報を維持したりつくったりするために、どこかで余計に働きがあって、その働きによって発生するエントロピーの方が大きい。結果論的には、同じことじゃないかと思う。

＊珪藻が最も進化している？

藤崎　今のわれわれは半固体、半液体みたいなものなのかな（笑）と思うんですけど、逆に岩石生命とか、気体でできた生き物とか、プラズマでできた生き物とかがあってもおかしくないですかね。
長沼　わかりやすいのは岩石だね。例えば地球の表面で一番多い元素は、酸素とケイ素じゃない。ガラス成分である二酸化ケイ素（シリカ：SiO_2）なんかが最も多いわけ。「じゃあ、生命はどうしてそれを使わないの？」という疑問があるよね、生命は何で地球の表面に少ないカーボンをベースにしているんだろうって。ただ宇宙に行くとカーボンって多いから、別にいいんだけど、それはさっきから言っている宇宙生命起源説になっちゃうんだけどね。地球の生命で二酸化ケイ素を使い始めた生き物である珪藻、これは約2億年前に誕生している。この珪藻（写真17）が、今の地球において最も繁栄している生き物なのね。

藤崎　地球の歴史からすると、最近ですね。

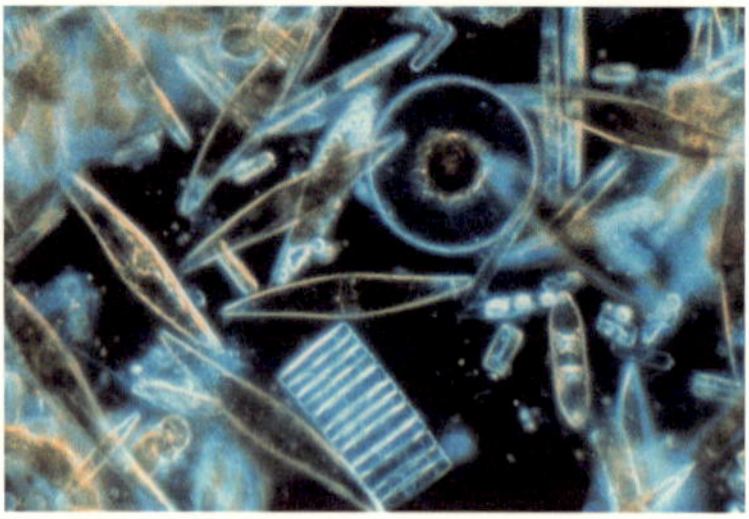
写真17　珪藻

長沼　地球に生命が誕生してから三十数億年たって、やっと合理的な生き方をする生命が出てきて、今、それが海洋生態系で大繁栄している。

藤崎　もしかして生命としては珪藻が一番進歩的で、人間より進化しているということに……。

長沼　そういうとらえ方はできるよね。ボディシステムとしては、そう言っていいでしょ。

藤崎　ケイ素という地球表面上で一番多いものを使っている。

長沼　例えば宇宙の開闢（かいびゃく）から137億年と言われているけど、今から四十数億年前、宇宙の誕生から100億年くらいして、やっとこの宇宙に炭素とか酸素とかケイ素といったいろんなものが、生命を養うに十分な量だけビルドアップしてきたという考え方もできるよね。宇宙のケミカルカレンダーというか、ケミカルエボリューションというか。この宇宙の元素は水素からスタートしているわけで、水素オンリーの宇宙には生命は発生し得ないよね。そして、やがてこの宇宙の元素はみな鉄になって終わるらしいじゃない。そういう「鉄宇宙」でも、多分生命はないよね。だから周期表（図1）を上から下にずーっと進んでいく中で、今は炭素ベースの生命で、しばらくすると、そろそろ周期表の第三周期に入ってきて、今度はケイ素ベースの生命が繁栄する時代が来るかもしれないと思っているわけ。

藤崎　面白いですね。宇宙の時々で、違う元素による生命があったかもしれない。

長沼　うん。今はまだ、その上の方の段階だよね。

藤崎　もしかしたら、全部ごっちゃにいるかもしれない。

長沼　そうだね。

藤崎　水素生物がいたり、ヘリウム生物がいたり……。

長沼　いや、それは無理だろうな（笑）。ちょっと元素のビルドアップが少なすぎる。

藤崎　もうちょっと下まで進まないとだめですか。

長沼　うん。だんだんケイ素の方、第三周期あたりに元素の存在比のピークが移動していくんでしょ、この宇宙は。あとは酸化還元が生命の根本だから、水素と酸素の存在比が、この宇宙における生命の総量を決めると思っている。

藤崎　ほお。

長沼　今は圧倒的に水素が多いじゃない。酸素は、まだ水素の1000分の1くらい。全然少ないのね。でも、だんだん相対的に水素が減って酸素が増えてくると、酸化還元力的に生命を支えるパワーがアップしてきて、宇宙はこれからどんどん生命に満ち溢れる方向に進むであろうと予測している。

藤崎　なるほど、それはすごいですね。

長沼　そのころにはケイ素が相対的に増えてきて、ケイ素ベースの生命系が出てくるかな、なんて想像してるんだ。

藤崎　そうすると、これからは炭素ベースの生命系とケイ素ベースの生命系が……。

長沼　入れ替わってくるとか、あり得るよ。

藤崎　そのうち、途中でちょっと拮抗がおきたりして（笑）。

長沼　そうそう。戦争がおきる（笑）。

佐々木　例えばそういうケイ素ベースの生命の方が環境変動に強いということになれば、そっちが生き延びるでしょうね。

藤崎　ケイ素ベースの方が、とりあえず頑丈そうですよね（笑）。
長沼　あとはライフスタイルをどう変えていくかだね。珪藻は、放っておくと海水中で沈んじゃう生き物なんで、生き方を変えなきゃだめだ（笑）。
藤崎　でも一応、何か針みたいなものを出して一生懸命やっていますよね。
長沼　まあ、沈みにくいようにしているね（笑）。環境変動にどこまで適応できるかということもあるけど、光合成生物だから多分、強いと思う。
藤崎　そのうち、地球上で人類対珪藻の戦いが始まるかも（笑）。
長沼　また戦争か（笑）。
藤崎　だめですか（笑）。
佐々木　環境が大きく変わって、例えば海水温が沸点近くになったりしたら、戦争がなくても変わっていくでしょうね。
長沼　まあ、人間は死ぬよね。
藤崎　そこで高熱にも耐えられる珪藻が、海に繁茂していくと……。
長沼　例えば、この先バクテリアがケイ素の殻を持つとか、そういうことはあるかもしれないね。
佐々木　温度が高くなると、風化も激しくなる。そうすると、ますます珪藻に有利な環境にな

								2 **He** ヘリウム
			5 **B** ホウ素	6 **C** 炭素	7 **N** 窒素	8 **O** 酸素	9 **F** フッ素	10 **Ne** ネオン
			13 **Al** アルミニウム	14 **Si** ケイ素	15 **P** リン	16 **S** 硫黄	17 **Cl** 塩素	18 **Ar** アルゴン
28 **Ni** ニッケル	29 **Cu** 銅	30 **Zn** 亜鉛	31 **Ga** ガリウム	32 **Ge** ゲルマニウム	33 **As** ヒ素	34 **Se** セレン	35 **Br** 臭素	36 **Kr** クリプトン

るでしょうね。

藤崎　風化が激しくなる？

佐々木　そうすると多分、海水中のイオン濃度が高くなります。

藤崎　つまり、ケイ素が溶け込みやすくなるということ？

長沼　うん。

藤崎　珪藻にとっては利用しやすくなる？

長沼　インプットが多くなって、海水中にケイ素イオンが増えるからね。

＊最初に大罪を犯したのは植物

藤崎　宇宙における生命の可能性について、いろいろとお話をうかがってきましたけれど、そうした生命がこれからどうなっていくのかという壮大な話を、あらためてお聞きしたいと思います。その前に、そもそも「われわれはどこに行くのか」ということを考えると「なぜわれわれはここにいるの

図1　周期表の一部

1 H 水素								
3 Li リチウム	4 Be ベリリウム							
11 Na ナトリウム	12 Mg マグネシウム							
19 K カリウム	20 Ca カルシウム	21 Sc スカンジウム	22 Ti チタン	23 V バナジウム	24 Cr クロム	25 Mn マンガン	26 Fe 鉄	27 Co コバルト

か」という問いを発せざるを得ないと思うんですが、科学は今までずっと「いかにして生命が生まれたのか」を議論してきましたよね。「生き物がなぜいるの?」ということは、科学の対象になるんでしょうか。

長沼　自己言及問題[*22]は、基本的にはサイエンスの対象ではないと思っている。クオリア[*23]が科学にならないのと同じように。

藤崎　うーん、そうですか（笑）。

長沼　それは自己言及問題だからね。ただ、ちょっと視点を変えて、科学的なふりをして考えることはできるかな。例えば多元宇宙論的に視点をずらして「この宇宙は、そういう宇宙なんだよ」って言い方はできるよね。

藤崎　生き物ができる宇宙だったと……。

長沼　うん。「いろいろな宇宙がある中で、これはたまたまそういう変な存在が発生するパラメータを持っていた宇宙なんだ」って言い方はできる。

藤崎　奇跡がおきたと……。

長沼　たくさんあるパラメータの組み合わせの中のワン・オブ・ゼムで、たまたまこういう生命を持つ宇宙だった。

藤崎　一種の決定論というか、初期状態がこうだったんで生き物はできちゃったんだよと。

長沼　そうそう。例えば酸素の電子配置がこうで、「O_2」というちょっとほかのものと違った変な反応性を帯びるような分子、二原子分子ができるような、そんな宇宙なんだという言い方をすればいいわけ。ただ、それは多元宇宙論というものに視点をずらしただけ。ずらして科学的に語っているだけで、何の回答にもなっていない。

藤崎　佐々木先生はいかがですか。なんでここに私たちはいるのですか（笑）。やっぱり、そこらへんは科学の範疇（はんちゅう）ではないとお考えですか。

佐々木　うーん。難しいですね。理科系のサイエンスというよりも、それこそ哲学（笑）。

藤崎　確かに、哲学の範疇ではあるんですけれども……。

佐々木　何のために生命がいるか？　なぜでしょうね……。先ほど長沼さんが話された「エントロピーを増大させる」というのは「ああ、なるほど」と思って聞いていたんですがね……。

藤崎　……やはり科学としてとらえるのは難しいですかね（笑）。

佐々木　エントロピーとも関係するんですが、実は私はかつて地質学の教室にいまして、地質学的に考えると生命はものを壊して風化を早める作用があるというか、全体的にはそういう方向に働くという気がするんです。

藤崎　エントロピーの話に戻ると、確かに生命は宇宙の破壊者といってもいいかもしれませんね（笑）。

佐々木　ただ現実的には逆の働きもしていて、植物が生えると山が風化から守られるとか言われますよね、環境を守るとか。でもジオロジー（地質学）の立場で考えると、むしろ環境の破壊者という印象があるんですよね。

長沼　うん。守らない、守らない。植物が環境を守るなんて嘘っぽい。

佐々木　そういう印象が強いんです。

藤崎　植物だって自分の都合のいいように生きている生き物の一つに違いないわけで、別に地球の環境を考えて生きているわけじゃないですもんね。

長沼　そもそも地球の表層を酸化的に変えたのは植物だからね。

佐々木　そうそう。

長沼　最初の大罪。

佐々木　大罪ですよね（笑）。

藤崎　最初の大気汚染は、植物ですからね。

佐々木　非常に変な言い方をすると、生物が存在することによって、いろんなわけのわからないものが出てくるわけで、毒みたいなものもたくさん出てくるわけですよね。酸素もある意味では毒ですから、酸素を増やす環境にするというのは毒を増やしていることでもあります。そう考えると生物が生まれたのは、世の中をぐちゃぐちゃにして破壊するためと言えなくもない。

藤崎　おお、過激だ（笑）。

佐々木　何だかそういう方向に持っていくように見えますね。

長沼　見えるねえ。

＊22　クレタ人自身が「クレタ人は嘘つきだ」と言うように、対象に自己をも含めて言及すること。通常はパラドックスとなり真偽を決定できないと考えられている。

＊23　感覚質ともいう。「赤の赤い感じ」や「秋空のすがすがしい感じ」といったように、特定の感覚的体験に伴う独特の質感を示す概念。主観的体験の一部をなすものとも言える。

＊地球は温暖化した方がいい？

藤崎　今度は、われわれ人間が二酸化炭素という毒を出して地球環境を乱そうとしている、そういうことになりますかね。

長沼　いや、二酸化炭素を増やすのはいいことなんじゃないかな。

藤崎　いいことなんですか。温暖化した方がいいとか、そんな理由じゃないですよね。

長沼　そうだよ。

藤崎　ええっ。またまた、過激な発言！

長沼　だって、地球は冷える方向にあるんだもん。

佐々木　確かに今の時代は本当は冷える方向に向かっているんで、適度に暖かくなった方がいいんですけど、ただローカルには……。

長沼　問題は急激な温暖化によって、われわれのライフスタイルとか、いろんなものが変わることなわけ。例えば島が沈んでしまうと、その島の住人が移住せざるを得ない。そのことによって、その島の文化とか言語が消えちゃうわけじゃない。

藤崎　はい。

長沼　その言語とか文化を絶やさない移住のさせ方を考えなければならない。だけど、そういったことが面倒だから「大変だ！」と言ってるわけでしょ。それが滅びないように移住すればいいだけの話なのよ。だって海面が２～３ｍ上昇するなんて、地球の過去の歴史にはよくある話じゃない。

藤崎　気温も白亜紀は７～８℃高かったんだけど、恐竜は元気に生きていたわけですからね。

長沼　二酸化炭素だって、今の何百倍もあったわけでしょ。

藤崎　ええ。要は、急激に変わるのがまずいと……。

長沼　急激に変わることと、それに伴ってわれわれのライフスタイルが変わることだね。引越しをしなきゃいけないし。

藤崎　そうすると人間が自分の生活を変えるのが嫌だから、温暖化が問題になっているということですか。

長沼　例えば今の稲作の北限は、日本だと北緯45度なのよ。でも地球の陸地の大半は北緯45度よりも上にあるわけでしょ。暖かくなって、そこで耕作が可能になったら、もっと飯が喰えるんじゃないの。

藤崎　そうですね。要するに今現在の状態で一番恩恵を受けている人間が、温暖化を問題にしている、自分の生活レベルやスタイルを変えたくないから騒いでると……（笑）。

長沼　あと困ったことを全部、温暖化のせいにしちゃうんだよ。洪水がおきるとかね。「それは、お前さんたちの治山・治水が悪いんだろ」と言いたいわけ、僕は。地球温暖化がポリティカル・ツールになってしまっている。それが面白くない。

藤崎　なるほど。

長沼　サイエンスとしては、間氷期が終わって地球は氷期に入りつつあるわけでしょ。10万年後に、また間氷期が来るらしいけど、その保証もないんだよね。今年が最後の夏かもしれない。それなのに「何で最後の夏を終わらせたがっているの」ってね（笑）。

藤崎　確かに（笑）。

長沼　間違いなく断言できるのは１００年後、アル・ゴア元米副大統領は罪人として断罪されるということね（笑）。

藤崎　ノーベル平和賞剥奪！（笑）。

長沼　あと今、二酸化炭素削減に貢献しない企業は、逆に１００年後に褒められるよね、「よくぞあの逆風で二酸化炭素を出し続けた」って（笑）。

佐々木　重要なのは、人間が排出する二酸化炭素をしっかりコントロールすることじゃないでしょうか。やっぱり今の変化量っていうのはもう……。

長沼　速いよね。すごい変わり方をしている。

佐々木　過去の地球を見ると、ある寒冷化のときには一度大気中の二酸化炭素が全部なくなって、それから火山活動などで徐々に増えていき、地球は温暖な環境を取り戻すんです。ところが、そういう自然の変化に比べるとはるかに速いのが今の増加率なんです。いろいろなところで数値計算をやっていますが、このペースで増加していったら30年後、１００年後にいったいどうなるのか、とても計算できやしません。この増加率がどういう影響をもたらすかについては、実は誰もわかっていないという気がしています。

長沼　うん。確かに問題は増加率。かつてないスピードだからね。

佐々木　長期的に見るとCO_2の増加というのは決して悪いことではないような気がするんですよ、氷期を防ぐということからもね。ただ、この激しい増加が何をもたらすか、どんな爆弾が仕掛けられているかがわからないわけです。

藤崎　確かにそうですね。

佐々木　あと問題なのは、世の中の温暖化懐疑論者の中に「二酸化炭素排出と温暖化のリンク自体が間違っている」という言い方をする人がいることですね。もちろんサイエンス側に立っている人で、そちらに与する人はほとんどいませんけどね。実際に数値計算をやれば結果が出てくるわけで、誰が考えてもそういう傾向になることは事実ですから。ただ逆に長期的に見て、日射量の変化などによって気温が下がって氷期が近づいたときに、それを防げるかという問題は、まだあまり考えられてないかもしれません。それが二酸化炭素をコントロールすることによって防げるのであれば、面白いかなとは思いますが、本当にそうなるのかはわからない。

長沼　5000年前に誕生したわれわれの文明というのは、氷期を経験していないからね。ずーっと間氷期でしょ。

藤崎　確か、中世に少し……。

長沼　リトル・アイス・エイジ[*24](Little Ice Age)ね。でも本当の氷期じゃない。実際に氷期になったら、もう大変なことだよね。核爆弾を使ったって、押し寄せる氷河一つ崩せないからね。例えばクラカタウ火山の噴火（１８８3年、インドネシア）のようなことがおきて、人間が排出する1年分の二酸化炭素を一発で出すとか、そんなことがあればいいんだろうけれどね。

佐々木　ただ氷河期になると、喜ぶ地域もあるんですよね。例えばサハラ砂漠などは、おそらく緑の大地になると言われています。

長沼　うん。そう言われているね。

佐々木　だから温暖化にしても寒冷化にしても、世界中すべてがアンハッピーではなくて、逆にハッピーになるところもありますよね（笑）。

藤崎　今現在、極寒の地や酷暑の地が程よい気候になったりする。

長沼　そうね。あとは雨の降り方がどう変わるかも関係するね。

佐々木　最近は数値計算の技術も進化しているので、今後は寒冷化についても戦略的に研究が行われるようになっていくとは思いますけど……。

長沼　ただ氷期の場合の話は、みんなあまり真剣に考えてないような気もする。

佐々木　軌道変化で日射量が変化することが引き金になるという、いわゆるミランコビッチセオリーがかなり正しいというように、今はいろいろと証拠も増えている。それだけでなく氷床の量の変動などが関わっているとか、いろんなデータが入っているそうですよ。二酸化炭素の量の変動も重要な役割を果たしているみたいで……。

長沼　そうだね。問題は次の氷期に入るスイッチングだね。われわれ人間が地球規模でいじくっているから、氷期に入るための気候ジャンプがおきない可能性もある。

佐々木　人間が地球を暖かくしているために氷期にならず、もうそのまま通り過ぎてしまうということですね。

藤崎　そうすると、永遠の夏ですか。

長沼　長ーい夏になるかもしれない。でも、それは人間にとっていいことじゃないかな、文明の存亡を考えるとね。温暖化で文明が滅びるとは思わないけれど、氷期が来たら、まず間違いなく文明は滅びるからね。

＊24　13世紀後半～19世紀前半の間でヨーロッパを中心とする北半球が寒冷だった時期。小氷期とも呼ばれる。詳しい年代については諸説あって確定しておらず、また気温の低下も1℃未満で、それほど深刻ではなかったという考えもある。

＊火星が不毛になったのは生物のせいか

藤崎　話がだいぶそれてしまいました（笑）。生命の話に戻したいと思いますが……。

佐々木　先ほどの続きで言うと、温暖化や寒冷化に関係なく、生命が好き勝手に増えていくと地球の環境は破滅するでしょうね、おそらく（笑）。

長沼　うん。多分そうでしょう。

藤崎　宇宙の破壊者説（笑）。

長沼　面白いんじゃない。昔読んだＳＦ小説『百億の昼と千億の夜』（光瀬龍）のラストシーンを思い出した。

藤崎　生命がこれからどんどん宇宙にはびこっていくと、さらに宇宙の熱的死を進める方向に向かうことになるのでしょうか。

長沼　うーん、どうなんだろう。熱的死というのが、ちょっとよくわかんない。宇宙のどこかにエントロピーの非常に低いところをつくっているのが生命だからね。『百億の昼と千億の夜』でも言っていたでしょ。

藤崎　そうでしたっけ。

長沼　うん、最後の方で。あれは考え方として本質を突いているなと思った。エントロピーが真っ平にはならなくて、どこかに非常にエントロピーの低い、高エネルギー密度の部分ができてくるんじゃないかなという気がしているのね。

藤崎　生命はそれをつくるために生まれてきたかもしれない？

長沼　だって実際にそうじゃない。われわれはエントロピーを吐き出しながら、どこかで非常にエントロピーの低い、例えば文明というものをつくってみたりね。

藤崎　そうすると生命ははびこるものだけれど、どこかの時点からは凝集していくということでしょうか。

長沼　はびこりつつ、どこかに中央集権的にね。

藤崎　一旦はブワーッと宇宙に広がって、エントロピーを吐き出しながら、その一方で……。

長沼　今の人間システムは、地球規模でそれやっているわけでしょ。地球という星を外から見ると、今は中国あたりにいろいろな元素が集まってきて、エネルギーも集まって、そこからエントロピーをブワーッと排出している。

藤崎　なるほど。

長沼　そういう考え方が、宇宙論的にもできるんじゃないかなと思っている。

藤崎　人間がロケットをつくって宇宙に行くのも、次のステップを進めるためかもしれない。

長沼　今までと比べると、われわれはマテリアルに即した生命体であるけれども、最後はデジタルなものに生命を移しかえても構わないわけ、そういった生命の定義だったら。

藤崎　ああ。

長沼　エントロピーを使って何か秩序を保ちながら、という話だったらね。

藤崎　膨大な記憶の塊をつくると。

長沼　そういった生命の将来の姿もあり得ると思う。

藤崎　佐々木先生は、どうお考えですか。

佐々木　エントロピーのことで言うと、生命というのは基本的にものごとを破壊する方向に進んでいて、その流れというのはやっぱり止められない。それだけでなくて、われわれは今、それをどんどん速めているんじゃないかと思うんです。デジタルなものに生命を移しかえるというお話がありましたが、そこまで行かなくても生命をつくる技術はすでにわれわれは持っていて、現実に遺伝子合成した植物とか食べ物はいくらでもあるわけです。元々時間がたつにつれて、進化とか突然変異とかで新しいものができてきたわけですが、そのスピードを速めていると思うんです。進化そのものが実は破壊なのかもしれませんが、われわれは結局、破壊のスピードをさらに速めているんじゃないかという気がしますね。

藤崎　なるほど。

佐々木　いろいろなレベルで生命が地球の環境の安定にとって重要だと言われますが、今までを振り返ってみると、例えば地球全体が凍りつくという状況を生命が救ったというような話は多分ないわけで、むしろ生命は恐竜にしても何にしても環境を破壊してきて、何か環境変動があって生命のスタイルが変わっても、同じことを何回も繰り返してきたというのが、今までの生命の進化ですよね。そうすると今までの生命が生きていけなくなって、やり直しでまたスタートするといっても、破壊が続くことに変わりはない。そういうことを考えると、今、人間が関わっているは破壊というのは、実はとめどもない破壊ではないのか（笑）。その辺がすごく気になりますね。

藤崎　生命は、一種の自己破壊を繰り返しながら、これまでやってきたと……。

佐々木　ええ。そのような気がします。

藤崎　永久に破壊の道なんでしょうか（笑）。

佐々木　火星が現在のような環境になってしまったのも、実は火星生物のせいじゃないかという考え方があるんです。

長沼　おおっ、そうなの。

佐々木　繁栄の果てに、火星は生命が維持できない環境になったんじゃないかなという……。

藤崎　そういう痕跡が、どこかに残ってないですかね。

佐々木　残っていたら面白いですね。これは検証しなきゃいけませんね、サイエンスのテーマとして。強引にもっていくと、火星も一時は酸素が増えようとしたんだけれど、そこから先、おかしくなって、だめになってしまったと……。

長沼　うわーっ、多分ね、同じだと思う。よく言われているんだよ、シアノバクテリアっぽいのがどうのこうのってね。光合成生物が光を使って水を分解すると、分子量18の H_2O の状態で留まっていた水素が分子量2の水素分子になっちゃって、宇宙へ飛んでいくんだよ。すると分子量32の重たい酸素分子ばかりが残って、どんどん水分子の総量が減っていく。それで非常に酸化的な大気になって終わってしまう……。

佐々木　水素が逃げて、それで水が使えなくなったら、おそらくだめでしょうね。ただ一応、火星の場合、宇宙からの太陽風とか、いろいろな影響で大気が失われたというのが定説とされていますね。あとは磁場との関係が考えられます。磁場があるときは大気は逃げませんが、磁場がストップしてしまうと大気が逃げ出す。そういう話もありますね。

長沼　ああ、そうだね。

佐々木　ただ生命が繁栄したから磁場がなくなるというシナリオは、ちょっとつくりにくいですね。

長沼　ちょっとでかすぎるね、相手が。

藤崎　確かに、でかすぎます（笑）。

長沼　地球でも生物が地球側に作用したのは、多分、酸素の発生ぐらいじゃないかと思うんだ。あとは生物側が全部受け身。酸素発生は生物が地球に働きかけた、たった1回のイベントだと思っている。

藤崎　たった1回？

長沼　あとは全部、生物側が受け身なのよ、おそらく。

藤崎　そうなんですか。

長沼　あとは生物の働きって、基本的にローカルに破壊するくらいで、グローバルな破壊ってのはあまりない。

＊創造ではなく、破壊だ！

佐々木　一方には「生命というのはそんなにヤワじゃない」という意見もあるんだろうけど、どうですかね。一見、地球は生命が繁栄しているように見えるけれど、実は破壊に向けて、どんどん歩みを進めている段階なのかなという気もします。それはもう、今がどうこうではなくて、かなり昔、先ほど長沼さんが言われた、生命が酸素をどーっと増やしたころから始まっているのかなと……。

長沼　そうね。酸素を増やすことによって酸素呼吸を得て、エネルギーの生産量が今までの十数倍に増えた。さらに持て余したエネルギーを使って、どんどん進化し始めた。それはもう、全部加速の方向なんだよね。ところで今、佐々木さんが話された、破壊によって生命が絶えることと、生命がはびこることの辻褄が合わないように見えるのは、やっぱり地球の生命って、個々の生命は軟弱でも、生命の「集合体」としてはたくましいからなんだよね。誰かが絶対生き残るの。生命の現れっていうのはスピーシーズ（種）なのよ。その生命の現れであるスピーシーズの中の最強破壊者が、今はホモ・サピエンスになるわけ。その前は多分、恐竜たち。でも最強破壊者であるスピーシーズが多分、バタッと先にやられちゃうんだよね。

藤崎　ああ。

長沼　多分トップ3くらいまでのやつらがやられて、今までマイナーだったやつらが「よーし、次はオレの出番だ」と現れて、「これから壊しまくってやる!」みたいな感じでしょ（笑）。

藤崎　なるほど。

長沼　だけど、そいつもやっぱり何かの環境変化でバタッと逝ってしまう。

藤崎　それを繰り返しているうちに、何か太陽系に出ていって（笑）。

長沼　そうそう。

藤崎　その後もずっと同じことを繰り返していって……。

長沼　小学校の子どもが書く詩なんか読むとね、たいてい「人間は地球のガンみたいな生き物」とか書くわけよ（笑）。

藤崎　「そのとおり!」みたいな（笑）。

長沼　ガン細胞が宇宙に飛び出していくのかいと思うんだけど、それもまあ結構なことだよね。

藤崎　結構なこと?

長沼　自分がそのスピーシーズの一員であれば、結構なことなんだよ。ホモ・サピエンスであるからには、ホモ・サピエンスがはびこるのは「大いに結構」。ただし神様の視点になると「いやぁ、困った奴らだ」と思うかもね。宇宙を見ている人は神様の視点だからね。

藤崎　「破壊を進める困った奴らだ」とため息をつくことになる（笑）。

長沼　今われわれが話していることは、途中で佐々木さんは「哲学みたいな話」とおっしゃったけれど、確かにバイオロジーの話を全く超えちゃっているよね。これはもうメタバイオロジーだね。つまり物理学のフィジクスに対するメタフィジクス（形而上学）みたいな話をしてるわけね。メタバイオロジーの話になっていて、非常に哲学的、形而上的な話だよね。

藤崎　やや走りすぎましたかね（笑）。

長沼　面白いけどね。

藤崎　話をまとめると……。科学者は、破壊の先頭に立つ人たちだ！

長沼　おいおい（笑）。

藤崎　そういう見方もできますよね（笑）。

長沼　別に科学者はホモ・サピエンスのために働いてないから大丈夫だよ。

藤崎　そうなんだ。

長沼　つまり、ホモ・サピエンスの暴走を止めようとしているんだよ。

藤崎　そうやって破壊を止めようとしている？　本当ですか、怪しいなぁ。

長沼　そのつもりなんだけど、そうは見えないかもな（笑）。
藤崎　佐々木先生、最後に何か、おっしゃりたいことがあれば……。
佐々木　「人間はなぜ存在するのか、なぜ生きるか」とよく言われるけど、逆に一段戻って「生命がどうして存在するのか」という問いかけってすごく面白いなと、今日あらためて思いましたね。「人間」って言っちゃうと哲学やら宗教やら、何かもっともらしい理由がどっと入り込んできてしまう。確かにそれで縛りをかけると考えやすくなるものだから、偉い物理の先生までが「私は人間原理[*25]を信じています」と言い出したりする。でも一つ前に立ち戻って「なぜ生命は存在するのか」という問いかけの方が、本質的に重要で逃げ場がない問題ですよね。人間原理、人間がなぜ存在するかは、とても重要な問題なんだけれど、あちこちに逃げ場がある。模範解答もあちこちに用意されている。でも、われわれは今、生命がなぜ存在するかということを、結構、真面目に考えなきゃいけない気がします。
長沼　うん。検証可能な話としてね。さっきの話じゃないけど、生命がある宇宙とない宇宙では、どっちが早くエントロピーが増大するか――これは検証可能な話。
藤崎　観測さえできれば、それは素晴らしい研究になりますけど……（笑）。
長沼　きっと、生命は破壊者だって話になるね。
藤崎　それが結論ですか（笑）。

長沼　いいんじゃないか。岡本太郎チックに……。

藤崎　「生命とは破壊だぁ！」と。

長沼　もう、ずーっと辺境を回ってきて、こういう結論は実にハッピーだね。

藤崎　何とか結論にたどり着きましたね。

長沼　「生命とは破壊だ！」。いや、「創造だ」っていうより、はるかにましだよ（笑）。

藤崎　全国11カ所、(＊26) 経巡(へめぐ)って得た結論は「破壊」でした（笑）。

長沼　結論が見つかって、よかった（笑）。

＊25　この宇宙が現在のような姿をしているのは、人間が存在しているからという考え方。逆に人間が認識することによって宇宙は存在するのだから、この宇宙は人間が存在するような物理的条件を満たしていなければならないということにもなる。

＊26　本書に収めたのは8カ所だが、他にも3カ所を訪ねている。

コラム鼎談10　内部構造探査で月の起源に迫る

藤崎　佐々木教授は、月周回衛星「かぐや」(*1)のＲＩＳＥ（Research in Selenodesy：測月観測）月探査プロジェクトを担当されていますが、それもここ（水沢ＶＬＢＩ観測所）と関連があるのですか。

佐々木　もともと、この研究所は地球の回転を使って地球の内部構造を調べるという、それが大きな目的の研究所だったんです。

藤崎　そうなんですか。

佐々木　ええ。昔は、かなり地球物理的な色彩が強い研究所だったんです。その手法として地球の回転を調べる、星を観察して回転を調べるということをやっていたんです。さて、そこでＲＩＳＥですが、これは地球の地形や重力場とその変動を研究する測地学を月に応用し、月の地形や重力を調べ、月の内部構造を明らかにしようというプロジェクトです。月の内部構造を調べる手っ取り早いやり方は、月の表面で観測ができれば地震計を使うなどいろいろな手法があるんですが、外からだと重力を丁寧に調べていく方法が効果的です。重力というのは、月の表面に山があるところは重力が強いとか、谷は低いとか、そういう見かけの地形に対応するだけではなくて、地下に密度の高い重い物質があったり、あるいは軽いものがあったりすることによっても変わります。それによって探査機の軌道や速度も変わりますから、月の周りを回る探査機の位置を詳細に追いかけることによって、月の重力場を調べることができるわけです。そのためには探査機を電波で追跡すればいい。その精度を高めるために、ＶＬＢＩという電波天文学の測地技術を使っているのです。ＶＥＲＡというのは、もともと水沢だけではなく、八重山列島の石垣島・小笠原諸島の父島・鹿児島の入来と4カ所にある望遠鏡を使い、複数の望遠鏡を合わせて、より星の位置の精度を高くしています。同じ原理で、複数の望遠鏡で探査機をとらえ、電波の差を調べることによって、正確に位置を決めることができます。そうやって天文台の望遠鏡で探査機の位置を今までにない高い精度で正確に求めて、月の内部構造を明らかにして、月の起源と進化の過程を探ろうというわけです。ですから使う望遠鏡はまったく同じで、片やずっと遠くの星を見る、片や月の周りを回る衛星を見るという、そういうことです。

長沼　今のお話にもあったように、ここでは地球潮汐(＊2)なども非常に高い精度で測られている。ところで、地球ってどれくらい伸び縮みしているの？

佐々木　今、手元に具体的な資料がないので、はっきりしたことはいえませんが、多分、数十センチのオーダーだと思います。潮の満ち引きよりは、ずっと少ないですね。で、実は地球の毎日の潮汐には、当然地球の自転に伴って変わる成分のほかに、1年周期の成分とか、2年近い成分とか、いろいろな成分が地球潮汐に影響を及ぼしていて、そういったものは気候変動などにも関係するらしいですね。

長沼　へえ、それは意外だ。固体地球の変形が影響するとはね。月にも同じように、伸び縮みというか、変形がおきているんだね。

佐々木　月は、もう本当に地球の自転に引きずられて変化しています。あと、月は常に地球に同じ面を向けていますが、それでも少しだけ軌道面が傾いていたりすることによる効果で、月全体がゆらいで見えたりします。秤動（ひょうどう）と言うのですが、それは見かけの振動（光学秤動）だけではなくて、実際に地球に引っ張られて回転が変化していることによる効果もあります（物理秤動）。そういったゆらぎや月の潮汐のゆがみについては、実は月面にアポロが置いてきた鏡に向けて地球からレーザー光線を発して、それが戻ってくるまでの時間を正確に計測することで調べられています。これは、もう30年以上のデータの蓄積があります。アポロが置いてきた鏡はまだ生きていて、月が地球から徐々に遠ざかっていることもわかっています。将来は、月にもっとそういう場所を増やしたいと考えています。さらに、昔は望遠鏡で地球の回転を調べていましたが、私たちの将来計画としては月に望遠鏡を置いて、月の上で星を観測し、それで月の回転を調べるということもやろうと思っています。

藤崎　なるほど。

佐々木　月と地球がお互いに影響を及ぼし合っているというのは、おそらく地球と月ができてからずっと続いてきたことだと思います。

長沼　そうだね。

佐々木　ご存知と思いますけど、最近の月起源説で一番有力なのは巨大衝突説と言って、できる直前か、できかかっている地球に、火星ぐらいの大きな天体がぶつかって生まれたという説です。最初は地球から放出したものがいきなり月になったように描かれていたんですが、最近はそうではなくて、一度外側でバラバラになって広がったものが地球の周りを回っていて、大部分は地球に落ちてしまうんですが、残ったものが月になったと考えられています。そのころの月は、多分、地球の半径の3倍か4倍くらいのところにあったと思われます。そして、そのときの地球はかなり高速で自転していたんです。おそらく1日は5～6時間だった。こうした速い自転をしていたときに、月と地球の潮汐力によって地球の回転――われわれは角運動量って言いますけれど――が月に移っていき、月がどんどん遠くなって今にいたるという、そういう変化を及ぼしているんですね。だから月と地球との関係は昔の方がもっと強かった、それは確かです。

長沼　月が今、地球に同じ面を見せているというタイダルロック（tidal lock）の状態になったのは、いつごろからなんだろう。いろいろなモデルがあるようだけど……。

佐々木　多分30億年から40億年ぐらい前、月の表裏の地形がほぼできたときには、その状態になっていたと思うんですけどね。ただ、どの時代にそうなったかを明らかにするのは難しいかもしれません。

長沼　そうかもしれない。そんなに簡単にロックしちゃうものであれば、例えば地球の自転だって太陽に対してロックしたっていいわけで、その説明がつかなくなると思う。

佐々木　ええ。角運動量というのは、もう多分、天体ができたときに決まってしまうので、そこからやり取りするのは結構、大変だろうと思います。

長沼　うん、うん。

佐々木　だから、よく地球の公転と金星の自転が整数比の関係にあるとかって言うんですが、それは偶然と思わないといけない。金星の自転の角運動量を地球とやり取りするのは、非常に難しいですから。そこはちょっと、簡単にはいかないと思うんですね。ただ水星の公転と自転の周期が整数比になっているっていうのは……。

藤崎　ロックしていますよね。

佐々木　あれは偶然じゃなくて、やっぱり太陽と水星の関係で決まっていると思います。

藤崎　今回「かぐや」で月の重力を調べたのは、月の内部物質の密度などに偏りがあるかどうかを知るためですか。

佐々木　偏っていることは今までのデータでわかっているんですが、知りたいことは二つあって、一つは表面付近にどういう偏りがあるかということ。もう一つは、これまでに月の中心と重心がずれていることはわかっていましたが、中心に本当に金属の塊があるのかどうか、そういったことを明らかにするデータが出てくると信じています。信じていますというか、観測精度が十分に達成できれば、そこを議論できるデータが出てくるはずです。まあ絶対とは、ちょっと言いにくいですが……。正確に知るためには、やはり地震計などを使った観測が必要だろうと思います。

長沼　そうだろうね。

佐々木　ただ、どの程度の密度の集中があるか、あるいはこのくらいの密度のものがあるなら大きさはこれくらいだよといったことは、重力のデータで十分理解できると思っています。それは月の起源を考える場合、結構、重要なんです。先ほど言った巨大衝突説に基づいて、はぎ取られたのが地球の外側だったとすると、月の内部に金属の塊はあまりないと思っています。

藤崎　そうなんですか。

長沼　もし内部でそういう分化みたいなことがあったら、それはまた月の成因を考える上で面白いし、重要なことだね。

佐々木　あと、やはり成因のところで気になっているのは、今、月の内部はからからに乾いているというか、水があまりないと思っているんですが、それが本当かどうかということです。

＊1　2007年9月に日本の宇宙航空研究開発機構（JAXA）が打ち上げた月探査機。約1年10カ月にわたって観測や撮影を行った後、09年6月に運用を終えた。本鼎談が行われたのは07年12月である。

＊2　太陽や月の引力によって地球の固体部分が周期的に変化する現象。海の潮汐と原理は同じだが、変化量は非常に少ない。

あとがき

藤崎慎吾さんと知り合ったのはいつだったろう、そんなに昔のことではない。でも、ずっと昔から友達だったような気がした。まるで藤崎さんの伝奇SF『螢女（ほたるめ）』や代表作『ハイドゥナン』の世界の住人のような。だから、『螢女』の舞台――実在する山――も当たり前のように頭に浮かび、その森にわが身を沈めて藤崎ワールドを追体験した。そこで、彼と僕は「圏間基層情報雲」で結びついていることを実感した。

そんなことを思っているうちに、この本の話が持ち上がった。僕が『螢女』の山へ入ったように、今度は藤崎さんが、僕の辺境紀行を追体験するのだという。しかも、予算がないから日本国内で。深海は水族館、南極は冷凍室、宇宙は天文台などなど、誰でも行けるプチ辺境だ。もちろん僕は宇宙に行ったことがないので（宇宙飛行士の選抜試験に落ちたから）、天文台はワクワクした。そうか、このワクワク感こそ、藤崎さんと共有したかったんだ。そして、読者の方々と！

この本は、辺境に生きる生物たちの「たくましさ」を知ることで、生命のすごさを感じてもらいたいと思ってつくった。また、それとともに、辺境の地に赴くときの昂揚感も共有してもらえたらいいなと思った。だから、専門的なことよりも、僕が体験したこと――多くは失敗談――をたくさん語ることにした。その意味で、現場の舞台裏のようなこと、ふだんは公にできそうにないことまで告白している。関係者には御迷惑かもしれないが、どうかお許しいただきたい。

この本では藤崎さんと僕以外に温泉名人の斉藤雅樹さんとラーメンチャンピオンの佐々木晶さんにも御登場いただいた。お二方とも博士号をお持ちのプロ研究者である。斉藤さんは趣味と実益と本業がごっちゃになった温泉名人というより温泉怪人、持ち前の行動力でアイデアをどんどん実現していく。この怪人にはたぶん辺境など存在せず、どこに行っても「住めば都」になるだろう。実はこの怪人とは温泉以外でも一緒に（真面目な）仕事をしてきた、いわば盟友である。

佐々木さんは……とにかく博覧強記、地球とか惑星とか宇宙とか、僕の知らないことを何でも知っている。でも、語ると「……」の沈黙が長いから、沈黙の奇人と呼ぼう。この奇人にもたぶん辺境など存在せず、どこに行っても「蘊蓄（うんちく）のタネ」になるはずだ。この奇人を交えた鼎談が予行演習になったのだろう、その後に日本科学未来館のホールを満員にした佐々木・長沼のトークライブはとてもうまくいった（『長沼さん、エイリアンって地球にもいるんですか?』に所収）。

　佐々木さんの著書『ラーメンを味わいつくす』を編集した三宅貴久さんが本書も編集してくださった。いや、三宅さんがわれわれの旅のツアーコンダクターだった。三宅さんのおかげで楽しく旅し、愉快に語ることができたのだ。藤崎さんに代わって（そして僕の分も）深く感謝申し上げます。

　写真家の山崎エリナさんには藤崎・長沼コンビの「素顔の魅力」を存分に引き出して頂いたと思う。カメラを向けられても緊張することなく、いや、むしろリラックスできたのは山崎さんの腕前とお人柄のおかげだ。ありがとうございました。

　この他にもお名前を挙げられず申し訳ないが、日本科学未来館の方々はじめ、対談の場を提供してくださった機関・会社等の方々に心から御礼申し上げます。

2010年6月　第52次南極地域観測隊（JARE52）の夏期総合訓練にて

長沼毅

長沼毅（ながぬまたけし）

1961年、人類初の宇宙飛行の日に生まれる。生物学者。理学博士。海洋科学技術センター（現・独立行政法人海洋研究開発機構）等を経て、'94年より広島大学大学院生物圏科学研究科准教授。著書に『深海生物学への招待』（NHKブックス）、『「地球外生命体の謎」を楽しむ本』（PHP研究所）などがある。

藤崎慎吾（ふじさきしんご）

1962年、東京都生まれ。作家、サイエンスライター。小説に『ハイドゥナン』（ハヤカワ文庫JA）、『鯨の王』（文春文庫）、『祈望』（講談社）など、ノンフィクションに『深海のパイロット』（共著、光文社新書）、『日本列島は沈没するか？』（共著、早川書房）がある。

辺境生物探訪記（へんきょうせいぶつたんぼうき）　生命の本質を求めて（せいめいのほんしつをもとめて）

2010年7月20日初版1刷発行
2013年8月15日　2刷発行

著　者 ── 長沼毅　藤崎慎吾

発行者 ── 丸山弘順

装　幀 ── アラン・チャン

印刷所 ── 堀内印刷

製本所 ── ナショナル製本

発行所 ── 株式会社光文社
東京都文京区音羽1-16-6(〒112-8011)
http://www.kobunsha.com/

電　話 ── 編集部03(5395)8289　書籍販売部03(5395)8113
業務部03(5395)8125

メール ── sinsyo@kobunsha.com

 ISBN 978-4-334-03575-4